제4판

단체급식관리

Foodservice Management

머리말

인류의 생활상을 들여다보면 대부분의 사람이 기관이나 단체 등 어딘가의 집단에 소속되어 있다. 그 같은 다양한 조직의 구성원으로서 하루 중 적어도 한 끼 이상을 식사라는 형태로 먹고 있다. 따라서 조직생활 가운데 안전하고 만족스러운 식생활에 대한 욕구와 필요성은 굳이 강조하지 않아도 모두가 원하는 중요한 사안이라 하겠다. 이러한 조직에서의 식생활이 바로 단체급식의 개념이 적용되는 대상이다.

단체급식의 기원은 정확하지 않으나 다수의 사람에게 공동으로 식사를 제공하는 것을 그 의미로 본다면 인간이 공동생활을 하면서부터 단체급식도 시작되었다고 할 수 있다. 이후 산업화와 조직화를 이룬 현대 문명 속에서 함께 발달해 온 단체급식도 이제는 하루가 다르게 급변하는 새로운 환경을 고려하여 그에 맞는 적절한 기능을 갖추어야 한다. 최종적으로 생산되는 음식의 질과 양 모든 면에서 표준 이상의 수준을 유지하고, 이러한 양질의 식사를 최선의 조건과 방법으로 제공해야 하는 과제를 안고 있는 것이다.

이 같은 과제를 수행해야 할 미래의 급식관리자인 식품영양학을 전공하는 학생들이 필수적인 전문 지식과 실무 능력을 배양할 기회를 최대한 제공하고자 본 교재를 집필하게 되었다. 이번 개정판은 개정된 법령에 준하여 관련 사항을 수정 및 보완하였으며, 각 장에 해당하는 급식업계의 최근 동향은 그 중요도를 고려하여 새로운 내용으로 교체하였다. 급식업무의 현장에서 발생할 수 있는 문제점을 해결하는 능력을 향상시키기 위한 훈련으로서 장별로 Activity도 추가하였다.

단체급식은 식품학, 영양학, 조리과학, 식품위생학 등의 학문을 기초로 고품질의 음식과 서비스를 생산 및 제공하기 위해 필요한 분야, 즉 단체급식개론을 비롯하여 급식의 메뉴관리, 구매관리, 생산관리, 위생·안전관리, 시설·설비관리, 원가관리 등을 익히고 응용하는 학문이라고 할 수 있다. 이들 분야에 맞추어 이 책을 7장으로 구성하였다.

주요 내용으로 단체급식개론에서는 급식의 기초적인 개념 및 의의와 역할, 발전과정 등을 소개하였다. 급식메뉴관리에서는 메뉴 계획 시 필요한 기초 지식을 습득하고 급식대상자의 만족과 경영의 효율화를 도모할 수 있도록 메뉴의 분석방법을 살펴보았다. 급식구매관리에서는 구매시장, 구매절차, 저장관리방법을 다루었다. 급식생산관리에서는 급식의 생산성을 높이기 위한 조리작업, 배식작업, 퇴식작업의 관리에 대해 설명하였다. 급식위생·안전관리에서는 위생사고를 예방할 수 있는 HACCP 적용방법과 안전사고 예방대책에 대해 알아보았다. 급식시설·설비관리에서는 전처리, 조리, 배선, 식기 세척공간의 완전 분리와 교차오염 방지를 위한 식자재별 기기 및 도구의 구분 사용, 주방의 드라이화를 위한 효율적인 시설·설비 측면을 살펴보았다. 마지막으로 원가관리에서는 급식의 원가요소와 원가계산, 회계절차 등을 비중 있게 다루었다.

이와 함께 급식현장에서 실제로 활용하는 급식관리 프로그램을 제시하여 졸업 후 곧바로 투입되어도 관련 실무를 문제없이 수행할 수 있는 유능한 급식관리자를 배출하고자 하였다.

단체급식은 끊임없이 변화하는 학문이기에 관련자 모두에게 도움이 될 수 있도록 새로운 자료를 지속적으로 보완할 것이며, 이와 관련된 정보와 조언을 기꺼이 수렴하여 좋은 교재로 거듭날 수 있도록 노력할 것이다.

이 책을 출판하기까지 수고를 아끼지 않고 많은 보탬을 준 박상현 박사를 비롯하여 함께한 연구실 관계자들에게 감사와 사랑을 전하며 파워북 출판사에도 깊은 감사를 드린다.

저자 일동

차례

01 단체급식개론

04 급식생산관리

05 급식위생·안전관리

06 급식시설·설비관리

07 급식원가관리

CHAPTER

01

단체급식개론

1. 단체급식의 개념 | 2. 단체급식의 의의 및 역할 | 3. 단체급식의 발전
4. 단체급식 종사자 | 5. 급식제도 | 6. 급식 운영형태

CHAPTER 01

사회생활양식이 점차 복잡해지고 사회전반의 조직이 고도화됨에 따라 대규모 급식의 필요성이 점점 증가되고 있다. 즉, 하루 세 끼 중 적어도 한 끼는 가족 이외의 직장 동료나 학교 친구, 특수한 집단의 일원과 함께 식사하는 경우가 많아졌다. 유아는 어린이집이나 유치원 등에서 간식과 점심을 먹는 경우가 많아졌고, 초·중·고등학생은 학교급식을 통하여 학교에서 식사를 하며, 대학생은 학교 식당이나 기숙사 등에서 단체급식으로 식생활을 영위하는 경우가 늘었다. 또한 기업체에서도 산업체급식을 통하여 직장에서 식사하고, 군대에 입대하면 군대급식을 받는다.

상업적으로 운영되는 음식점이나 레스토랑에서는 급식을 제공받는 대상에게 영양관리나 영양지도를 할 필요가 없지만, 단체급식에서는 급식관리자가 다수인의 급식상태가 원만히 이루어질 수 있도록 영양관리를 해야 하며, 능률적인 작업관리, 적합한 시설, 설비관리, 위생안전관리 등 급식의 전반적인 업무를 잘 관리해야 한다. 예를 들어, 고가의 최신 기계를 설치했을 때 그 자체만으로는 급식관리가 잘 실행된 것이라고 할 수 없으며, 그 설비를 이용하여 짧은 시간과 적은 노력을 들여 비용을 절감하며 좋은 음식이 제공되었을 때 비로소 급식관리가 합리적으로 이루어졌다고 할 수 있다.

즉, 단체급식관리자는 효율적인 급식을 실시하기 위해 작업을 담당한 사람들이 사용하는 기기·시설 등의 물자material와 단체급식을 운영하기 위한 자본money 등을 관리해야 하며 이 관리를 위해서는 계획을 세우고, 조직을 두며, 맡은 바 임무에 충실하도록 책임을 위임하고, 지휘과정에서 지시를 하고 명령을 내리며, 전체의 균형과 능률을 위하여 조정하는 기능을 수행해야 한다.

학습목표

1. 단체급식의 개념을 정의할 수 있다.
2. 단체급식의 의의와 역할에 대해 설명할 수 있다.
3. 단체급식의 유형별로 그 역사와 현황을 이해할 수 있다.
4. 단체급식 종사자를 분류하고 각각의 자격 및 직무를 파악할 수 있다.
5. 급식제도를 설명할 수 있다.

1. 단체급식의 개념

1) 단체급식의 정의 및 목적

단체급식이란, 기숙사·학교·병원·기업체·후생기관 등에서 특정한 사람들을 대상으로 계속적인 음식을 공급하는 것을 의미하며, 「식품위생법」 제2조 제12항에서는 "영리를 목적으로 하지 않고 계속적으로 특정 다수인에게 음식물을 공급하는 기숙사·학교·병원·기타 후생기관 등의 급식시설을 집단급식소"라고 정의하고 있다. 그러나 영리를 추구하는 위탁급식이나 '다수'의 기준으로 삼고 있는 50인 미만의 인원에게 식사를 제공하는 경우는 포함하고 있지 않아 넓은 의미로 단체급식을 정의할 필요도 있다.

단체급식에서 급식관리자는 정해진 경비 안에서 질적·양적으로 만족스러운 식사를 계속 제공할 수 있도록 기술적으로 운영해야 한다. 즉, 각 급식소에서는 맛있는 음식을 위생적이고 저렴한 가격으로 제공하기 위해서 생산되는 음식의 질적·양적 결과인 최종 음식의 표준이 유지되도록 하고, 가능한 한 가장 좋은 조건과 방법으로 식사를 제공하는 것을 목표로 해야 한다. 이러한 목표를 두고 급식대상자의 영양 확보와 함께 능률적인 업무가 이루어져 급식이 실행될 수 있도록 관리하는 것이 단체급식관리의 목적이다.

2. 단체급식의 의의 및 역할

1) 단체급식의 의의

단체급식은 국민 영양 개선 및 건강 증진에 기여한다는 점, 자원의 효율적·경제적 활용을 도모한다는 점, 그리고 저소득 계층의 복지에 기여한다는 점에서 그 의의를 찾을 수 있다. 이를 보다 구체적으로 살펴보면 다음과 같다.

(1) 국민 영양 개선 및 건강 증진에 기여

초·중·고등학교 급식의 전면 실시로 재학중인 대부분의 어린이 및 청소년이 하루 한 끼 이상을 급식으로 먹는 것으로 추정된다. 영유아 보육시설에서 만 1세부터 급식을 먹기 시작하는 유아의 경우, 유치원, 초·중·고등학교, 대학교를 거치는 동안 계속해서 적어도 하루 한 끼 정도의 식사를 급식에 의존하고, 이어서 직장에 들어가서도 급식을 먹는 경우가 많다. 또한 남자의 경우는 군대에 입대하면 군대급식을 경험하게 되고, 몸이 아픈 경우에는 병원급식이나 요양시설 급식을, 이외에도 개인적 여건에 따라 각종 사회복지시설 급식 등을 경험하기도 한다.

이처럼 급식은 우리나라 국민의 식생활에서 매우 중요한 위치를 차지하게 되었고, 이러한 급식의 적절한 관리를 통해 국민들의 건강에 지대한 영향을 미칠 수 있게 되었다. 특히 어린이 및 청소년의 경우, 정신적·육체적으로 성장이 왕성하고 식습관 형성 및 교정이 중요한 시기이므로 이 시기의 급식은 국민 영양 개선 및 건강 증진에 특히 중요하다.

(2) 자원의 효율적·경제적 활용에 기여

급식은 식재료를 대량으로 구입하여 전문가가 조리하고 서비스하므로 개인이나 가정 단위로 음식을 준비하는 것보다 효율적이며 경제적이다. 특히 초·중·고등학교에서의 점심 급식 전면 실시는 부모가 자녀의 점심 도시락을 준비해야 하는 시간적·심리적 부담감을 해소하고, 사회 전체적으로는 식재료 및 시간 자원의 효율적 활용에 기여하고 있다.

(3) 사회복지에 기여

아동 및 노인복지 시설 등에서의 급식은 스스로 식사를 준비할 수 없는 이들에게 완전히 준비된 식사를 제공함으로써 이들의 영양적 요구를 충족시킬 수 있는 방법임과 동시에, 이들을 고립된 개인공간에서 사회적 공간으로 끌어내는 훌륭한 도구로서의 의의를 갖는다.

2) 단체급식의 역할

급식이란 조직의 목적 달성을 위한 지원기능의 일부로서 식사를 서비스하는 조직적 행위로 정의될 수 있는데, 이 정의에 근거하면 급식의 고유 역할을 간단히 정리할 수 있다. 즉, 급식은 급식대상자의 영양 개선 및 건강 증진을 통하여 모母조직이 추구하는 본연의 목적 달성을 지원하는 고유의 역할을 수행한다. 그러므로 학교급식의 역할은 학교가 학생을 대상으로 한 교육활동이 효과적으로 이루어질 수 있도록 지원하는 것이고, 산업체급식의 역할은 사원들이 업무를 효율적으로 수행하여 생산성이 향상될 수 있도록 지원하는 것이며, 병원급식의 역할은 병원이 환자들의 질병치료를 효과적으로 달성하도록 지원하는 것이다.

또한 급식은 이러한 고유의 역할에 더하여 바람직한 식습관의 형성, 비용 절감, 편리성 제공, 소속감 및 공동체 의식의 형성, 도덕성 및 사회성 함양, 휴식처와 사교의 장 제공 등의 부가적인 역할도 한다 **표 1-1**.

표 1-1 급식의 역할

대분류	소분류	급식의 본원적(=조직별 고유) 역할		급식의 부가적(=공통) 역할
보육기관급식	영유아보육시설급식	영양 개선, 건강 증진을 통한	보육활동 지원	•식생활 교육을 통해 바람직한 식습관 형성 •비용 절감 •편리성 제공 •소속감 및 공동체 의식 형성 •도덕성 및 사회성 함양으로 인간 관계 육성 •휴식처와 사교의 장 제공
교육기관급식	유치원급식 초·중·고등학교급식 대학급식		교육활동 효과 증진	
의료기관급식	병원급식 요양시설급식		질병치료 및 회복 증진 건강 회복, 유지, 증진	
복지급식	사회복지시설급식 결식아동급식		복지사업 활동 지원 교육복지 활동 지원	
산업체급식	공장급식 오피스(사무실)급식		생산성 향상 및 복지 후생	
특정시설급식	교도소급식 군대급식		교정 활동 지원 군력 증진	

출처 : 윤지현 외(2022)

3. 단체급식의 발전

1) 역사 및 현황

단체급식이 언제 어디서부터 시작되었는지 그 근원은 정확하지 않다. 그러나 다수의 사람에게 공동으로 식사를 제공하는 것을 단체급식의 개념으로 본다면, 인류가 공동생활을 하면서부터 단체급식은 시작되었다고 할 수 있다. 공동경작을 하는 농경시대의 식사, 전쟁을 하는 동안의 군인들에게 제공된 식사, 수도원에서 공동생활을 하는 종교인들의 식사형태 등 모두 단체급식의 초기 형태라고 할 수 있다. 이와 같은 사실로 미루어보아 단체급식은 상당히 오래전부터 동서양에서 시작되었다고 볼 수 있으나, 현대적인 급식형태의 발달은 서양세계에서 먼저 시작되었다고 볼 수 있다. 일부 선진국에서는 중세의 군대와 사원·수도원 등에서의 식사 제공으로 단체급식이 시작되었고, 산업체급식은 2차 세계대전 이후 섬유공업의 발전과 함께, 병원급식은 의학적인 실적과 더불어 발전하였다.

(1) 보육기관 및 교육기관 급식

① 영유아보육시설급식

여성의 사회참여 증가와 가족구조의 핵가족화로 인해 육아문제가 중요한 사회문제가 되고 있다. 이러한 문제의 해결책으로 정책적인 지원에 힘입어 영유아보육시설이 설립되고 있다. 영유아보육시설은 영유아의 건전한 육성과 보호자의 경제적·사회적 활동을 효과적으로 지원하여 가정복지 증진에 기여함을 목적으로 설립, 운영되고 있으며 교육부에서 관장하는 유치원과 달리 보건복지부에서 관장하고 있다. 보육에서의 양질의 서비스에는 적당한 영양공급도 포함되며, 보육시설에서 적절한 영양관리가 이루어질 때 유아는 신체적·정서적·사회적으로 원활하게 발달하게 되고, 부모도 안심하고 사회활동을 해 나갈 수 있다.

보육시설의 주요 대상은 출생 후 만 1년에서 학령기 이전까지의 연령분포에 있는 영유아와 아동으로, 생애주기에서 볼 때 급속한 성장이 이루어짐과 동시에 식습관의 형성시기로 평생을 좌우하는 중요한 시기이기 때문에 영양적 급식관리 강화가 필수적이다.

「영유아보육법」 제33조에서는 영유아보육시설에서의 급식관리의 내용으로 "어린이집의 원장은 영유아에게 보건복지부령으로 정하는 바에 따라 균형 있고 위생적이며 안전한 급식을 하여야 한다."고 명시하고 있다.

영유아보육시설의 영양관리는 「영유아보육법」 시행령과 시행규칙에 그 원칙과 내용이 규정되어 있으나, 그 내용이 구체적이지 못하고 이를 위반할 경우 처벌규정 등이 없어 그 시행이 미비한 실정이다. 따라서 전국의 보육시설에서의 영양사 확보율이 낮아 영유아에게 영양적으로 균형 잡힌 급식을 제공하기 어려운 상황이다.

「영유아보육법 시행규칙」 제34조의 [별표 8] 어린이집의 운영기준에 의하면 "원장 등은 영유아가 필요한 영양을 섭취할 수 있도록 영양사가 작성한 식단에 따라 급식을 공급하여야 한다. 이 경우 영양사(5개 이내의 어린이집이 공동으로 두는 영양사 포함)를 두고 있지 아니한 100명 미만의 영유아를 보육하고 있는 어린이집은 보육정보센터, 보건소 및 「어린이식생활안전관리 특별법」 제21조에 따른 어린이급식관리지원센터 등에서 근무하는 영양사의 지도를 받아 식단을 작성하여야 한다"고 명시하고 있다.

2011년부터 「어린이식생활안전관리 특별법」 제21조에 따라 어린이급식관리지원센터가 설치·운영되고 있다. 보육시설 집단급식소뿐만 아니라 유치원, 학교 집단급식소 등의 위생 및 영양관리를 지원하고 있다. 구체적으로 살펴보면, 어린이 대상 집단급식소의 효율적인 영양관리를 위해 어린이 급식용 식단 및 레시피를 개발하여 제공하고, 영양 및 식사지도 교육 자료 개발 및 지원, 영양교육 프로그램 개발 및 운영 등의 업무를 수행한다. 또한 어린이 대상 집단급식소의 안전한 위생관리를 위해 위생관리 지침 및 위생교육 자료 개발, 위생교육 프로그램 개발 및 운영 등의 업무를 수행한다.

보육시설의 영유아들은 하루 12시간(오전 7:30~오후 7:30) 보육을 기본으로 하고 있으므로 오전·오후 간식 각 1회와 점심급식을 제공받는 것을 원칙으로 한다.

식단작성 주기는 1주일에 한 번, 혹은 한 달에 한 번 작성하는 경우가 대부분이고, 영양사가 배치되지 않은 보육시설의 경우 대부분 원장이나 교사가 식단을 작성하고 있다.

② 유치원급식

유치원급식의 목적은 성장발육기의 유아에게 균형 잡힌 영양식을 제공하여 심신의 건전한 발달을 도모하고, 어릴 때부터 바람직한 식습관과 식사예절을 가르치기 위한 것이다.

유치원급식은 많은 대상에게 일정한 영양을 공급한다는 점에서 기타 급식과 크게 다르지 않지만, 식사를 통해서 다른 사람들과의 사회적 관계 학습, 올바른 식습관 형성, 신체의 균형적 발육을 도모하는 것이 중요하다는 점에서 차이가 있다. 유치원급식은 유아의 건강과 행복을 증진시켜 원만하고 전인적인 인간형성을 이루려고 하는 데그 의의가 있다.

유치원에서 급식을 하는 가장 큰 이유로는 공립 유치원과 사립 유치원 모두 연장제나 종일제 운영으로 인해 급식이 불가피하기 때문으로 점심식사와 간식을 기본으로 제공하는 것으로 조사되었다.

유치원급식의 운영현황은 유치원의 유형 및 규모에 따라 차이를 보이는데, 급식을 준비하는 주체에 따라 유치원 전담형, 전문기관 위탁형, 초등학교 전담형으로 나눌 수 있다. 초등학교 전담형의 경우, 초등학교 급식시설을 함께 사용하므로 식단과 시설·설비가 유아들에게 적합하지 않고 초등학교 급식과는 달리 급식비 지원이 이루어지지 않으므로 학부모가 비싼 급식비를 부담해야 한다. 또한 초등학생 위주의 식단으로 인해 평균 연령대에 비해 더 많은 칼로리와 나트륨을 섭취하는 것으로 나타나고 있다. 유치원 전담형은 학부모가 가장 선호한다고 알려져 있으나 유치원의 급식시설·설비 확보율이 낮고 급식을 위한 별도의 공간 확보가 어려워 대부분 교실에서 급식이 이루어지고 있는 점, 학부모의 식재료비에 대한 비용 부담 등이 개선해야 할 사항으로 지적되고 있다.

유치원급식 운영 시 공립 유치원에서는 초등학교 영양사가 작성한 식단을 그대로 이용하는 경우가 대부분인데, 유치원 아동과 초등학생은 영양요구량과 신체 성장속도가 다르고 식품의 기호도와 식습관도 차이가 있으므로 유치원 유아의 영양과 특성을 고려한 전문적인 급식운영관리의 도입이 시급하다. 사립유치원의 경우 원아 100인 이상 보유 시 영양사를 의무적으로 두어야 하나 대부분 별도의 영양사를 채용하지 않고 운영하고 있어 식단은 주로 원장, 원감 또는 급식을 담당하고 있는 사람이 임의로 작성하고 있는 실정이므로 전문적인 급식관리자의 확보가 필요하다.

③ 초·중·고등학교급식

학교급식은 내일의 일꾼이 될 아동들의 발육과 건강 증진을 위하여 국가적인 지원 아래 실시되므로 훌륭한 국민을 양성하기 위한 장기적인 계획과 실천이 뒷받침되어야 할 것이다. 세계 선진국들은 일찍부터 이에 뜻을 두고 국가의 지원을 받아 각 학교에서 급식을 실시하고 있다.

영국은 일찍이 1889년에 런던 학교급식위원회를 설립하여 학교급식을 실시하였고, 1944년에는 학교급식법을 제정하여 재학 아동에게 우유, 식사, 기타 간식을 제공할 의무를 학교 당국에 부여하였다. 런던에서는 경제적인 상황의 어려움을 맞아 1970년부터 학부모들이 어느 정도의 경제적 부담을 지고 있으나, 국가적 지원 아래서 완전한 학교급식이 실시되고 있다.

미국은 1938년 농업법 개정으로 잉여 농산물을 학교급식용으로 무상 배급하였고, 1946년에는 학교급식연방법을 제정하고 '학교급식은 국가안전보장의 일환으로 실시한다'고 규정함으로써 그 중요성을 선언하였다. 도시 인구의 증가로 인해 학교급식에 필요한 식당과 시설의 신속한 확장이 어려울 경우를 제외하고는 대부분의 학교에서 학생들이 집에서보다 영양면에서 더 완전한 식사를 제공받고 있으며, 식사시간이 즐거운 학교생활의 큰 몫을 차지하게 되었다.

일본은 제2차 세계대전 직후인 1946년부터 학교급식을 실시하였고, 1954년에는 학교급식법을 제정하여 초등학교 학생의 약 90% 이상이 급식의 혜택을 받아왔다. 이것이 약 30년이 지난 현재의 일본 학생들의 체위 향상이 두드러지게 된 원인이라고 해도 과언은 아니다.

우리나라 학교급식은 광복 이후 초등학교에서 구호책의 일환으로 가루우유를 끓이거나 코코아를 섞어 마시도록 하는 급식이 시작되었다. 1953년부터 1970년까지 20년 동안 주로 전쟁아동이나 극빈아동에 대한 구호책으로 유니세프UNICEF, 캐어CARE, 유세이드USAID 등의 기관의 원조양곡을 받아서 학교급식을 실시하였으나, 제대로 된 학교급식은 아니었다.

1977년 9월 일부 의식 없는 제빵업자들이 학교에 납품한 식빵으로 인해 급식아동 식중독 사고가 일어난 이후 중단되었다. 급식은 1978년부터 방향이 새롭게 전환되어, 학교급식시설을 갖추고 학교에서 조리하여 완전 영양급식이 되도록 시범학교를 지정하고 국가의 경제적 지원하에 영양사를 두고 실시하기에 이르렀다. 그러나 초등학교급식에 종사하고 있는 영양사의 근무조건 등이 학교급식 업무를 수행하는 데 지장을 주었으나, 1981년 9월「학교급식법 시행령」이 실시되어 영양사가 일반공무원(보건직 공무원)의 대우로 신분보장을 받게 되었다.

1981년 1월 제정·공포된「학교급식법」에 의하면, 우리나라 학교급식은 그 대상을 1차적으로 초등학교 재학생으로 하고 그 재정적 지원형태에 따라 도서벽지형과 농촌형, 그리고 도시형으로 구분하여 실시하고 있다.

1993년 '학교급식후원회' 제도의 도입으로 원활한 재원조달 및 급식 확대사업 추진

그림 1-1 초등학교급식 모습

기반이 조성되었으며, 1996년 「학교급식법」 개정을 통해 위탁급식제도를 도입하였다. 1999년에는 빈곤가정 학생의 급식비 지원관련 근거법이 마련되었다.

표 1-2는 우리나라 학교급식의 변천 개요를 나타낸 것이다.

1990년 총급식학교 및 학생 수는 765개교, 29만 명으로 이는 우리나라 전체 초등학교 학생 486만 명에 대해 6%에 불과했으나, 1990년대부터 크게 확대되어 1992년에는 전체 학교 수 7,376개교 중 1,203개교가 급식을 실시하여 전체 초등학교 학생 수 456만 명 중 46만 5천 명이 급식을 제공받아 10.2%에 이르고, 1994년에는 전체 410만 명 중 91만 3천 명이 급식을 제공받아 22.3%, 1998년 말 전국 초등학교에 급식이 전면적으로 확대됨에 따라 현재 100%의 실시율을 보이고 있다. 또한 중·고등학교의 급식실시율은 1997년부터 꾸준히 증가하여 중학교의 경우 학교 수를 기준으

표 1-2 우리나라 학교급식의 변천 개요

<table>
<tr><th>연대</th><th>구분</th><th>내용</th><th>업무관장부서</th></tr>
<tr><td>1953~1972</td><td>구호급식기</td><td>UNICEF, CARE, USAID의 지원으로 외국원조에 의한 구호급식의 시작</td><td>보사부(~1966)
보건부 체육진흥과(~1972)</td></tr>
<tr><td>1973~1977</td><td>자립급식기</td><td>도서벽지와 도시의 극빈자 대상으로 빵 보충급식</td><td>문교부 학교급식과</td></tr>
<tr><td>1978~1981</td><td>제도확립기</td><td>1977년 빵급식의 식중독 사고발생으로 제빵급식의 폐지, 급식제도 확립을 위한 「학교급식법」 제정(1981)</td><td>문교부 학교급식과</td></tr>
<tr><td>1982~1989</td><td>관리체제 전환기</td><td>학교급식제도의 정착 발전기, 영양급식(체력급식)</td><td>체육부 학교체육과</td></tr>
<tr><td>1990~1995</td><td>제도확충 및 확대기</td><td>「학교급식법」 개정(학교급식 후원회 구성)
학교조리, 공동조리</td><td>교육부 학교보건환경과</td></tr>
<tr><td>1996~2000</td><td>전면 확대기</td><td rowspan="2">1998년까지 전국초등학교 급식 전면 확대
완전영양급식, 학교조리, 공동조리, 중·고등학교까지 전면확대(위탁급식 실시)
2011년 무상급식 도입</td><td rowspan="2">교육부 학교시설
환경과
교육부
특수교육보건과
시·도 교육청</td></tr>
<tr><td>2001~현재</td><td>운영체제 대변화기</td></tr>
</table>

로 100%, 고등학교도 100%로 5,624(총급식학교 수)개교에서 1일 약 264만 명의 학생에게 급식을 실시하고 있다. 2002년 초·중·고등학교와 특수학교의 급식확대사업이 종료되면서 학교 전체의 99.9%인 11,396개교에서 전체 학생의 98.8%인 718만 명에게 급식을 실시하고 있으며, 2021년 기준 전국 11,976개교에서 100% 급식을 실시하고 있다 표 1-3.

표 1-3 2021년 학교급별 급식 현황

구분	학교 수(교)			학생 수(명)			운영형태(교)	
	전체	급식	%	전체	급식	%	직영(%)	위탁
초등학교	6,165	6,165	100	2,680	2,679	99.9	6,158(99.9)	7(0.1)
중학교	3,246	3,246	100	1,346	1,346	99.9	3,222(99.3)	24(0.7)
고등학교	2,378	2,378	100	1,293	1,292	99.9	2,178(91.6)	200(8.4)
특수학교	187	187	100	27	27	99.9	185(98.9)	2(1.1)
합계	11,976	11,976	100	5,346	5,344	99.9	11,743(98)	233(2)

출처 : 교육부(2021)

학교급식이 전면적으로 실시되자 학부모들은 위탁급식학교의 직영전환, 친환경 우리 농산물 사용 의무화, 정부와 지방자치단체의 급식경비 지원 확대 및 무료급식 확대를 통한 학부모의 급식비 부담 경감 등 학교급식에 대한 보다 많은 지원을 요구하고 있다. 정부는 이러한 요구를 수용하여 학교급식 운영의 내실화와 품질 향상을 실현하고자 2003년에 '학교급식 개선 5개년 종합대책'을 수립하여 지속적으로 추진해 나가고 있다. 이를 통해서 학교급식정책을 양 중심의 확대정책에서 질 중심의 운영 내실화 정책으로 전환해 나가고 있다.

학교급식의 운영형태는 급식운영 주체에 따라 직영급식과 위탁급식으로 구분되며, 그 세부 운영형태에 따라 직영급식은 자체조리(단독관리 및 공동관리 포함)와 공동조리로, 위탁급식은 교내조리와 외부조리로 나눈다.

학교급식 경비 중 시설비와 인건비 등 운영비는 설립 경영자 부담이 원칙이나 학부모도 일부 부담이 가능하며, 식품비는 학부모 부담이 원칙이다. 2021년 학교급식에 소요된 예산은 총 6조 2,193억 원으로 이 중 보호자가 부담하는 예산은 전체의 5%인

표 1-4 학교급식비 부담비율

부담 주체별	
교육비 특별회계	4조 2,523억 원 (68.4%)
자치단체 지원금	1조 5,082억 원 (24.2%)
보호자 부담금	3,077억 원 (5.0%)
발전기금/기타	1,511억 원 (2.4%)
계	6조 2,193억 원 (100%)

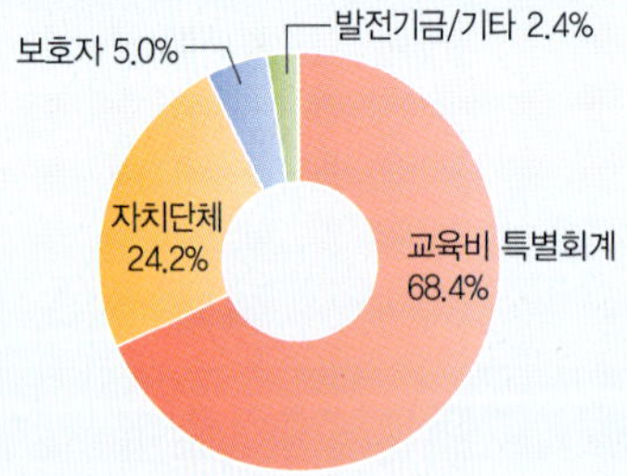

지출 항목별		
식품비		2조 9,613억 원 (47.6%)
운영비	인건비	2조 4,618억 원 (39.6%)
	연료비 기타	3,520억 원 (5.6%)
	시설유지비	617억 원 (1.0%)
	소계	2조 8,755억 원 (46.2%)
시설설비비		3,825억 원 (6.2%)
계		6조 2,193억 원 (100%)

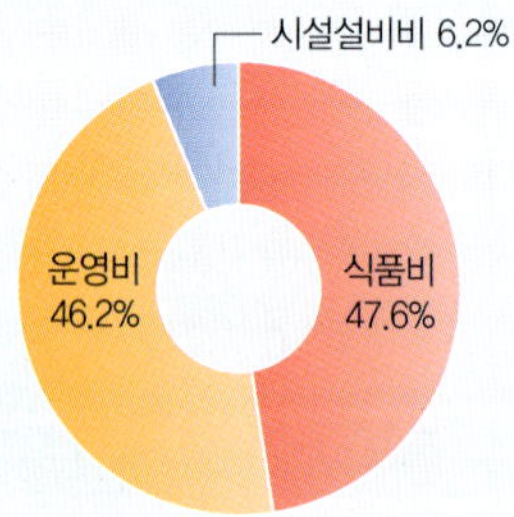

출처 : 교육부(2021)

3,077억 원이다 표 1-4.

학교급식이 확대됨에 따라 급식 종사원 수도 크게 늘어나 2021년 기준 72,876명이 학교급식에 종사하고 있다. 직종별로 보면 영양(교)사가 10,932명, 조리사가 10,868명, 조리원이 51,076명으로 이 중 정규직이 8,052명, 비정규직이 64,824명이다.

④ 고등교육기관의 급식

일부 선진국에서는 일찍부터 대학교급식이 실시되었다.

영국은 중세 옥스퍼드 대학에서 장학의 한 형태로 시작되었으며, 20세기에 와서는 각 대학에서 학생들의 생활 상태에 대한 책임을 인식하고 적당한 시설을 제공하여 시행하는 교내급식 계획을 수립하였다. 미국의 초기 대학에서는 모든 학생을 위한 식당과 거실 설비가 학교 책임자인 성직자의 행정 책임에 의해 갖추어졌다. 제2차 세계대전 이후 높은 학구열로 많은 학생이 대학으로 몰려들자 기숙사 내의 식당에 편히 앉아서 식사할 수 있는 의자와 각 개인이 빠른 시간에 식사할 수 있는 셀프서비스self service 시설을 설치하였고, 한꺼번에 식사를 할 수 없을 때는 교대로 할 수 있도록 계획하기에 이르렀다. 점차 대학시설의 건물 확장으로 복잡해진 기숙사의 문제는 중앙집중화되어 식사를 공급하는 것, 식품을 구입하는 것, 저장하는 것, 조리하고 관리하는 것 등의 모든 사항을 학교 자체에서 해결할 수 있도록 하여 인건비를 절약할 수 있게 됨은 물론 편리하게 시설·설비를 사용할 수 있게 되었다.

우리나라의 경우, 일찍부터 많은 인원에게 숙식을 제공해 왔던 고등교육기관으로 성균관을 들 수 있다. 1894년 갑오개혁에 이르기까지 조선시대를 거쳐 최고 교육기관이었던 성균관은 1398년(태조 7년) 숭교장(명륜동)에 건물을 준공하고, 유생들이 거처할 수 있도록 하였으며 비용을 나라에서 보조하였다. 성종 때는 완성된 규모를 이루어 유생의 정원은 200명에 이르렀고, 후에 경비 부족으로 영조 때(1750년대) 정원이 120명, 조선 말기에는 100명으로 줄었다고 한다. 이는 규모로 볼 때도 단체급식에 해당되는 큰 규모였다고 할 수 있다.

또한 개화기의 여자 교육기관으로서 이화학당의 기숙사를 살펴보면, 처음에는 소수의 인원을 수용하였으나, 1900년 양관을 건립한 후 1908년에는 70여 명의 전교생이 기숙사 생활을 하였고 외국인 경영자의 자선사업으로 운영되었으며, 1912년에는 기숙사생이 약 200명이 되었다. 이때에는 경영진과 사감의 지도하에 학생자치로 음식을 준비하였다고 하는데, 이는 체계를 갖춘 단체급식의 한 형태라고 할 수 있겠다.

이와 비슷한 시기에 현재 서울대학교 농과대학의 전신이었던 수원농림학교는 1908년 수원교사 신축과 함께 기숙사와 관사 등을 신축하여 당시 60명 내외의 학생을 수용했으며, 같은 해 10월에는 기숙사 1동과 사감실 1동을 신축하고 100명 내외의 학생이 단체생활을 하였다. 1967년 수원 농과대학의 기숙사도 3층의 건물 3동을 준공하여 상록사라 이름 짓고 500여 명의 많은 학생에게 숙식을 제공하였으며, 현대 시설로 식당과 조리장을 갖추어 단체급식을 실시하였다. 숙명여자대학교의 전신인 숙명여자전문학교는 1940년 9월 청화료라고 기숙사 이름을 붙이고, 단체급식을 실시하였다.

이 밖에도 1960년대에 이르러 많은 대학에서 기숙사가 신축되거나 증축되어 학업을 위한 단체생활을 영위해 오고 있다.

대학생들이 식사시간에 학교 외부의 편의점, 대중음식점, 패스트푸드점 등을 많이 이용하게 되면서 학교의 학생 식당이나 기숙사 식당들이 학교 주변의 외식업체들과 경쟁하게 되었고, 심지어는 학교 내 여러 식당 간의 경쟁도 심화되어 대학 급식소 운영의 어려움이 증대되고 있다.

최근 외식업체에서 식사할 기회가 늘어나면서 대학생들의 입맛이 다양화·고급화되고 있으며, 경제 수준이 향상되고 국제화·세계화 프로그램에 참여할 기회가 증가하면서 다양한 세계음식을 접할 기회 또한 증가하고 있다. 한편 미각뿐 아니라 시각적인 만족을 추구하고 건강에 대한 중요성 인식이 높아지고 있으며, 저렴한 가격으로 양질의 음식을 제공받기를 원할 뿐만 아니라, 식당 환경과 위생 개선에 대한 요구도 더욱 증가되고 있다.

(2) 병원급식

우리나라 최초의 병원은 1885년 선교사 알렌Allen의 제의로 설립된 왕립병원인 광혜원이었고 이를 곧 제중원이라 이름을 바꾸었으며, 1907년 대한의원이라 하여 현재 서울대학병원이 되었다. 이 무렵 의대생들과 간호사들이 있었으나 어떤 형태의 급식이 제공되었는지는 밝혀지지 않았지만 1900년에 환자들을 위한 병실이 있었으므로 급식이 제공되고 있었음을 짐작할 수 있다. 1902년에 최초의 사립병원인 세브란스병원이 설립되었고, 그 이후 최초의 간호학교가 생겨 약 20여 명의 간호사가 배출되었으므로 이들을 위해 당연히 급식이 실시되었을 것이고, 또한 환자들을 위한 병원급식이 있었을 것으로 추측된다. 그러나 오늘날과 달리 초기에는 치료식으로 급식을 제공하기 위한 시도는 거의 없었을 것으로 생각된다.

서양에서도 1854년 크리미아 전쟁 이후에야 비로소 병원업무 중 한 분야로 영양사라는 직업을 필요로 하게 되었다. 영양사라는 직업의 선구자로 플로렌스 나이팅게일 Florence Nightingale을 들 수 있으며, 그녀의 노력으로 1885년에 병들고 부상당한 병사들을 위하여 깨끗하고 영양 있는 음식을 제공하기 위한 공간이 설치되었다. 지난 50년간 병원급식에도 많은 변화가 있어 치료식으로의 식단 개발, 기기설비, 배식방법 등 전반적인 급식업무가 많이 발전되었다.

우리나라에서는 1958년 운크라UNKRA와 스칸디나비아 3국의 도움으로 국립중앙의료원이 건립되었고, 이들이 우리 의료사업을 지원할 때 처음으로 외국인 영양사와 함께 우리나라 영양사를 두고 병원급식을 정상적으로 실시하였다. 오늘날 병원급식은 그 중요성이 인정되어 자격을 갖춘 영양사를 요구하게 되었다. 병원 영양사의 주된 책무는 첫째, 환자의 건강을 개선하여 건강한 상태로 회복시키는 것이다. 둘째, 전문적인 급식업무를 담당하는 것이다. 또 다른 임무로는 병원 근무자들이 행복하고 만족스러운 영양 상태로 근무에 임할 수 있도록 하는 중요한 역할을 담당한다. 현재 우리나라의 병원에서 영양업무에 종사하고 있는 영양사의 수는 매년 증가하고 있다.

병원급식시장의 규모는 2016년 기준 2조 4,900억 원으로 추정되고 있으며, 이 중 위탁시장이 1조 3,000억 원 규모이다.

병원급식의 위탁운영 형태는 급식과 임상영양 부문을 모두 위탁하는 경우와 급식 부문만 위탁하는 경우가 있다. 연구조사에 의하면 병원급식을 위탁운영하는 이유는 인력관리의 용이성, 재정적인 측면, 병원의 정책 순이었고 위탁회사 선정 기준은 위탁회사의 전문성, 병원 방침, 운영 시스템, 공신력 및 계약 단가의 순이었다.

(3) 산업체급식

오늘날 생산의 증대와 작업능률을 높이기 위하여 산업체급식이 매우 중요시되고 있는 것과는 달리 그 발전의 속도는 매우 느리고 초보적인 단계를 벗어나지 못하고 있는 곳이 상당히 많다.

18세기 후반의 산업혁명은 사회와 경제제도에 변혁을 가져왔고, 이에 따라 영국의 공장에서는 어린 노동자의 급격한 증가로 인해 이들을 위한 경영주의 급식기간 설정에 대한 법 제정의 필요성이 야기되었다. 19세기 초 글래스고Glasgow 근처의 뉴레나크New Lanark에 있는 공장의 경영주인 로버트 오언Robert Owen은 그 공장의 고용인과 가족에게 명목적인 가격으로 음식을 제공할 수 있는 식당과 큰 조리실을 마련하여 산업체급식의 선구자로 알려졌다. 그 후 많은 고용주가 그들의 고용인에게 무료 또는 저렴한 가격으로 음식을 제공하였고, 이것은 대부분의 산업체로 확대되었다. 산업체급식의 중요성이 그 당시에는 완전히 인식되지는 않았지만 제2차 세계대전을 즈음하여 공장주들은 영양적으로 균형 잡힌 음식이 고용인들의 건강과 작업효율에 크게 기여한다는 것을 알았다. 새로 세운 공장들은 도시나 마을에서 멀리 위치해 있어 근처에 음식점이 없었다. 경영자는 음식을 제공할 수 있는 편의시설의 필요성을 절감하게 되었으며, 공장 경영주나 급식업자들은 급식이 공장 운영을 위한 필수적인 부문이라고 판단하게

그림 1-2 산업체급식 모습

되었다. 즉, 조직의 목표를 달성하기 위해서는 유능한 지도력이 필요하다고 인식하여, 좋은 음식을 대량생산할 수 있도록 훈련받고 경영이나 가격 조절 등의 모든 급식업무에 능숙한 영양사와 조리실장이 이러한 산업체급식을 성공적으로 운영할 수 있는 중요한 자산임을 알게 되었다.

산업체에서 하루 24시간을 가동한다고 할 때 단체급식은 계속적이고 빠르게 이루어져야 한다. 많은 사람을 급식할 경우 그룹에 따라 5~10분 간격으로 짧은 시차제 급식을 실시하는 것과 여러 개의 배식대를 설치하거나 도시락과 같이 쉽게 분배할 수 있는 식사형태, 식권 배부 등 지연 방지를 위한 특정 방안의 개발 등 신속하고 단순화를 위한 여러 방안을 모색해야 한다.

현재 우리나라의 산업체급식은 크게는 수천 명이 급식을 제공받을 수 있는 현대식 기기와 기술을 가지고 운영되는 곳에서부터 수십 명을 위해 작은 규모로 영양사없이 운영되는 곳에 이르기까지 그 차이가 크게 나타나고 있다.

그러나 무엇보다 중요한 것은 영양사들의 철저한 직업의식이라 하겠다. 자기 직업에 대한 남다른 긍지와 자부심을 가지고 자기 업무에 충실함으로써 경영진이나 다른 조리종사원들의 인식을 쇄신시키는 한편, 영양사협회에서는 정부와의 긴밀한 교섭을 통하여 근무조건의 일환으로서 산업체급식을 실시하게 한다면 영양사들의 취업문제는 물론 산업체 조리종사원의 복지도 그만큼 향상되리라 생각한다. 또한 생산업무에 종사하는 산업체 근무자들의 건강과 행복을 보장할 수 있는 급식체계의 구축이 필요하다.

(4) 군대급식

병역 의무제를 실시하고 있는 국가이든, 자원에 의한 군 복무제를 실시하는 국가이든 간에, 군대급식은 국가의 정확한 계획하에 철저하게 실시되는 단체급식이다. 군대급식은 단체급식의 역사에서 가장 먼저 실시되었던 급식이다. 왜냐하면 원시사회에서도 부족 간의 싸움이나 지역 간의 전쟁에서 먹지 않고는 적과 싸울 수 없었기 때문이다. 단지 전쟁을 수행하기 위하여 힘을 저장하고 보충하기 위해 최대한 간편하고 편리한 방법으로 필요한 음식을 섭취하였을 것이며, 형태나 격식 등은 최대로 배제되었을 것이다.

그림 1-3 군대급식 모습

우리나라의 옛날 군대급식 식단에 대해 문헌상으로 고찰된 바는 없지만 『만기요람』에 군량으로 군량미(쌀), 군량용 콩, 장, 소금, 숯 등을 몇 천 석에서 몇 만 석까지 여러 곳에 보관하였고, 숯은 묻어서 보관하였다는 기록이 있다. 보관이 어려웠던 채소 등은 현지 조달로 준비하였을 것으로 추측된다. 이런 점으로 미루어보아 아마도 일품요리가 군대급식에 이용되었을 가능성이 높다고 하겠다.

오늘날 우리나라의 군대급식은 1945년 광복 이후 국가 건립의 초창기에 비하여 상당히 발전하였다. 최근에는 열량은 낮추되 영양은 높인 양질의 품목을 급식하는 데 중점을 두고 1인당 1일 총섭취열량을 3,100kcal에서 3,000kcal로 줄이는 대신 단백질 섭취량을 15%에서 17%로 늘렸다.

알아보기 군대급식 민영화 도입

군대 급식 계약 방법이 수의 계약에서 단계적으로 경쟁 계약으로 바뀌어 급식의 질 보장이 이루어질 전망이다. 이에따라 흰 우유 등 군 장병의 선호도가 떨어지는 식품이 군대 식탁에서 점차 사라지게 된다. 기존 농·축·수협과의 수의계약은 2024년까지는 유지하되 계약 물량을 올해 기본 급식량과 비교해 내년 70%, 2023년 50%, 2024년 30% 수준으로 단계적으로 축소하고, 2025년 전량 경쟁조달로 바뀌게 된다. 국방부는 또 안정적 식자재 조달을 위해 급식 2~3개월 전 장병이 참여해 식단을 편성하는 방안을 적극 검토할 방침이다. 조리병과 민간조리원, 영양사, 급양관리관도 증원하고 조리용 로봇과 오븐기 등 조리기구 도입도 확대된다. 또 2022년 하루 기본급식비는 2021년(8천790원)보다 25% 인상한 1만1천원으로 책정했고, 2024년에는 이를 1만5천원까지 올리는 방안을 추진하기로 했다. 국방부는 "현행 군 급식체계는 지난 50여 년 간 큰 변화 없이 공급자 위주의 식자재 조달체계를 유지하고 있어, 양질의 친환경 무상급식을 경험한 MZ세대 장병의 다양한 요구 수준과 국민적 눈높이에 호응하지 못하는 구조"라고 개선 배경을 설명했다.

출처 : MBC뉴스, 2021. 10. 14.

(5) 사회복지시설급식

사회복지시설의 급식은 대개가 빈곤층에 대한 도움으로, 유약자나 노약자, 정신적·신체적으로 불완전한 사람들에게 완전한 보호를 제공하기 위하여 정부나 개인 또는 보호단체의 자선에 의해 유지된다. 지출의 규모는 수입에 의해 결정되기 때문에 급식의 양과 질도 재정적으로 항상 충족되지 않는 경우가 많다.

사회복지시설급식에서는 영양사가 도움을 청하는 곳을 방문하여 주어진 특성에 맞게 봉사차원에서 고문의 역할을 담당할 수도 있고, 같은 지역에 있는 몇 군데의 작은 단체들이 합동하여 겸직 영양사를 고용할 수도 있다. 이러한 영양사는 1주일에 2~3일 간격으로 각 급식소를 방문·순회하며 적절한 급식을 할 수 있도록 조리사와 고용인을 훈련시키고 지도한다.

사회복지시설외에도 장기요양시설과 같은 의료복지시설의 입주자들은 치매, 중풍과 같은 중증질환이나 당뇨병, 고혈압 등과 같은 만성질환을 앓고 있는 경우가 많아 건강관리 및 질병 악화를 방지하기 위해 적절한 식사와 영양관리 서비스가 중요하다. 현재 장기요양시설 수 대비 영양사 배치율이 매우 낮으므로 고령자들이 이상적인 급식을 제공받을 수 있도록하려면 많은 경험과 자격을 갖춘 영양사의 육성이 필요하다.

(6) 기내식

기내식은 주로 조리-냉장cook-chill 방식에 의해 이루어지는데, 항공기 운항계획에 맞추어 지상의 음식공장에서 미리 조리된 음식을 정해진 그릇에 담아 잠시 저장하였다가 항공기 출발시각에 맞추어 기내에 싣고, 서빙하기 전 기내 조리장에서 재가열한 다음 승객에게 제공한다. 기내식은 서양음식을 기본으로 하여 일본음식, 중국음식 등을 가미한 다양한 요리로 세계 거의 모든 항공사에서 일등석 승객에게는 풀코스로 제공하고, 그 밖의 승객에게는 쟁반에 미리 준비한 음식을 제공하는 것이 보통이다.

최근에는 호화로운 레스토랑에서와 같이 다양한 메뉴와 질 좋은 음식을 기내에서 제공하는 서비스가 가능하게 되었다. 기내식은 제한된 좁은 공간이라는 항공기의 조건 때문에 승객의 운동 부족으로 인한 소화장애나 고칼로리식으로 인한 비만 등을 방지하기 위하여 소화가 잘 되고 흡수되기 쉬운 저칼로리 식품으로 구성하고 있으며, 위생적으로 안전해야 하는 특성을 지니고 있다.

국내 기내식 현황을 살펴보면, 인천국제공항 내 대한항공 기내식 시설의 경우 국내 최대 규모로, 각종 설비를 통합한 통제 시스템에 의한 자동화 체제가 구축되었다. 대표적 자동화 시설로는 모노레일식 카트 보관 및 운반 시스템, 각종 기물과 용품을 원하는 곳으로 자동으로 이송시키는 식기류 보관 및 운반 시스템, 진공쓰레기 처리 시스템 등을 갖추고 있다. 또한 기내식은 주로 조리-냉장 방식에 의해 생산되므로 위생안전이 특히 중요하다. 대한항공 기내식은 단체급식 분야 최초로 2000년 11월에 식품의약품안전처로부터 HACCP 인증을 획득하였다.

그림 1-4 기내식 모습

우리나라에서 출발 및 도착하는 항공편에는 한국 승객들의 기호에 맞추기 위해 김, 고추장 등을 마련하는 해외 항공사들도 많은데 이러한 취향을 고려하여 국적기인 대한항공과 아시아나항공의 경우 한국음식 기내식 개발에 많은 관심이 모이고 있다.

대한항공의 비빔밥은 한국음식의 기내식화를 성공시킨 대표적인 예이다. 이 비빔밥은 주재료가 채소이기 때문에 건강식으로 인식되어 외국인들에게 인기가 높으며 국제기내협회에서 최고의 기내식상인 머큐리상을 받기도 하여 우리 음식을 널리 알리는 데도 기여하였다.

아시아나항공의 경우 2007년부터 2017년까지 해외 기내식 케이터링 업체 셰프들을 대상으로 '해외 셰프 초청 한식교실' 행사를 진행하여 매년 취항 중인 주요 도시의 해외 기내식 케이터링 업체 셰프 대상 한식조리 교육을 실시하였다.

2) 사회적 변화

단체급식은 오늘에 이르기까지 수많은 변화와 단계를 거쳐 왔다. 단체급식의 근원은 농경시대로까지 거슬러 올라간다고 해도 과언이 아니다. 즉, 농사를 짓기 위해 노예를 끌어들이고 대량의 음식을 조리하여 이들 다수에게 식사를 제공했다는 점에서 농경시대를 단체급식의 근원으로 보고 있다. 그러나 진정한 의미의 단체급식이 시작된 것은 중세 이후부터라고 보아야 할 것이다.

중세에 성행하던 종교단체들의 모임이나 봉사활동을 통해 다수에게 식사를 제공한 것을 비롯하여, 귀족들의 모임에 150~250명분의 식사 제공을 위해 조리장 시설을 갖추고 재료 구입과 조리 및 이에 대한 회계까지 다루었다는 점에서 이를 근대 급식경영의 시초라고 보아야 할 것이다.

제1차 세계대전 이후 단체급식은 점차 전문화되었으며, 제2차 세계대전 중에는 팽창기로 들어서게 되었다. 현재의 단체급식은 극도로 전문화된 시스템을 갖추고 각 단체에서 운영하고 있으며, 지난 20~30년간 대형 체인 급식회사의 등장과 과학적 경영에 의한 급격한 발전은 급식산업에 일대 변화를 가져오고 있다.

단체급식은 사회적·경제적인 변화에 따라 많은 영향을 받게 된다. 즉, 출산율의 감소, 노년층의 증가, 여성의 직장 진출, 전문 지식인들의 독신생활 선호, 전반적인 식생활의 변화 등에 따라 급식대상자의 요구는 매우 다양해지고 있으며, 단체급식은 이러한 급식대상자의 욕구를 충족시켜 주어야 한다.

(1) 긍정적 영향

우선 대가족제도가 붕괴하고 핵가족제도가 확산됨으로 인해 가족 수가 적어지면서 외식이 습관화되는 현상이 나타났다. 제2차 세계대전 이후 출산 붐 시대에 태어난 현재 40~50대들은 경제적 발전으로 인하여 가장 경제적 여유를 누리고 있으며, 이들은 현 사회에서 가장 왕성하게 활동하며 주도해 가는 그룹으로 외식을 일상생활의 한 부분으로 자연스럽게 받아들이는 소비성향이 강한 세대들이다.

경제부흥으로 인하여 가정의 잉여 수입이 늘어나면서 이를 외식에 소비하는 경향이 증가하여 왔고 앞으로도 외식 습관은 경제가 성장할수록 더 빠른 속도로 확산돼 갈 것임을 세계 외식업계는 예측하고 있다.

과학으로 인해 교통수단이 발달되면서 외출이 보다 용이해지고, 또 편리한 교통수단으로 인하여 세계가 1일권 내에 들어오자 세계여행이 용이해지면서 외식은 현대인들에게 생활의 일부가 되고 있다. 이러한 세계여행의 여파는 현대인들로 하여금 새로운 경험을 찾고자 하는 욕구를 자아내게 하는 결과를 가져오고 있고, 이들의 욕구, 즉 새로운 즐거움과 편리함을 충족시켜 주는 것은 외식에 의해 이루어질 수 있음을 현대인들은 잘 알고 있다.

대도시 인구 집중으로 말미암아 도시지역이 확장되자 직장인들은 점심식사를 가정에서 할 수 없게 되었다. 이들은 외식에 의존할 수밖에 없는 환경에 놓여 있으며 이 같은 현상은 세월이 지나갈수록 더 심화될 것이다.

교육수준이 높아지면서 오락과 휴식이 건강과 직결된다는 의식변화가 일어나고 있다. 외식은 오락과 휴식을 동시에 가질 수 있는 기회가 되며 더욱이 최근에 나타나고 있는 SOHO, 벤처기업 탄생으로 인한 소규모 업체들의 등장과 지식층 독신 전문 직장인들의 등장은 앞으로 단체급식뿐만 아니라 일반 외식업계에도 새로운 시장을 열어줄 것이고 영업 형태 또한 큰 변화를 가져오면서 눈부신 발전을 할 것임을 예측할 수 있다.

(2) 부정적 영향

두 자리 숫자로 오르는 인플레이션, 인건비 상승으로 인하여 원가가 상승하고 있다. 앞으로 식재료 구입방법의 개선과 합리적 경영방법의 터득 없이는 외식업계는 수많은 역경을 겪을 것이다. 우리는 이미 IMF를 거치면서 경제 불안정이 얼마나 우리 업계에 타격을 주는지 경험했다. 경제 불안정은 많은 실직자를 배출해 내며 소비 위축으로 인한 경제적 악순환을 초래하게 만든다. 더욱이 현재와 같은 기업구조 조정 정책차원의 긴축 경영에 의한 급식 예산의 삭감과 직원 감축의 결과로 외식업계 중에서도 가장 직접적으로 큰 영향을 받는 곳이 단체급식 분야이다.

인력난은 단체급식의 발전을 저해하는 큰 요인으로 작용하고 있다. 3D직업의 기피 현상과 사회에서 인정받지 못하는 직업이란 고정관념은 외식업계에 인력난을 가중시키고 있으며, 88 서울 올림픽과 IMF 이후 갑자기 확산되고 있는 외식업들의 탄생, 그리고 수많은 전문 위탁 급식업체의 등장으로 인력난은 갈수록 가중되고 있으며, 날로 상승하고 있는 인건비에도 불구하고 유능한 인력의 부재는 외식업계에 큰 암초가 아닐 수 없다.

(3) 급식업계의 변화 동향

① 학교급식

외국의 경우 1800년대 중반부터 나타나기 시작한 학교급식은, 학생들의 건강관리와 영양 있는 잉여 농작물의 소비라는 목적 아래 정부로부터 많은 지원을 받아 저렴한 가격으로 제공되었다. 학교급식은 「학교급식법」(1996년 개정)에 따라 위탁급식 운영이 가능하였으나 2000년대 초 위탁급식을 운영하는 학교에서 대형 식중독이 발생함에 따라 이를 계기로 학교급식을 직영으로 운영하도록 「학교급식법」을 재개정하였다. 이에 따라 현재는 특수한 경우를 제외한 대부분의 학교에서 직영(98%, 2021년 기준)으로 운영하고 있다.

대학교급식은 정부의 지원 없이 학교 당국에서 정한 운영비와 학생들이 지불하는 방식대로 운영되고 있어 시중보다는 다소 저렴하다. 그러나 직영체제로는 원가절감의 한계가 있어 대부분의 대학교급식은 위탁경영으로 전환하는 추세이다.

② 산업체급식

산업체급식은 대부분 위탁경영에 의해 이루어지고 있다. 공장, 사무실 등의 직원들이 이들의 급식대상자들이다. 최근 화이트칼라들의 증가로 사무실 빌딩 내의 급식이 증가하자 중역 식당, 자판기, 오후 간식, 케이터링catering 등 판매 증대를 위한 마케팅 활동을 펴나가고 있다. 그 활동들은 단순히 식사 제공이란 차원을 벗어나 사업성을 지닌 것으로서 급식대상자들의 요구에 부응해 질적 향상을 꾀하는 데 중점을 두고 있다.

③ 기내식

여행자들이 계속 늘고 있는 추세이므로 기내식 수요는 증가하고 있으며, 지속적으로 고객의 요구에 맞는 안전하고 질 높은 기내식을 제공하는 것이 필수적이다. 따라서 각 항공사에서는 지속적인 레시피 개발, HACCP system 도입, 수준있는 서비스 제공 등 기내식의 맛과 질 향상에 노력을 기울이고 있다.

④ 병원 및 양로원 급식

병원, 양로원 등 장기간 체류하는 단체에 속한 급식업체가 직면하고 있는 문제는 원가 상승, 노년층의 증가, 그리고 다른 보건단체와의 경쟁이다.

계속 증가하고 있는 운영비와 치료식의 발달로 인해 폭발하는 영양 요구조건은 기업 보조금만으로는 도저히 해결될 수 없다. 따라서 급식경영은 앞으로 영리적 방향으로 전환할 수밖에 없는 입장에 처해 있다. 현재 외국은 전문 경영인을 동원하여 영리성과 생산성이란 두 가지 과제를 동시에 만족시키는 데 목표를 두고 운영을 시도하고 있다. 소규모 급식업체는 자체 비용 절감과 원활한 급식이란 차원에서 중앙조리-위성 배식의 방법central kitchen & satellite service system을 택하는 곳도 있으며, 대규모 급식체는 cookchill system 등 다양한 합리적 경영방법을 적용하고 있고 급식대상자 만족을 위한 restaurant menu 도입과 환자 뷔페 식당 등 일반 외식업계의 경영방법들을 도입하는 추세이다.

우리나라의 경우 정부가 2016년 6월 「의료 해외진출 및 외국인 환자 유치에 관한 법률」을 시행함에 따라 위탁급식업체 입장에서는 병원급식의 시장점유율을 높이기 위해 업체의 경쟁이 치열해지고 있으며, 이에 따라 외국인 환자와 환자별 맞춤형 식단제공에 초점을 두고 있다.

알아보기 급식 푸드테크 도입

조리용 로봇으로는 일반적으로 로봇의 팔에 조리 도구를 결합해 뒤집기, 흔들기, 돌리기 등 사람의 팔로 할 수 있는 다양한 동작을 구사해 조리하는 협동로봇을 활용한다. 단순 작업인 커피를 내리거나 치킨을 튀기는 작업부터 탕을 끓이는 로봇까지 도입되고 있다. 협동로봇은 제조업 분야에서 고용 불안과 인건비 상승 등의 문제로 도입되었으며, 단순 작업을 반복하는 노동 환경을 가진 외식업계에서도 노동환경을 개선하기 위해 활용될 수 있다. 협동로봇은 사람의 일자리를 빼앗는 것이 아닌 사람 옆에서 공존하며 힘든 노동을 로봇이 하는 환경을 만드는 것이다. 또한, 비대면 문화의 확산과 함께 외식업계의 푸드테크 기술 도입도 가속화됐으며 특히 서빙로봇과 요리로봇은 가장 빠르게 상용화돼 식품·외식업체에서 흔히 볼 수 있는 대체 인력으로 자리 잡았다. 단체급식에 있어서도 학교급식 및 군대급식에 협동로봇인 국탕로봇, 볶음로봇, 유탕로봇 등이 도입되어 조리종사자의 폐질환 예방과 근골격계 질환 문제 개선 등 급식종사자의 조리 환경 개선에 도움을 줄 것으로 기대된다.

출처 : 해럴드경제, 2023. 7. 18.

4. 단체급식 종사자

1) 영양사

급식관리자인 영양사는 총감독자이며 책임자이다. 즉, 급식소에서 일어나는 모든 업무와 급식업무에 종사하는 조리종사원을 지도·감독할 수 있는 능력과 자질을 갖춰야 한다. 따라서 식단 작성, 검식 및 배식관리, 구매식품의 검수 및 관리, 급식시설의 위생적 관리, 집단급식소의 운영일지 작성, 조리종사원에 대한 영양 및 위생에 관한 교육의 직무를 수행하는 등의 급식업무를 효과적으로 운영하기 위해서 업무에 관한 관리책임은 영양사가 맡는 것이 바람직하다고 할 수 있다.

(1) 정의

영양사는 법률에 규정된 소정의 자격을 취득하여 영양지도에 종사하는 사람으로 우리나라 「국민영양관리법」 제15조에 의하면 "영양사는 교육법에 의한 대학 또는 전문대학에서 식품학 또는 영양학을 전공한 자(이와 동등한 자격을 가진 자)로서 영양사자격 시험에 합격한 후 보건복지부장관의 면허를 받은 자"라고 정의하고 있다. 또한 대한영양사협회에서는 영양사란 "질병예방과 건강증진을 위해 급식관리 및 영양서비스를 수행하는 전문인"이라고 정의하고 있으며, 통계청 고시(2007년 10월)에 의해 영양사는 보건사회복지 및 종교관련직으로 분류되어 확정 공고되었다.

한국표준직업 분류내용에 명시된 내용을 살펴보면 표 1-5와 같다.

표 1-5 한국표준분류에서의 영양전문가

대분류	중분류	소분류	세분류	세세분류	분류코드
전문가 및 관련 종사자	보건사회복지 및 종교관련직	의료진료전문가			
		약사 및 한약사			
		간호사			
		영양사	영양사	임상영양사	24401
				일반영양사	24402
				영양교사	24403
		치료사 및 의료기사			
		보건의료관련 종사자			
		사회복지관련 종사자			
		종료관련 종사자			

출처 : 한국표준직업분류 7차 개정(2017)

보건사회복지 및 종교관련직은 "환자의 진료 혹은 간호 업무를 수행하고, 신체적 장애, 정신질환이나 불안정 등의 장애를 치료한다. 영양기법과 응용에 관하여 연구, 개선 또는 개발하여 이를 보조하는 업무도 수행한다"고 되어 있으며 이 중분류의 직업에 영양사가 소분류로 구성되어 있다. 영양사는 "건강증진 및 질병치료를 목적으로 개인 및 단체에 균형 잡힌 음식물을 공급하기 위하여 식단을 계획하고 조리 및 공급을 감독하는 업무를 수행한다"고 되어 있으며, 주요 업무는 다음과 같다.

① 영양기법과 응용에 관하여 연구·개발하고 이들을 적용한다.

② 사용식품의 신선도를 검사하고, 함유열량의 단위를 계산하며 섭취영양소의 양을 분석한다.

③ 조리담당자의 조리·위생 상태를 관리·감독하며, 조리된 음식의 조화·맛·질감을 평가하기 위하여 검식을 한다.

④ 주방기구·시설·설비의 위생을 점검, 감독하고 일일 식품소비량을 관리한다.

⑤ 영양문제 수집·분석 및 영양요구량 산정 등의 영양을 판정한다.

⑥ 영양상담 및 교육을 실시하고, 영양관리상태 점검을 위한 영양모니터링 및 평가를 한다.

⑦ 영양불량상태 개선을 위한 영양관리 및 임상영양에 대하여 자문 및 연구를 하며 그 밖에 임상영양과 관련된 업무를 한다.

영양사에 종사하기 위해서는 '영양사' 자격을 취득해야 하고 임상영양사와 일반영양사, 영양교사 3개의 세세분류로 구성되어 있다. 영양사의 직업 예시에는 임상영양사, 보건영양사, 영양교사, 급식경영영양사, 관리영양사, 상담영양사, 산업보건영양사, 식품위생영양사가 있다.

세세분류의 임상영양사는 "영양문제가 있거나 잠재적 위험요인을 지닌 개인 및 집단을 대상으로 질병의 예방과 관리를 위하여 임상영양치료를 전문적으로 수행한다"라고 되어 있으며, 일반영양사는 "개인 및 단체에 균형 잡힌 급식서비스를 제공하기 위해 식단을 계획하고 조리 및 공급을 감독하는 등 급식을 담당하며, 산업체에서 급식관리 업무 외에 영양교육 및 상담, 영양지원 등 영양서비스를 관리하는 업무를 수행하는 자"라고 되어 있다. 또 영양교사는 "학교에서 급식대상자의 기호·영양가·조리능력·비용 등을 기초로 하여 급식을 준비하며, 식단을 계획하고 작성하는 자"라고 되어 있다.

국제적으로 전문직으로서의 영양관계자는 dietitian과 community nutritionist(또는 public health nutritionist)로 크게 구별되어 있다. 일반적으로 dietitian은 4년제 대학에서 기본적 교육을 받고, 졸업 후 병원에서 6개월(또는 12개월)의 실무경험을 쌓고 자격시험에 합격해야 하며 임상영양의 실제 활동 전문가이다. 한편 community nutritionist는 4년제 대학을 수료한 뒤 대학원 수준의 양성학교school of public health를 졸업한 자에게 주어지며 지역 활동 전문가로 활동한다.

영양사의 활동범위는 의료관계기관에서는 의료팀의 일환으로 식사요법을 관장하고, 공중위생관계기관에서는 지역보건활동 또는 지역의료활동의 일환으로 주민에게 영양지도를 실시하며, 급식관리 분야에서는 집단의 영양관리자로 활동하는 것이 일반적이다.

여러 나라의 영양사에 대한 정의 표 1-6를 살펴보면 약간의 차이는 있으나 "식품과 영양에 관한 전문지식을 바탕으로 국민의 영양 및 건강을 위해 일하는 사람"이라고 정리할 수 있겠다.

표 1-6 각국의 영양사에 대한 정의

국가 및 기관	명칭	정의
미국 영양사회	dietitian	병원, 학교, 식당, 그 외 기타 공중사립시설의 급식 및 식사계획을 하는 자
	nutritionist	질병예방, 건강증진에 있어 영양에 관련된 경우의 방도를 만들고 계획을 세워 지도하는 자
일본	영양사	영양사의 명칭을 쓰고 영양지도에 종사하는 것을 업으로 하는 자
	관리영양사	영양사의 정의와 같으며 복잡하고 곤란한 것을 관리할 적격성을 가지고 있는 자로서 등록된 영양사
영국	dietitian	인간과 과학을 다루는 전문인으로 자신의 전문적인 지식을 모든 사람이 이해하고 이용 가능하도록 식품, 건강과 관련된 과학적이고 의학적인 결정으로 해석하는 일을 하며, 건강관리팀의 일원으로서 병원이나 지역 내에서 환자를 관리하고 국민과 다른 건강전문가들에게 영양에 관해 교육함으로써 국민건강을 증진시키기 위해 일하는 자
유럽 영양학회	nutritionist	질병예방, 건강증진에 있어서 영양에 관련된 경우의 방도를 만들고 계획을 세워 지도하는 자
	dietitian	법적으로 인정된 자격을 가진 자로서 영양이라는 과학을 건강하거나 질병이 있는 개인이나 집단에게 급식하고 교육하는 데 응용하는 자

(계속)

국가 및 기관	명칭	정의
캐나다 영양사회	dietitian	대학 전문과정을 마치고 영양과학 및 영양관리의 교육을 받고 또는 그 경험에 의한 자격을 가진 자
FAO	dietitian	대학에서 영양요법, 급식의 교육을 받은 후 자격취득을 위해 학교, 병원, 공장에서 환자식 및 급식관리의 실제적 경험을 몸에 익힌 자
	nutritionist	대학에서 영양학을 배우고 영양교육을 포함한 영양개선에 대한 실제 훈련을 받은 자
국제노동기구	일반영양사	병원, 기업 또는 다른 시설에서 개인, 집단 또는 특정직장의 근로자를 위해 치료식 또는 다른 식사를 계획 및 감독하여 영양의 법칙에 따라 식품을 선택하고 특정한 조리 및 지도를 통해 영양문제에 관한 책무를 달성하는 직업에 종사하는 자
	공중보건영양사	지역사회에서 영양이나 식사에 관한 각종 영양수단을 계획하고 실행하는 직업으로 지역사회의 영양상태를 조사하고 지역의 건강계획에 참여하며 영양교육, 건강계획을 위해 영양문제를 지도하고 영양회복을 위해 일하는 자
	기타 영양사	이상에 해당되지 않으면서 식품공업 및 식품유통의 상담 등에 임하는 자

(2) 자격

「국민영양관리법」 제15조, 「영양사에 관한 규칙」 제2조에 의거하여 영양사 면허는 고등교육법에 의한 학교에서 식품학 또는 영양학에 관한 해당 교과목을 이수하여 학점을 취득하고 졸업한 자, 외국에서 영양사 면허를 받은자, 외국의 영양사 양성학교 중 보건복지부장관이 인정하는 학교를 졸업한 자로서 영양사 국가시험에 합격하고 결격사유가 없는 경우 보건복지부 장관으로부터 주어진다 표 1-7.

「영양사에 관한 규칙」 개정(2015년)으로 영양사 국가시험에 명시된 자격시험의 시험 과목은 표 1-8 및 표 1-9와 같다.

(3) 직무

「국민영양관리법」 제17조에 의하면 영양사는 ① 건강증진 및 환자를 위한 영양·식생활 교육 및 상담, ② 식품영양정보의 제공, ③ 식단 작성, 검식檢食 및 배식관리, ④ 구매식품의 검수 및 관리, ⑤ 급식시설의 위생적 관리, ⑥ 집단급식소의 운영일지 작성, ⑦ 종업원에 대한 영양지도 및 위생교육에 관한 업무를 수행해야 한다(2015년 개정). 「국민영양관리법 시행규칙」 제18조에 따르면, 영양사협회의 장은 보수교육을 2년마다 실시하여야 하며, 교육시간은 6시간 이상으로 한다고 되어 있다.

표 1-7 영양사 국가시험 응시자격 관련 법규

국민영양관리법 제15조(2015년 개정)
• 「고등교육법」에 따른 대학, 산업대학, 전문대학 또는 방송통신대학에서 식품학 또는 영양학을 전공한 자로서 교과목 및 학점이수 등에 관하여 보건복지부령으로 정하는 요건을 갖춘 사람 • 외국에서 영양사면허를 받은 사람 • 외국의 영양사 양성학교 중 보건복지부장관이 인정하는 학교를 졸업한 사람 - 보건복지부장관은 제1항에 따른 국가시험의 관리를 보건복지부령으로 정하는 바에 따라 시험 관리능력이 있다고 인정되는 관계 전문기관에 위탁할 수 있다. - 영양사 면허와 국가시험 등에 필요한 사항은 보건복지부령으로 정한다.
국민영양관리법 제16조(2018년 개정)
• 「정신보건법」 제3조제1호에 따른 정신질환자. 다만, 전문의가 영양사로서 적합하다고 인정하는 사람은 그러하지 아니하다. • 「감염병의 예방 및 관리에 관한 법률」 제2조제13호에 따른 감염병환자 중 보건복지부령으로 정하는 사람 • 마약·대마 또는 향정신성의약품 중독자 • 영양사 면허의 취소처분을 받고 그 취소된 날부터 1년이 지나지 아니한 사람
영양사에 관한 규칙 제2조(2015년 개정)
"교과목 및 학점이수 등에 관하여 보건복지부령이 정하는 요건을 갖춘 자"란 별표(표 1-9)에 따른 교과목 및 학점을 이수하고 졸업한 자

표 1-8 영양사 자격시험 과목과 배점

시험과목	배점
영양학 및 생화학	60
영양교육, 식사요법 및 생리학	60
식품학 및 조리원리	40
급식, 위생 및 관계법규	60
총계	220

즉, 영양사가 급식부문의 임무를 수행하기 위해서는 여러 업무가 서로 관계를 맺어 계획성 있게 진행되어야 한다. 식단을 계획한 후 그 식단에 의한 식품을 구입하여 조리하고, 식단과 같은 영양량을 급식대상자에게 제공하여 만족한 식사가 되도록 영양관리가 이루어져야 한다. 식품은 적절한 양을 구입해야 하고 품질의 선택과 함께 위생적·경제적인 면도 고려해야 하므로 전문지식이 필요하다. 식품은 구입 후에 저장을 잘 해야 하며, 조리에 차질이 없도록 미리 조달하는 문제도 고려할 줄 아는 전반적인 식품구매관리가 요구된다. 또한 식품 구입부터 조리하고, 배식대에 옮겨져 급식이 실시

표 1-9 영양사 자격시험 교과목 및 학점 이수 기준

영역	교과목	유사인정과목	최소이수과목 및 학점
기초	생리학	인체생리학, 영양생리학	총 2과목 이상 (6학점 이상)
	생화학	영양생화학	
	공중보건학	환경위생학, 보건학	
영양	기초영양학	영양학, 영양과 현대사회, 영양과 건강, 인체영양학	총 6과목 이상 (19학점 이상)
	고급영양학	영양화학, 고급인체영양학, 영양소 대사	
	생애주기영양학	특수영양학, 생활주기영양학, 가족영양학, 영양과 (성장)발달	
	식사요법	식이요법, 질병과 식이요법	
	영양교육	영양상담, 영양교육 및 상당, 영양정보관리 및 상담	
	임상영양학	영양병리학	
	지역사회영양학	보건영양학, 지역사회영양 및 정책	
	영양판정	영양(상태)평가	
식품 및 조리	식품학	식품과 현대사회, 식품재료학	총 5과목 이상 (14학점 이상)
	식품화학	고급식품학, 식품(영양)분석	
	식품미생물학	발효식품학, 발효(미생물)학	
	식품가공 및 저장학	식품가공학, 식품저장학, 식품제조 및 관리	
	조리원리	한국음식연구, 외국음식연구, 한국조리, 서양조리	
	실험조리	조리과학, 실험조리 및 관능검사, 실험조리 및 식품개발, 실험조리 및 식품평가	
급식 및 위생	단체급식관리	급식관리, 다량조리, 외식산업과 다량조리	총 4과목 이상 (11학점 이상)
	급식경영학	급식정보(전산)관리, 급식경영 및 인사관리, 식품구매, 식품유통 및 구매, 급식경영 및 회계, 급식산업 및 마케팅 전략	
	식생활관리	식생활계획, 식생활(과)문화, 식문화사	
	식품위생학	식품위생 및 (관계)법규	
	식품위생관계법규	식품위생법규	
실습	영양사 현장실습	영양사 실무	총 1과목 이상 (2학점 이상)

*위의 교과목 중 각 영역별 최소이수과목(총 18과목) 및 학점(총 52학점) 이상을 전공과목(필수 또는 선택)으로 이수해야 한다.

되고, 배식 후 식기의 세척과 살균, 정리정돈에 이르기까지 철저한 위생관리가 뒤따라야 하며, 위생처리가 부족하여 병균의 침해가 있어서는 안 된다.

그리고 식사시간에 맞도록 조리작업을 효과적으로 하는 작업관리가 필요하며, 이러한 작업을 할 때 적절한 시설·설비가 필요하다. 이는 사람의 힘으로 조정되는 것으로 조리종사원의 적성과 능력, 도덕적인 문제도 크게 영향이 있으므로 시설관리·설비관리 및 인사관리가 요구된다.

이상과 같은 여러 업무의 편의를 위해 진행되는 과정 중에 일어나는 사항, 즉 실시한 식단의 종류, 기호조사, 잔반·잔식조사, 급식대상자의 건강상태, 매 끼니의 급식대상자의 수, 기타 기록에 남겨 두어야 할 여러 결과를 다음 식단이나 경영에 반영하기 위해서는 사무적인 처리가 원활히 이루어져야 한다.

또한 비용에 있어서 소속집단의 여러 부문 간의 균형과 경영의 합리화를 위하여 일정액의 예산비용을 유용하게 사용해야 하며 입·출금 등의 용도별 기록도 필요하다.

급식소별 위탁영양사의 직무에 대한 내용을 다음에 제시하였다.

위탁영양사

관공서, 기업체, 공장, 병원, 군부대, 학교 등의 단체급식소에서 급식대상자에게 만족스러운 식사를 제공하고 급식관리, 인력관리, 위생안전관리 등 효율적 경영관리를 통하여 점포를 운영하는 직무로서, 과거 음식 자체로 만족하던 시대에는 사원 복리후생 개념 및 조리종사원 건강에 중점을 두었으나, 식생활 수준의 획기적 향상 및 외식문화의 발전으로 위탁급식이 증가하는 시대적 흐름에 맞추어 보다 전문성을 갖춰야 한다.

- 경영자로서의 영양사
- 관리자로서의 영양사 : 원가관리, 인력관리, 위생안전관리, 급식대상자 만족 등 끊임없는 관리와 개선의식이 요구된다.
- 실무자로서의 영양사 : 메뉴작성, 조리, 서비스에 전문성을 갖추어야 하며, 성공하는 영양사가 되기 위해서는 친절하고, 부지런하며, 끊임없이 분석하고 실행하는 자세가 필요하다.

2) 영양교사

(1) 영양교사제도 도입

영양교사는 2003년 「학교급식법」과 「초·중등교육법」이 개정되면서 학생의 건강 관리와 올바른 식습관을 위한 체계적인 영양교육을 실시하기 위하여 도입되었으며, 2006년 개정된 「학교급식법」의 「초·중등교육법 시행령」 제40조 제3항(영양교사의 배치 기준)에 의거하여 모든 학교에서 1명의 영양교사를 두어야 한다.

2007년 1월부터 시행한 「학교급식법 시행령」 제8조에 규정된 영양교사의 업무는 학생교육과는 관련이 적은 실정이다. 그러나 장기적으로 볼 때, 교사의 사전적 의미는 주로 초·중·고등학교에서 일정한 자격을 가지고 학생을 가르치는 사람을 의미하므로 관련 교과 분야에서 전공을 살려 학생을 지도하는 교사로서의 역할을 맡아야 할 것이다.

(2) 자격

「초·중등교육법」 제21조제2항 교사 자격기준에 따르면 "대학·산업대학의 식품학 또는 영양학 관련학과 졸업자로서 재학 중 소정의 교직학점을 취득하고 영양사 면허증을 가진 자, 또는 영양사 면허증을 가지고 교육대학원 또는 교육부 장관이 지정하는 대학원의 교육과에서 영양교육과정을 이수하고 석사학위를 받은 자"로 정의하고 있다. 교원자격검정령 시행규칙 별표 4-2에 명시된 영양교사 임용시험 학점 이수 기준은 표 1-10과 같다.

표 1-10 영양교사 임용시험 학점 이수 기준

이수영역 및 과목	소요최저이수학점
1. 영양교육 및 상담실습 2. 식품학, 조리원리 및 실습 3. 식품위생학, 단체급식 실습 4. 생애주기영양학, 영양판정 및 실습, 식사요법 실습	10학점 이상(5과목 이상) • 제1호 내지 제3호에서 각 2학점 이상(1과목 이상) • 제4호에서 4학점 이상(2과목 이상)
1. 교육학개론 2. 교육철학 및 교육사 3. 교육과정 및 교육평가 4. 교육방법 및 교육공학 5. 교육심리 6. 교육사회 7. 교육행정 및 교육경영 8. 그 밖의 교직이론에 관한 과목	14학점 이상(7과목 이상)

(3) 직무

「학교급식법 시행령」 제8조(영양교사의 직무)에 의하여 법 제7조 제1항에 따른 영양교사는 학교의 장을 보좌하여 다음 각 호의 직무를 수행한다.

① 식단 작성, 식재료의 선정 및 검수

② 위생·안전·작업관리 및 검식

③ 식생활 지도, 정보 제공 및 영양상담

④ 조리실 종사자의 지도·감독

⑤ 그밖에 학교급식에 관한 사항

즉, 영양교사는 학교급식의 목적을 달성하기 위하여 학교급식 운영관리, 영양교육 및 식생활 지도에 관한 제반 계획을 수립하여 이를 수행한다. 영양교사의 직무내용을 구체적으로 살펴보면 다음과 같다.

학교급식 운영 계획, 영양교육 및 식생활 지도 계획 수립

① 급식 운영계획 수립

- 연간 급식 운영계획 수립, 영양제공량 계획, 급식 운영예산 계획, 급식 평가도구 개발

② 영양교육 및 식생활 지도 계획수립

- 연간 영양교육 및 식생활 지도 계획 수립, 영양교육 및 식생활 지도 주제 선정, 영양교육 및 식생활 지도안 작성, 영양교육 및 식생활 지도 평가도구 개발

학교급식 운영 및 제반 관리업무 수행

식단관리, 식재료 구매, 검수 및 보관관리, 조리관리, 검식, 배식관리, 위생(HACCP)관리 및 교육, 급식시설 및 기기관리, 급식인력관리, 급식경영관리

영양교육 및 식생활 지도 수행

① 영양상태 평가

- 식품 및 영양소 섭취상태 조사, 식습관 조사, 신체계측, 임상조사

② 영양교육 및 식생활지도 실시

- 대상 : 학생, 학부모, 교직원, 지역주민
- 방법 : 면대면 교육, 가정통신문, 학교 홈페이지를 통한 교육

(계속)

• 내용 : 급식과 연계한 바른 식생활, 생활질서, 식사예절, 질환예방을 위한 식사방법, 전통 식문화, 식량 생산 및 소비, 식품의 올바른 선택방법 등

③ 영양교육 및 식생활 지도 평가

• 교육내용 및 방법평가, 지식평가, 태도 및 가치관 평가, 신체계측을 통한 평가, 식품섭취 형태를 통한 평가

④ 영양교육 매체 및 프로그램 개발

• 학생, 학부모, 교직원, 지역주민 대상 영양 프로그램, 영양교육 교재 및 매체 개발

⑤ 영양상담

• 학생 대상 영양상담, 학부모 대상 영양상담, 교직원 대상 영양상담(아침결식, 비만, 간식, 소아성인병, 알레르기, 식중독, 다이어트 등)

기타 학교급식 운영 및 영양교육을 위한 업무

① 관련 부서와의 업무 협조

• 급식 및 영양교육을 위한 교사, 직원, 학부모, 교육청 및 유관 기관과의 업무 협조

② 학교운영위원회 및 급식소위원회 업무

• 학교급식 운영과 관련된 각종 위원회 활동 관련사항, 학부모 급식모니터링 활동 관련사항

3) 임상영양사

(1) 정의

대한영양사협회에 따르면 임상영양사는 질병예방과 건강관리를 위하여 영양판정, 영양상담, 영양소 모니터링 및 평가 등의 업무를 수행하는 영양사이다. 임상영양사 제도는 영양사의 지위 향상과 업무능력 고취를 위하여 마련되었으며 2012년 3월 17일부터 임상영양사 자격이 국가고시로 전환되었다.

(2) 자격

임상영양사는 영양사 면허 취득자로서, 응시자격은 다음과 같다.

보건복지부 장관이 지정한 임상영양사 교육기관에서 해당 교육과정을 수료하고, 1년 이상 영양사로서 실무 경력이 있어야 하며(단, 임상영양사 교육기관에 입학하기 위해서 영양사 면허를 소지하여야 하므로, 임상 영양사 자격시험에 응시하고자 하는 자도 반드시 영양사

면허가 있어야 함) 외국의 영양사 자격이 있는 사람 중 보건복지부 장관이 인정하는 자이거나(단, 한국의 영양사 면허가 있어야 함), 2012년 3월 27일 이전 (사)대한영양사협회의 임상영양사를 취득하여, 그 자격을 유지한 자를 말한다.

4) 조리종사원

(1) 정의

조리사란 「국가기술자격법」에 의한 조리기능사 자격을 취득하여 시·도지사의 면허를 받은 자로, 조리하는 음식유형에 따라 한식 조리기능사, 중식 조리기능사, 양식 조리기능사, 일식 조리기능사, 기타 조리기능사로 구분한다. 「식품위생법」 제51조에 의거하여 대통령령이 정하는 식품접객영업자와 집단급식소의 운영자는 조리사를 두어야 한다. 다만 식품접객영업자 또는 집단급식소의 운영자 자신이 조리사가 되어 직접 음식물을 조리하는 경우에는 그러하지 아니하다.

조리란 식품에 물리적 및 화학적 조작을 가하여 위생, 맛, 소화성을 높인 음식물로 만드는 과정이며, 조리사는 이를 전문적으로 담당하는 역할을 한다. 2017년에 개정된 한국표준직업분류(통계청 고시 제2017-191호)에 의하면, 조리사는 조리 및 음식 서비스 종사자에 속한다 표 1-11.

(2) 자격

「식품위생법」 제53조에 의거하여 조리사가 되고자 하는 자는 「국가기술자격법」에 의한 해당 기술분야의 자격을 얻은 후 시·군·구청장의 면허를 받아야 한다.

(3) 직무

① 「식품위생법 시행령」 제36조(전문개정 2017.12.12.)에 집단급식소 운영자와 대통령령으로 정하는 식품접객업자는 제51조 본문에 따라 조리사를 두어야 한다. 다만, 다음 각 호의 어느 하나에 해당하는 경우에는 조리사를 두지 아니하여도 된다.

- 집단급식소 운영자 또는 식품접객영업자 자신이 조리사로서 직접 음식물을 조리하는 경우
- 1회 급식인원 100명 미만의 산업체인 경우

표 1-11 한국표준직업분류에서의 조리사

분류	분류코드			
대분류	4	서비스 종사자		
중분류	44	조리 및 음식 서비스직		
소분류	441	조리사	442	식음료 서비스 종사자
세분류	4411	한식 조리사	4421	바텐더
	44110	한식 조리사	44210	바텐더
	4412	중식 조리사	4422	웨이터
	44120	중식 조리사	44221	음식 서비스 종사원
	4413	양식 조리사	44222	음료 서비스 종사원
	44130	양식 조리사	44223	주류 서비스 종사원
	4414	일식 조리사	4429	기타 음식 서비스 종사원
	44140	일식 조리사	44290	그 외 음식 서비스 종사원
	4415	음료 조리사		
	44151	커피 조리사		
	44152	전통차 조리사		
	44159	그 외 음료 조리사		
	4419	기타 조리사		
	44191	분식 조리사		
	44199	그 외 조리사		

출처 : 한국표준직업분류 7차 개정(2017)

- 제52조제1항에 따른 영양사가 조리사의 면허를 받은 경우

② 「식품위생법」 제51조(신설 2011.6.7)에 따르면 집단급식소에 근무하는 조리사는 집단급식소에서의 식단에 따른 조리업무(식재료의 전처리에서부터 조리·배식 등의 전 과정), 구매식품의 검수 지원, 급식설비 및 기구의 위생·안전 실무, 그밖에 조리실무에 관한 사항의 직무를 수행한다고 되어 있다.

5. 급식제도

급식제도foodservice system란 급식목적을 달성하기 위해 다양한 자원을 음식과 서비스의 산물로 만들어 가는 과정으로 이와 관련된 각 세부업무 간의 유기적인 시스템을 말한다.

오늘날 급식산업은 사회경제적 조건, 인구통계의 변화, 복지와 건강에 관한 관심 등으로 계속 변화하고 빠르게 성장하고 있다. 급식관리를 훌륭하게 수행하기 위해서는 이러한 급식산업의 상황 변화에 민감해야 하며 그 변화에 적응할 수 있는 능력이 반드시 요구된다.

단체급식은 인건비의 급격한 상승과 숙련된 조리원의 부족, 급식설비와 기기의 기술적인 혁신에 의하여 생산형태에 있어서 새로운 급식운영제도를 요구하게 되었다.

새로운 급식운영제도라 함은 음식의 조리과정과 그 음식의 소비가 시간적으로 연속되는 기존의 전통적인 형태와 달리, 시간적으로 조리과정과 소비를 분리시키는 경우를 말한다. 또한 장소에 있어서도 조리하는 곳과 급식대상자가 식사하는 곳을 공간적으로 분산시켜 급식을 실시하는 경우를 말한다.

미국에서는 1970년대 무렵부터 급식 생산성 향상과 비용 절감을 위해 기존의 전통적인 급식체계로부터 변형된 새로운 급식체계들이 생겨났다.

1977년 Unklesbay 등은 이런 급식제도들을 전통적인 급식제도, 중앙공급식 급식제도, 조리저장식 급식제도, 조합급식제도라 하여 4가지로 분류하였다.

새로운 급식제도들은 그 운영형태는 각기 다르지만 생산성 증가와 인건비를 비롯한 급식비용의 감소, 급식 생산공정에 대한 확실한 관리를 통한 경영의 합리화에 모두 그 목적을 두고 있다.

1) 전통적인 급식제도

전통적인 급식제도conventional foodservice system는 이름이 의미하는 것처럼 초기부터 대다수의 급식을 실시하는 기관에서 전통적으로 다년간 사용해온 급식형태이다. 전통적인 급식제도에서는 음식의 생산·분배·서비스가 모두 같은 장소에서 연속적으로 이루어져 준비와 배식 사이의 시간이 다른 급식제도보다 짧고, 음식을 만들자마자 따뜻하게 하거나 차게 하여 먹을 수 있다.

초기의 전통적인 급식제도는 음식을 만들기 위한 전처리과정, 조리과정, 배식 등 모든 준비가 구내에서 이루어졌고 노동력은 숙련자와 비숙련자가 모두 필요하였으며, 육고실肉庫室, 제빵실, 채소처리장 등의 작업장과 조리사, 배식조리종사원, 청소부 등이 직접 작업하는 부엌이 한 곳에 집중되어 있어 모든 음식이 원형대로 구매되고 배식되기 직전에 조리되었다.

세월이 지나면서 노동력 부족과 노동비 상승, 가공식품 발달 등으로 인해 준전통적 급식제도modified conventional foodservice system가 발달되었다. 이 제도는 육고실이나 제빵실을 따로 설치하지 않고 사전에 손질된 고기나 냉동채소 및 후식 등을 구입하여 식품의 조리과정을 최소화한 것으로, 직접 조리하고 배식하고 뒷정리하는 사람만 필요하다.

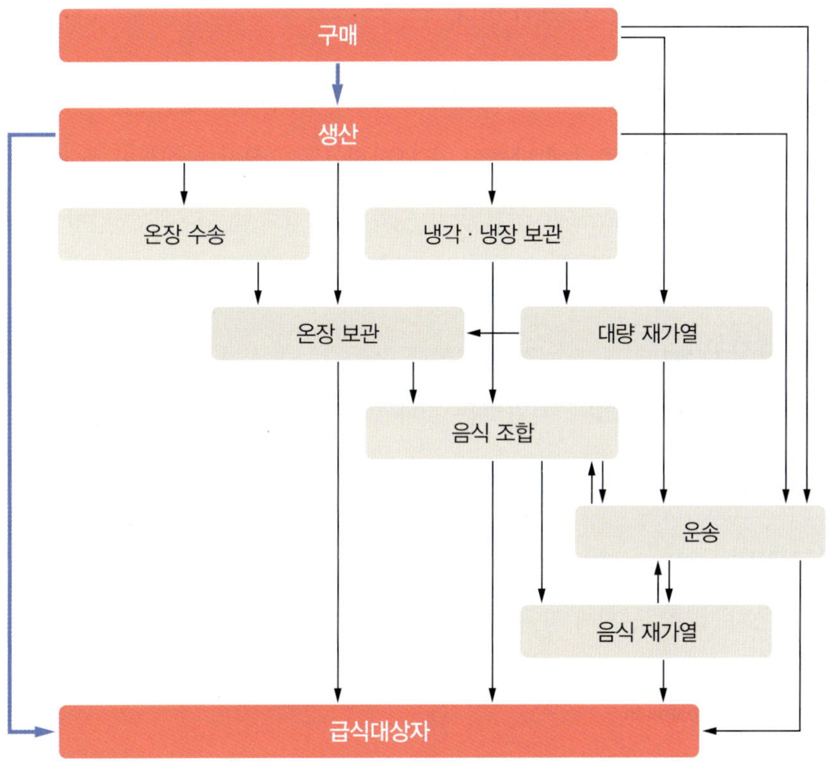

그림 1-5 전통적인 급식제도
출처 : Spears(2016). Foodservice organization

이러한 급식제도에서는 완성된 음식을 인접해 있는 식당이나 카페테리아에서 제공한다. 병원이나 기타 건강관리 시설에서는 트레이에 음식을 담아 환자가 있는 곳까지 배달해 주는데, 이러한 트레이급식이 중앙집중식 배식인 경우도 있고 분산식 배식인 경우도 있다.

전통적인 방식의 급식체계에서는 배식하기 직전에 음식이 생산되므로 영양적으로나 외관상으로도 좋은 품질을 유지할 수 있다. 이 급식 시스템의 과정은 다음과 같다.

(1) 식품 구입purchasing

시장조사를 한 후 정보를 비교·검토하고 기관의 형식에 적합하도록 서류를 정리하여 부분 가공식품과 생식품raw foods 형태로 구입한다.

식품 구입은 영양사나 급식담당자가 계획한 식단에 맞추어 구입한다. 구입하는 식품의 총량은 1인당 배분량을 기초로 하여 총인원 수에 충당될 양으로 결정하는데, 조리 후에 생산될 양yield을 고려해야 한다.

(2) 식품 수납receiving

식품 검수담당자는 발주량에 맞추어 잘 배달되었는지 살피고 식품의 품종, 무게, 상자의 수, 크기, 등급 등을 살펴 수납한다. 식품을 수납하는 장소에는 다양한 저울과 물건 운반기계, 운반차, 기록할 수 있는 필기도구가 필요하다.

(3) 식품 저장storage

식품 저장은 건조한 창고에 보관하는 것과 냉동이나 냉장으로 보관하는 것으로 구별된다.

(4) 재고 확인inventory control

재고의 조사 및 최소·최대 양을 파악하여 새로 구입할 때 참고한다.

(5) 조리 준비preparation

식품에 따라서 음식재료를 씻고, 다듬고, 썰고, 다지고, 물에 담그는 등의 과정을 거쳐 다시 알맞은 각 저장고에 들어가는 경우도 있다. 특히 다량조리를 하는 경우에는 익히고 맛을 들이는 단계를 신속하고 적절히 하기 위해 조리 준비단계가 반드시 필요하다. 이때 갖춰야 할 시설 및 기기로 상·하수도, 개수대, 슬라이서slicer, 그라인더grinder, 칼, 도마 등이 있다.

(6) 실제 조리production/cooking

효율적인 조리과정을 위해 불을 이용하는 조리부분과 불을 이용하지 않는 조리부분으로 나누어 작업을 한다. 불을 이용하는 곳에는 레인지range, 프라이어fryer, 브로일러broiler, 증기재킷솥steam jacket kettle 등의 가열기기를 설치하고, 불을 이용하지 않는 김치·나물·샐러드 등 차게 다루는 식품은 가능한 한 가열기를 멀리하여 식품의 맛을 유지하도록 한다. 또한 조리종사원의 배치가 적절히 이루어져야 여러 음식이 동시에 완료되어 식사시간을 맞출 수 있다.

(7) 음식 모아 담기food assembly

중앙집중식 또는 분산식 배식방법에 맞게 조리된 음식을 냉장refrigerated cabinet 또는 보온고heated cabinet에 단시간 보관하거나, 바로 그릇에 담아 급식대상자에게 공급할 준비를 하는 단계이다.

(8) 배식serving

찬 음식과 더운 음식의 온도가 적절히 유지되면서 급식대상자에게 배달이 되도록 한다.

(9) 잔식disposal

남은 찌꺼기를 모아 가축사료로 이용하거나 기계를 사용하여 건조 또는 발효시킨다.

(10) 그릇 닦기ware washing 및 정리

손이나 기계를 사용하여 세척하고 살균하여 정리한다.

새로운 급식제도들이 발전하고 있으나 아직까지도 전통적인 급식제도가 지배적으로 사용되고 있는데, 이 급식제도의 장단점은 다음과 같다.

장점

급식대상자들의 다양한 요구에 부응하기가 용이하고, 식재료의 가격 변화에 따라 메뉴를 수정할 수 있는 융통성이 있다. 이와 같이 관리자가 메뉴나 레시피를 조정할 수 있기 때문에 독창적인 음식을 생산할 수 있고 품질기준도 원하는 대로 설정할 수 있다.

생산과 배식이 한 곳에서 이루어지므로 배달비용을 최소화할 수 있고, 조리된 음식이 장시간 보관 없이 배식되므로 급식대상자에게 질적으로 우수한 음식을 제공할 수 있다. 뿐만 아니라 다른 유형의 급식제도에 비해 냉장·냉동의 저장공간을 덜 차지하므로 에너지 비용면에서도 절감된다.

지역사회에 많은 일자리를 제공할 수 있기 때문에 노동력이 풍부하고 비교적 인건비가 싼 지역과 규모가 작은 급식소에서는 상당히 효율적인 급식제도이다.

단점

식품의 구입에서부터 배식이 한 곳에서 이루어지므로 이에 필요한 급식시설, 설비에 따른 시설투자비가 많이 든다. 또한 전통적인 급식제도는 음식생산을 위한 숙련된 조리원의 매일 장시간 노동이 요구되며, 비숙련 조리원의 수도 많이 요구되므로 노동비가 전체비용에서 많은 부분을 차지함으로써 급식산업에서 당면하고 있는 인건비 상승의 문제점에 직면해 있다고 볼 수 있다.

피크타임peak time에 인력이 집중적으로 요구되므로 노동력 활용이나 인력관리에 어려움이 따른다. 또한 식수 인원이 예상보다 갑자기 증가될 때 기기나 작업인력 제한으로 인해 원활하게 대처하지 못하는 경우가 발생할 수도 있다.

작업의 분배 및 분업이 일정치 못하거나 급식소의 특성상 주말작업과 야간작업 등으로 작업자의 불만이 커지고 이로 인해 생산성의 저하가 초래된다. 또한 고비용을 지불하는 우수한 조리인력이 급식수요가 적은 시간대에는 작업을 하지 않거나 배식, 세척 등과 같은 비숙련 작업에 투입되기도 한다.

2) 중앙공급식 급식제도

중앙공급식 급식제도commissary foodservice system는 1970년대 초기 미국에서 학교급식 프로그램이 확대되어 새로운 급식체계의 필요성이 대두되면서 도입되었으며, 특히 급식산업에서 인건비 상승, 인력 감소, 이직률 증가 등과 같은 어려움이 부각되면서 더욱 관심을 끌게 되었다. 지역적으로 인접한 몇 개의 급식소를 묶어서 공동조리central kitchen을 두어 그곳에서 대량으로 음식을 생산한 후 1인분씩 담아 운송하거나, 대량bulk으로 인근의 급식소satellite kitchen로 운송하여 그곳에서 음식의 배선과 배식이 이루어지는 방식이다.

이 제도의 특징은 첫째, 식재료 구입과 생산이 준비된 식단에 따라 중앙집중식으로 이루어지므로 대량구입으로 인해 식재료비를 절감할 수 있고, 준비 전 식단에 따른 조리이므로 음식의 질이나 맛을 통일시킬 수 있다는 점이다.

둘째, 생산과 소비가 원격지 사이에서 이루어진다는 것이다. 일반적으로 음식은 만들어진 장소에서 급식대상자에 의해 소비되는 것이나, 이 제도에서는 생산된 음식이 각 단위급식소로 운반되어 그곳에서 소비된다는 점이다. 따라서 이 급식제도에서는

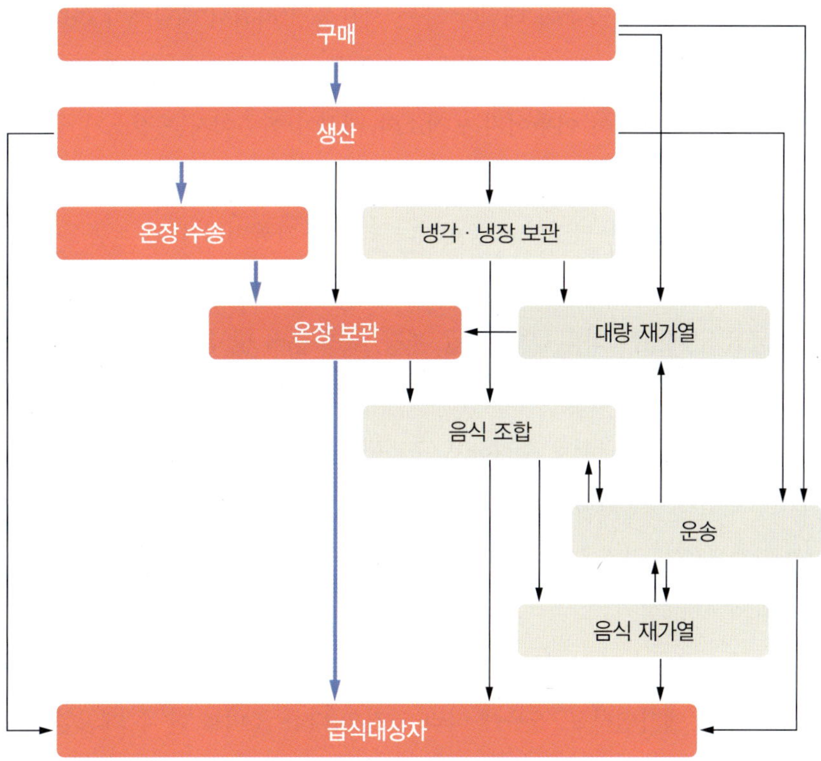

그림 1-6 중앙공급식 급식제도

출처 : Spears(2016). Foodservice organization

CHAPTER 01 단체급식개론

운반이 문제가 되는데, 배달방법은 다음과 같다.

식단에 포함된 음식은 저장되기 전에 많은 분량(100명분)이나 중간 분량(50명분), 또는 한 사람 소요분량으로 나누어 저장할 수 있다. 각 온도에 따라 저장하는 방법을 급식에 필요한 기구의 형태에 따라 달리해야 하며, 또 품질 및 미생물의 파악을 위해 특별히 전문적인 관리가 필요하다. 많은 분량의 음식을 냉동 대신 서늘하게 하거나 데워서 단위급식소로 운반해야 할 경우 밀폐된 용기에 넣어 흘러넘치지 않게 한다. 음식을 1인 분량으로 담을 때에는 플라스틱 및 종이 접시 또는 TV 형태의 쟁반TV dinner에 담을 수 있다. 운반기구는 주어진 시간에 데우거나 냉동되어 단위급식소로 운반차에 실려 배달된다. 운반차의 수는 운반될 거리나 배달할 양에 따라 다르다. 음식을 적절한 시간에 적온상태로 급식하기 위해서는 시간이 대단히 중요하다. 냉동된 음식은 배달기간 동안 냉동상태가 유지되도록 외부의 열이 차단된 운반기구가 사용된다. 만일 급식장소에 냉동식품을 저장하는 시설이 있다면 배달시간은 큰 문제가 안 된다. 그렇지 못할 때에는 식사시간에 맞추어 데워야 하는 시간을 고려해서 배달해야 한다.

이처럼 조리를 끝낸 후에 배식이 바로 이뤄지는 전통적인 급식제도와는 달리 중앙공급식 급식제도는 생산이 이루어지는 장소와 배식이 이루어지는 장소가 구별됨으로써 그에 따른 위험요인의 부담이 크다. 따라서 중앙공급식 제도에서는 식품 구입에 있어서 특히 처리되지 않은 날것의 식품이거나 약간의 가공처리가 된 식품들을 구입함으로써 이 급식제도에서 발생하게 되는 위험요인, 변화요인을 감소시켜야 한다.

이 중앙공급식 제도는 식품 구입, 수납, 저장, 조리 준비 및 음식 모아 담기·배식과정은 전통적인 급식제도에 준하여 진행되므로 특정적인 절차만 살펴보면 다음과 같다.

- 조리단계에서는 큰 단위로 조리하고, 조리된 음식을 일정량으로 나누어 냉장·냉동하거나 뜨겁게 저장한다. 품질 및 미생물의 파악을 위해 전문적 관리가 필요하다.
- 운반단계에서는 적정온도가 유지되는 운반차에 실어서 배달하고 배식시간을 고려한다.
- 보관단계에서는 음식을 배식시간까지 적정온도로 보관하다가 냉동고에 얼린 식품을 녹이거나 재가열하고, 경우에 따라 약간의 다른 조미를 한 후 제공한다.

장점

식품 구입부터 생산이 공동조리장에서 중앙집중적으로 이루어짐으로써 식재료의 대량 구입으로 인해 비용을 절감할 수 있고 생산성이 증가된다. 중앙집중화된 공동조리장의 시설설비를 위해서는 많은 투자액이 필요하지만 각각의 급식소에서 조리장을 갖추게 되는 경우의 투자액과 비교하면 설비의 단일성, 인력의 단일성 등으로 오히려 경제적이라고 할 수 있다. 이처럼 중앙집중화된 음식 생산으로 음식의 질과 양을 표준화할 수 있으며 관리가 효과적이다.

단점

전통적인 급식제도와는 달리 음식의 생산장소와 배식장소가 분리되어 있고 생산 후 배식되기까지 어느 정도의 시간이 소요되므로 그에 따라 음식의 미생물적·관능적 품질의 수준이 저하될 수 있다. 또한 생산한 음식을 대량으로 운반해야 하기 때문에 적정온도가 유지되는 기구와 운반차량이 필수적이며 날씨가 좋지 않을 때나 운반 차량에 문제가 있을 때, 교통사정 등으로 음식의 운송이 늦어지면 급식이 원활하게 제공되지 못할 가능성이 있다.

일관된 질과 양의 음식 생산을 위해서는 공동조리장에서 숙련된 기술자와 최고의 기계화된 급식시설은 물론 제품 개발과 평가를 위한 실험실을 갖춘 테스트 키친이 마련되어야 한다. 테스트 키친에서는 영양학자, 미생물학자, 생화학자 등이 음식의 질과 양에 대하여 검사하게 된다.

3) 조리저장식 급식제도

조리저장식 급식제도ready prepared foodservice system는 식품을 조리한 직후 냉동해서 얼마간 저장한 후에 급식하는 것을 말하며, 최초로 미국 코넬 대학교 호텔스쿨Cornell University, School of Hotel Administration에서 사용되었다. 이 방법은 음식이 급식되기 오래 전에 이미 조리과정이 끝난 것으로 미리 조리하여 냉동시키고, 쉽게 작업할 수 있도록 노동력을 아끼는 방법이다.

조리저장식 급식제도는 인건비 상승과 숙련된 조리원의 부족으로 인해 발전된 형태로서 생산된 음식은 나중에 배식하기 위해 냉장 혹은 냉동으로 일단 저장한다. 전통적 급식제도와의 차이점은 음식의 조리과정과 소비가 시간적으로 분리되어 있다는 것이다.

음식을 생산함에 있어서 조리종사원의 여유시간 등을 이용하여 조리과정이 복잡한 음식이나 다음번 배식할 양까지 한꺼번에 생산한 후 저장하는 것이다. 즉, 음식을 바로 배식하기 위하여 생산하는 것이 아니라 저장하기 위하여 생산하며, 일정기간 냉장·냉동 저장한 후 배식하고자 할 때 간단한 열처리를 거친 후 급식대상자에게 제공된다. 따라서 조리저장식 급식제도는 급냉기술과 식품의 포장기술이 중요하다. 또한 이 제도를 사용하는 급식소는 큰 병원이나 대학으로 조리학이나 식품미생물학을 알고 있는 사람이 표준조리법을 조절하기 위해 항상 있어야 한다.

저장하는 방법으로는 조리-냉장cook-chill 방식과 조리-냉동cook-freeze 방식, 수-비드 sous-vide 방식이 있다.

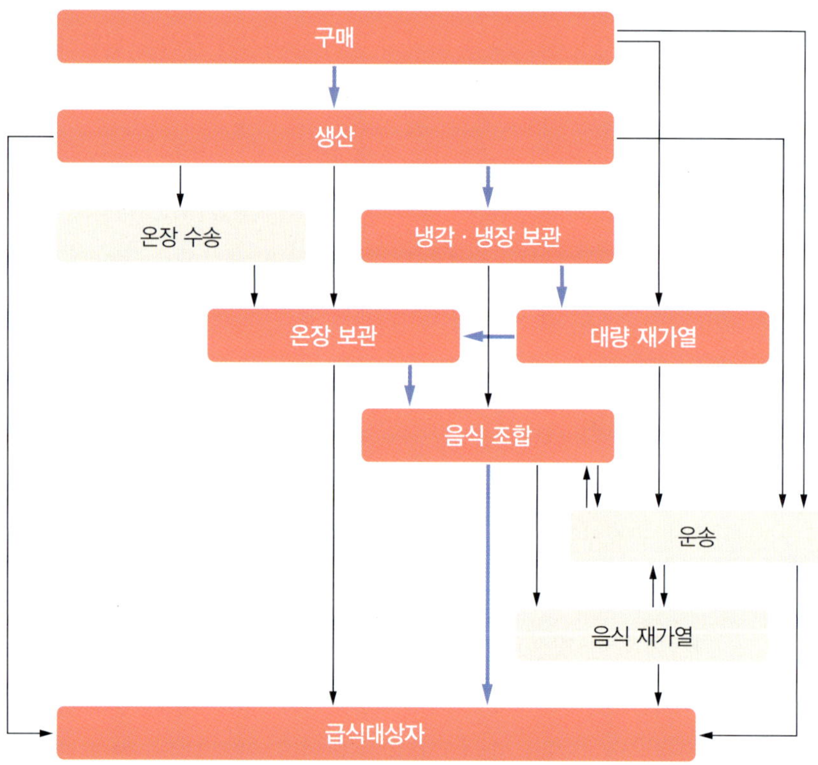

그림 1-7 조리저장식 급식제도
출처 : Spears(2016). Foodservice organization

① 조리-냉장cook-chill 방식

음식을 조리한 후 급속냉각시키고 3℃ 부근에서 냉장 저장한 후 급식 전에 재가열하여 배식하는 방법을 말한다. 식품의 생산과 배식을 시간적으로 분리시켜 여유시간이 생기며, 인근의 다른 장소로 운반함으로써 공간적으로도 분리가 가능하다.

냉동저장급식에 비해 다양한 메뉴가 이용 가능하며 비교적 단기간 저장하므로 생산된 음식의 질의 저하가 적다.

② 조리-냉동cook-freeze 방식

음식을 조리한 후 급속냉각시키고 -18℃에서 급속냉동이 이루어져야 한다. 단위급식소로 운반하는 경우 음식을 공급받는 급식소로의 운반횟수가 냉장 저장한 경우보다 훨씬 적다. 비교적 일정한 수준의 품질을 유지할 수 있으나 냉동이 가능하지 않은 음식들이 있으므로 메뉴 선택의 폭은 제한된다. -18℃ 이하로 냉동저장되므로 재가열 전에 반드시 해동과정을 거치게 되고 재가열에 소요되는 에너지와 비용이 많이 든다. 냉동저장 기간이 냉장저장보다 장기간이므로 급식소에서 더 많은 저장공간의 확보가 요구된다.

③ 수-비드sous-vide 방식

수-비드는 조리-냉장 방식의 일종으로 밀폐된 진공팩에 담은 음식물을 미지근한 물 속에 오랫동안 데우는 진공저온조리법을 말한다. 완전조리 혹은 반조리 후 급속냉각하여 0~2℃에 보존하며 개별 포장음식에 주로 사용한다. 또한 수-비드로 조리하면 영양성분 파괴를 최소화할 수 있으며, 음식물 속의 수분을 유지할 수 있고, 겉과 속이 골고루 익을 수 있다는 장점이 있다. 또한 수-비드는 식재료를 사전에 미리 조리해 놓는 방식이기 때문에 보관기간도 길다. 일정기간 냉장보관하거나 급랭할 경우 더 오랜 시간 보관할 수 있다.

또한 최근 개발된 인티그럴 히트 시스템integral heat system은 접시바닥에 얇게 도포된 탄소화합물이 내는 열을 이용하여 음식을 데우는 방법으로 접시의 내부는 도자기이고, 외부는 전선이 있는 폴리 설폰 플라스틱 셸poly sulfone plastic shell이며, 단열재가 접시바닥에 붙어 있다. 이 접시를 사용할 때에는 냉동된 음식을 담아 시작 단추를 누르면 전기가 통하여 가열되므로 접시째로 개인에게 배식되어 간편하다.

장점

음식의 생산과 소비가 분리되므로 생산을 계획적으로 할 수 있다는 큰 장점을 지니고 있다. 전통적인 급식제도에서는 음식을 장시간 보유할 수 없기 때문에 생산관리면에서 어려운 점이 많았으나 조리저장식 급식제도에서는 노동력, 기술 정도를 최적으로 활용하여 조리나 서비스 인력을 좀더 효율적으로 배치할 수 있기 때문에 일반적으로 노동시간의 20% 정도 절감효과가 있는 것으로 보고되었다. 즉, 우수한 조리인력을 조리작업에만 계속 투입할 수 있으며, 피크타임이 아닐 때에 미리 음식을 대량으로 만들어 놓을 수 있어서 조리장에서의 집중작업으로 인한 작업 스트레스를 감소시킬 수 있다. 또한 전통적 급식제도의 문제점으로 대두되는 주말작업이나 야간작업 등의 문제를 해결해 준다.

생산의 전 과정을 통제함으로써 체계적인 품질관리를 위한 식품안전관리인증기준 HACCP의 도입이 가능하다. 전통적 급식제도와 중앙공급식 급식제도에서 문제로 대두되는 보온보관 단계가 없으며, 조리과정이 복잡한 메뉴나 동시에 여러 가지 메뉴를 생산할 수 없는 경우에 이 제도를 이용하여 음식을 미리 만들어 저장할 수 있다.

단점

식재료의 구입에서부터 생산과 재가열에 이르는 모든 과정에서 관리가 부적절하게 이루어질 경우 대형사고의 위험성이 높기 때문에 모든 과정에 걸쳐 철저한 품질관리가 요구된다. 급속냉각기와 냉장·냉동고, 재가열을 위한 대류형 오븐convection oven 등의 조리기기의 설치와 운영기술이 필요하다. 즉, 돌풍냉각기blast chiller나 텀블 칠러tumble chiller와 같은 냉각설비, 개별 포장기계shrink-wrap machine, 급속 해동용 냉장고rapid thawing refrigerator, 냉동 또는 냉장 창고inventory freezer or refrigerator 등과 같은 특수한 설비 및 기기가 필요하다. 또한 냉장·냉동 과정과 해동·재가열 과정에서 일어날 수 있는 품질 변화가 문제가 된다. 따라서 이 과정에서의 품질 변화에 관한 연구를 통하여 우수한 질의 급식을 위한 관리기준이 마련되어야 한다.

조리한 음식을 장기간 보존하게 되므로 음식의 품질을 유지하기 위한 통제 프로그램이 필수적이며 이에 따라 조리종사원들을 특별히 교육·훈련시켜야 한다. 조리-냉장방식의 경우에는 냉장 상태에서 음식을 너무 장기간 보존하지 않도록 정확한 수요예측과 생산계획이 필요하다. 미리 음식을 조리하여 저장해 두어야 하므로 정확하게 조리하고 취급해야만 음식의 안전성을 확보할 수 있다.

또한 조리법에서도 특별한 레시피가 필요하다. 조리-냉동 방식의 경우 장기간 냉동 보존한 음식을 먹기 전에 재가열하는 과정에서 음식의 조직이나 질감이 많이 달라지거나 냄새가 나는 문제점이 발생하므로 저장온도, 시간, 포장, 안정제 첨가 등에 대한 다양한 실험조리를 통해 적합한 레시피를 개발해야 한다.

4) 조합급식제도

조합급식제도assembly foodservice system는 편이식 급식제도convenience-food foodservice system라고도 한다. 전처리 과정이 거의 필요하지 않은 가공 및 편이 식품을 식재료로 대량 구입하여 조리를 최소화하기 때문에 저장, 조립, 가열, 배식의 기능만 필요하다. 즉, 완전히 조리된 음식을 식품제조회사로부터 구입하는 것으로 음식을 녹이거나 데우고 분량을 조정하므로 '최소한의 조리'만 필요한 급식제도이다. 이 제도의 목표는

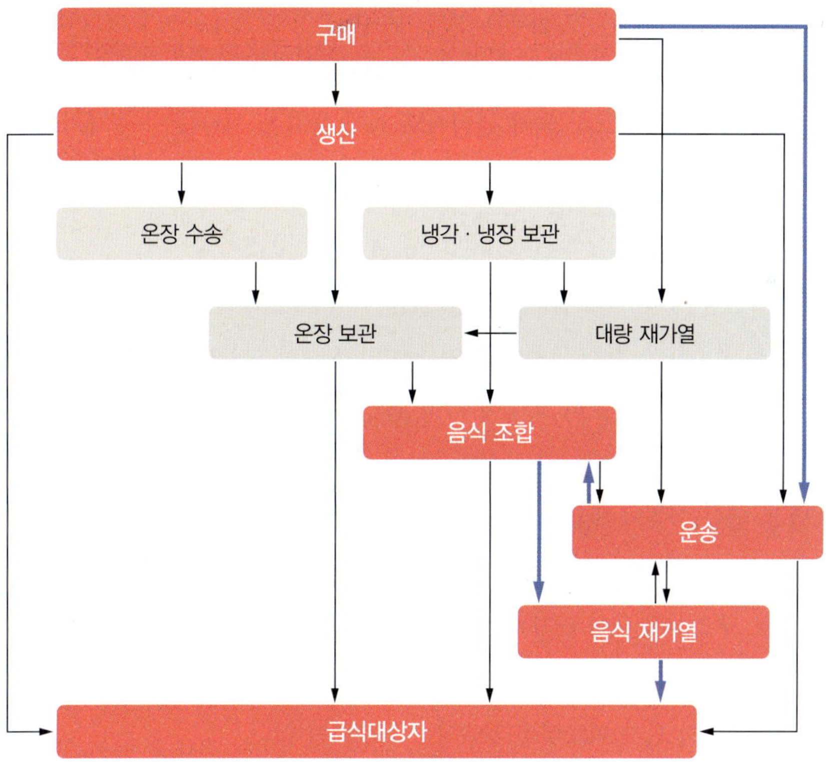

그림 1-8 조합급식제도
출처 : Spears(2016). Foodservice organization

노동비용을 절감하기 위해서 식품을 조리하는 것과 식사를 위한 분배과정을 분리시킴으로써 관리에 필요한 노동력을 최소한으로 줄이는 데 있다.

이 급식제도는 다른 급식제도보다 일정하고 소규모의 음식을 조리하는 데 많이 이용된다. 다른 특색은 대개의 급식소에서는 일회용 식기들을 재사용하는 경우가 있으나, 이 제도에서는 일회용 식기를 한 번 사용하고 버림으로써 설거지 작업을 생략할 수 있으므로 노동임금이 비싼 나라에서는 비용이 많이 절감되나, 자원이 부족하고 노동임금이 싼 나라에서는 오히려 배식 비용이 낭비된다. 그러므로 일회용 식기의 사용은 시기와 지역에 따라 신중히 고려해야 한다. 주로 식단에 포함된 음식은 냉동되거나 일정량으로 나누어 냉장고에 넣어 두었다가 전자레인지에 데워서 급식한다.

장점

음식의 질이 동일하게 유지되고, 급식 서비스 장소에서는 최소한의 기기로 급식을 할 수 있으며 어느 시간에나 빠른 서비스가 가능하다. 다른 급식제도에 비해 식재료비가 증가되는 반면, 가공·편이 식품의 사용으로 노동시간이 감소되고 숙련된 노동력의 필요성이 감소되므로 인건비가 절감되며 생산성이 증가한다. 뿐만 아니라 시설과 설비를 최소화할 수 있어 연료비 등의 관리비도 적게 들고 음식의 분량 통제가 철저하여 낭비가 없다.

단점

지리적 요인에 따라 식단에 사용되는 식품이 제한되며 구입한 음식이 상업적으로 값비싼 것을 구입하는 경우 그로 인하여 노동비 절약이 상쇄되지 않도록 유의해야 한다. 급식대상자의 영양필요와 식성에 따라 음식이 제공되어야 하는데 일률적으로 만들어진 음식을 제공하게 되므로 급식대상자의 기호를 충족해 주는지의 여부가 문제가 된다. 냉장·냉동 식품의 발달로 음식의 질적 수준은 예전에 비해 좋아진 편이지만 여전히 다양한 메뉴를 제공하는 데는 한계가 있으며, 식재료를 가공 또는 반가공, 냉동 상태 등으로 구입하게 되어 단가가 비싸고, 구입한 식재료의 저장 공간이 필요하다. 또한 급식대상자가 특별한 영양요구를 필요로 하는 경우에 상품화된 것은 적당치 않다. 특히 병원급식에서 환자 치료식을 위해서는 적합하지 않다.

6. 급식 운영형태

1) 직영

직영급식은 학교, 병원, 산업체, 복지시설 등에서 소속된 구성원들을 위해 영양 및 복지 차원에서 급식소를 직접 운영하는 형태이다. 급식비는 급식대상자를 위해 일부 또는 전부를 기관이나 기업에서 보조하는 경우가 많아 수익성을 추구하지 않으므로 정해진 예산을 효과적으로 활용하고 고객의 필요와 요구를 만족시켜 급식운영의 합리화를 도모하는 것이 주된 목적이다. 직영급식의 장점은 영양관리와 위생관리가 철저하고 이윤을 남기지 않으므로 재료비를 전부 사용할 수 있다는 것이다. 단점으로 인건비가 증가하고 서비스가 미흡할 수 있다.

2) 위탁

위탁급식은 학교, 병원, 산업체 등의 기관에서 외부 위탁급식 업체에 급식 운영 및 관리업무의 일부 또는 전부를 위탁 의뢰하여 운영하는 형태이다. 위탁급식은 유능한 관리자 활용, 위생관리 통제 강화, 경영진의 급식업무 관리 부담 감소 등의 장점이 있다. 그러나 전문성이 부족한 업체와 계약할 경우 급식의 품질에 문제가 생기기 쉽고 급식시설·설비 개보수가 필요할 때 책임 소재로 분쟁이 일어날 수 있으며 계약기간이 짧은 경우 안정적인 급식경영이 어려운 단점이 있다.

위탁 계약방식에는 식단가제와 관리비제가 있다. 식단가제는 식단가를 기준으로 계약하는 방법으로 식단가에 재료비, 인건비, 기타 경비(광열비·수도료·감가상각비·소모품비·임대료 등)와 위탁수수료가 포함된다. 이 방법은 주로 대규모 급식소와 식수 변동이 적은 급식소에서 많이 채택하고 있다. 관리비제는 위탁급식 업체가 일정기간 동안 사용한 식재료비, 인건비, 기타 경비 등을 사용내역에 따라 실비로 위탁 의뢰기관에 청구하여 정산하는 방법으로 이때 일정비율의 위탁수수료를 추가로 지급받는다. 이 방법은 중소 규모의 산업체나 기숙사 급식 등에서 많이 채택하고 있다.

사진 출처

그림 1-1 https://img5.yna.co.kr/photo/yna/YH/2010/10/04/PYH2010100407780001300_P4.jpg

그림 1-2 https://cdn.imweb.me/thumbnail/20180808/5b6aee98daa02.jpg

그림 1-3 https://www.fsnews.co.kr/news/photo/202304/48577_40872_1939.jpg

Activity

다음 사례를 살펴보고 조직의 장단점, 조직 운영 시 필요한 부분 등에 관하여 토론해 보자.

1. 일반 사항

- 업종 : 개인이 운영하는 중소도시의 종합병원
- 규모 : 300개 침상
- 식비 예산 : 5,500원/1식(순식재료비)
- 인력 현황 : 영양사(1), 조리사(2), 조리종사원(3)
- 식단 형태 : 단일식단, non-selective menu 제공
- 청결과 서비스에서 명성이 높고 조리기기는 non-selective menu를 배식하기에 충분히 구비되어 있다.
- 고위 간부는 병원 설립자의 가족으로 구성되어 있다.
- 입원환자들에게는 병명과 상태에 따라 일반식과 치료식으로 구분하여 병실로 배식되며 대부분의 입원환자들은 음식을 포함하여 병원의 서비스에 대해 많은 불만을 가지고 있다.

2. 급식소와 식단의 특징(일반식 기준)

① 식단의 특징

- 아침에 제공되는 달걀요리는 달걀찜과 달걀말이를 번갈아 이용하고 매일 아침 요거트(인기 메뉴)가 제공된다.
- 점심과 저녁은 주로 밥, 국, 김치, 채소반찬, 육류반찬, 후식용 과일로 구성된다.

② 애로사항

- 급식소는 식비로 예산을 초과하였고, 병원은 이를 탐탁하게 여기지 않고 있다.
- 배식에 걸리는 시간은 점심과 저녁을 합하여 4시간, 아침은 1시간 정도 소요된다.
- 임금은 다른 조직의 급식종사원들에 비해 높은 편이나 종사원들은 바쁜 하루 일과에 스트레스를 많이 받고 있으며 이직률이 높은 편이다.
- 배식과 빈 그릇 수거는 보통 급식종사원들이 직접 하고 있어 많은 시간이 소요된다.

③ 인적 자원의 특징

- 병원 운영진은 영양과에 많은 지원을 하고 있으나 영양과에 발생하는 일에 대해 영양사의 결정을

(계속)

전적으로 수용하지 않고 영양사의 견해와 대립되는 결정을 강요한다. 또한 병원 종사자들의 불평을 막기 위해 우유부단한 인사관리를 행하고 있다.

- 영양과와 간호과는 협력이 잘 이루어지지 않으며, 환자 서비스에 대해 발생하는 문제들은 내용에 따라 협의 없이 각 과에서 자체적으로 해결하고 있다.
- 병원장의 비서는 병원장의 일가친척이다. 비서의 두 아들은 영양과의 조리보조원으로 일하다가 스스로 그만두었는데 성실성에 관한 문제로 다시 고용되지 못하고 있어 영양과에 많은 불만을 가지고 있다.

1. 위 조직의 목적은 무엇인가?

2. 단체급식소 운영 시 사용가능한 자원과 부족한 자원은 무엇인가?

3. 이 단체급식소의 가장 큰 문제는 무엇인가?

4. 3에서 밝혀진 문제점의 해결방안은 무엇인가?

5. 4의 해결방안을 위해 필요한 자원들은 무엇이며 어떻게 활용해야 하는가?

CHAPTER

02

급식메뉴관리

1. 급식메뉴의 이해 | 2. 급식메뉴계획의 기초
3. 급식메뉴분석 | 4. 급식메뉴관련 정보관리

CHAPTER

02

메뉴를 보는 관점이 레시피 중심에서 관리중심으로 변하고 있으며, 마케팅과 관리적인 양면이 강조되고 있다. 단체급식소의 운영전반에 걸쳐 메뉴는 기준과 정보를 제시하는 의사소통 수단이며 통제의 요소가 되기도 한다. 그러므로 메뉴계획은 단체급식 운영의 기초이며 핵심이자 출발점이 된다. 메뉴계획은 식단 작성을 말하며, 작성된 식단의 음식을 급식대상자가 섭취하기까지 급식관리의 각 단계에서 중요한 기능을 갖고 있다. 다수의 급식대상자를 동시에 만족시킬 수 있는 영양량을 제공하기 위해 식사구성안이나 식품교환표를 활용하면 매우 편리하게 식단 작성을 할 수 있다. 식단을 작성할 때는 급식대상자의 식습관과 기호도, 조리의 다양성과 조화를 고려해야 한다. 또한 제한된 식품재료비 내에서 식품을 구입하며 다량조리가 가능한 조리방법을 사용하고, 조리종사자 및 조리기구를 적절하게 배치해야 한다. 본 장에서는 다양성을 고려한 식단작성을 위해 메뉴의 이해, 메뉴계획, 메뉴분석을 다룬다.

학습목표

1. 메뉴를 정의하고 분류할 수 있다.
2. 메뉴계획에 필요한 자료를 활용할 수 있다.
3. 메뉴 작성 시 고려해야 할 사항을 습득할 수 있다.
4. 메뉴 작성 시 점검 요소를 설명할 수 있다.
5. 메뉴 평가 방법에 대해 분류할 수 있다.
6. 최근 급식동향에 따른 메뉴개발 전략을 세울 수 있다.

1. 급식메뉴의 이해

1) 메뉴의 개념

식단이라는 뜻으로 쓰이고 있는 메뉴menu는 오늘날 전 세계적으로 공통되는 용어이나 프랑스 'minute'에서 유래된 그 뜻은 'small list'로 '상세하게 기록한 것'이라는 의미를 갖는다.

단체급식에서 메뉴란 인체에 필요한 식품을 균형적으로 보급하고, 과학적인 조리방법을 제시하는 식사계획으로 영양과 기호를 충족시킬 수 있도록 식품의 종류와 양을 정하는 것이다. 정해진 예산범위 안에서 효율적인 급식운영의 기획·설계로서의 역할과 영양적 요구, 식습관 및 기호도, 음식 자체의 특성 등을 복합적으로 고려한 상품으로서 급식대상자와 기업체를 연결하는 판매 촉진의 매체 역할을 한다. 또한 급식운영 전반에서 기준과 정보를 제시하는 의사소통 수단이며 통제의 요소가 되기도 한다. 그러므로 메뉴계획은 단체급식 운영의 기초이며 핵심이자 출발점이 된다.

2) 메뉴의 분류

(1) 메뉴 주기에 따른 분류

메뉴 주기에 따라 고정 메뉴, 순환 메뉴, 변동 메뉴, 일회성 메뉴로 구분된다.

고정 메뉴fixed menu는 동일한 메뉴를 변화 없이 일정 기간 지속적으로 제공하는 형태를 말하며 전문식당이나 레스토랑 등 외식업소에서 주로 사용하는 메뉴이다. 노동력과 재고가 감소되고 생산 통제나 조절이 용이하며 교육·훈련 비용이 적게 드는 장점이 있으나 메뉴가 단순하여 단체급식에서 적용하기는 어렵다.

순환 메뉴cycle menu는 일정한 주기에 따라 반복되는 메뉴의 형태로서 급식 운영 특성에 따라 순환 주기를 1주, 10일, 15일, 4주, 3개월, 6개월 단위로 활용할 수 있다. 순환 메뉴는 효율적인 식재료 관리와 조리작업 등의 표준화가 용이한 메뉴 운영 형태이나 메뉴의 단조로움과 중복의 단점이 있어 급식대상자가 자주 바뀌는 병원 환자나 연수원 등에서 사용되고 있다.

변동 메뉴changing menu는 단체급식소 운영 여건에 따라 변화되는 형태로, 식재료 수급이 시장 상황에 맞게 조정이 가능하고 메뉴의 다양성도 확보되는 반면 재고관리나 작업관리에 어려움이 있다.

일회성 메뉴single use menu는 특별한 목적을 가지고 그날에 한해 제공되는 메뉴를 의미한다. 특별 행사일에 제공되는 이벤트 메뉴들이 여기에 해당된다. 특정 다수인에게 매일 식사를 제공하는 단체급식의 경우 특별한 날의 일회성 메뉴가 단조로움을 깨는 역할을 해줌으로써 고객으로 하여금 급식소에 대한 만족도를 높일 수도 있다.

(2) 메뉴내용과 가격 지불방법에 따른 분류

메뉴내용과 가격 지불방법에 따라 알 라 카르트 메뉴, 테이블 도트 메뉴, 뒤 주앙 메뉴로 구분된다.

알 라 카르트 메뉴à la carte menu는 일품요리 차림표를 말하며 메뉴별로 제공되고, 가격도 각각 책정되어 있어 원하는 메뉴를 고객이 선택할 수 있다. 테이블 도트 메뉴table d'hôte menu는 정식 요리 메뉴로 주메뉴에 몇 가지 코스별 메뉴를 세트화하여 정해진 가격으로 제공한다. 뒤 주앙 메뉴du jour menu는 그날그날 레스토랑에서 특별히 계획하여 판매되는 당일 특별메뉴 또는 조리실장 특선메뉴를 말하며 가장 양질의 재료를 상황에 따라서 다양하게 서비스하여 급식대상자의 선택을 흥미롭게 유도할 수 있다.

식권제도

식권은 급식소에서 급식수 및 판매액 계산, 메뉴의 적정량 준비, 이중급식 방지, 식비의 지불·정산 등을 하기 위한 수단이다. 식권의 형태와 종류는 급식소의 경영형태, 급식의 종류, 경비부담, 정산방법, 식수의 규모, 식수의 변동여부, 식권의 사용기간 등에 따라 결정되는데 회수권식, 기명식, 명찰식, 카드식, 전자카드식, ID카드식 등이 사용되고 있다. 회수권식 방법은 일정 기간(1일, 1주일 또는 1개월)에 해당하는 식권을 발급하고 급식 때마다 한 장씩 제출하는 식권제도이다. 기명식 방법은 당일식권에 급식대상자가 직접 성명을 기재하여 제출하면, 급식관리자가 장부에 기재하여 확인하는 식권제도이다. 명찰식 방법은 셀룰로이드제 식권을 미리 만들어 놓고 식사 때마다 회전하여 사용하는 방법으로 손때가 묻을 때까지 사용하는 곳이 많아 비위생적이다. 카드식 방법은 급식대상자별 급식카드를 비치하고 담당 직원이 신분을 확인하는 방법으로, 시간이 많이 걸리는 단점이 있다. 이를 보완한 방법이 전자카드식 방법으로 급식대상자에게 전자카드를 지급하고 카드 단말기에 넣어 확인하는 방법이다. 최근에는 ID카드(신분증, 학생증 등)에 바코드를 부착해 바코드 리더기를 설치하여 확인하는 등 식권을 별도로 사용하지 않는 곳이 많아지고 있다.

(3) 메뉴선택에 따른 분류

메뉴선택에 따라 식단은 단일식단, 복수식단, 제한선택식단, 선택식단으로 구분된다. 단일식단은 급식대상자의 선택의 여지가 없어 다수인의 기호에 맞도록 노력하는 것이 중요하다. 복수식단은 2종류 이상의 식단이 제공되므로 급식대상자는 그중에서 기호에 맞는 것을 선택할 수 있다. 제한선택식단은 주어진 단일식단 구성에서 부분적으로 선택이 가능한 식단으로 주로 주찬이나 후식 음료 등의 일부를 선택할 수 있다. 마지막으로 선택식단은 복수식단이나 카페테리아 형태로 주어진 메뉴의 선택이 가능하다.

카페테리아의 장점은 음식선택이 자유로워 기호를 충족시킬 수 있으며 급식의 강제성을 완화시킨다는 것이다. 단점으로 지나친 기호에 의해 영양편중이 우려되며 식비의 과중부담이 초래된다. 또 음식 선택의 폭이 넓어지면서 배식속도가 느려진다.

2. 급식메뉴계획의 기초

단체급식의 메뉴는 일괄 계획하여 작성하므로 시간 절약과 함께 경제적 낭비를 최소화할 수 있다. 또한 급식대상자들은 균형 잡힌 영양섭취를 할 수 있고 식습관을 바람직한 방향으로 개선할 수 있으며, 급식대상자 간에 공동체 의식을 갖게 할 수 있는 장점이 있다.

1) 메뉴계획 시 필요자료

(1) 메뉴계획서

메뉴 작성 시 우선 급식운영지침서나 위탁급식일 경우 급식운영계약서의 메뉴관리와 관련된 내용을 숙지하고, 식사시간·서비스 형태·메뉴 작성기준·식단가 등의 급식운영기준에 관한 정보를 기초로 메뉴계획을 실시한다 표 2-1, 표 2-2.

(2) 식재료 규격서

단체급식소에서 사용하는 재료의 품질 및 등급, 규격, 단위, 단가 등 기타 조건을 기술한 자료가 식재료 규격서specification, SPEC이다. 물품 공급업체는 공급가격을 결정하고 구매자가 원하는 물품을 공급하게 되며, 구매자는 물품 검수시 검수지표로 사용

표 2-1 메뉴계획서(학교급식 예)

급식대상	인원	주당 급식일수	배식형태	급식	비고
전 학년 학생 유치원 교직원	200명	주 5회	교실배식	주식 : 밥 부식 : 국, 찬 2종, 김치 보조식 : 우유	토요일 제외 우유는 1교시 후 배식

표 2-2 메뉴계획서(병원급식 예)

급식대상	인원	배식시간	배식형태	급식	비고
직원	1,000명	조 - 7:00~9:00 중 - 12:00~14:00 석 - 18:00~19:30 야식 - 23:00~24:00	자율배식& 대면배식	1식 4찬 기본구성 조식 : 죽, 빵 선택 제공 중식 : 복수선택 식단 제공	토요일 중식 : 분식류 제공
환자	환자 일반식	조 - 7:00 중 - 12:00 석 - 18:00	병동배식	1식 4찬 구성 선택식단 제공(세 끼) 조식 : 우유류 및 음료 제공	병원급식지침서 기준에 준함
	치료식 경관유동식			의사의 식사 처방에 의해 작성	

하게 된다. 식품의 종류나 상품에 따라서 제품명, 유통단위, 품질과 등급, 수량, 포장의 규격과 재질 등 기타 세부조건들을 정확하고 자세히 작성한다.

(3) 식단가

메뉴계획 및 작성자가 정확한 원가지식을 알고 정해진 목표예산 안에서 품목마다 식재료비를 산출하여 1인당 사전 원가를 산출하여 목표 관리한다. 식재료는 계절, 경제 상황, 국제 정세, 사회 상황 등에 따라 등락폭이 크고 원가도 변하기 때문에 목표원가 관리에 의한 메뉴계획과 조정은 효율적인 급식운영을 위해 꼭 필요하다.

식재료비 조절 절차는 우선 식재료 비율을 목표손익에 기준하여 목표원가를 결정한 다음 1인당 급식정량을 산출한다. 일일/주간 재고조사를 통해 목표한 식재료비를 관리한다. 또한 저장고 내에서의 식품부패, 전처리 과정에서의 낭비, 조리 시의 식품 수축현상, 생산량 과다, 급식정량 부주의, 과잉 잔식, 조리종사원들의 무료식사, 지나치게 다양하고 복잡한 메뉴 등 식재료비의 원가에 영향을 미치는 요소들도 감안하여 메뉴를 계획한다.

(4) 표준조리법

표준조리법standard recipe은 일관된 품질유지와 표준단가에 대한 정보를 제공해 준다. 과잉생산에 대한 낭비를 방지하고 구매량을 조정하는 기초자료로 사용된다. 일률적인 정량배식으로 정확한 1인당 원가산출의 기준이 되어 실제원가와 비교 분석할 수 있는 자료가 된다.

레시피를 표준화하는 것은 많은 시간을 요하는 작업이며, 모든 단체급식소에 적합한 표준조리법은 있을 수 없다. 따라서 단체급식소의 종류와 운영형태, 예산, 식단의 형태, 조리기기의 구비 여부에 따라 각각의 단체급식소 실정에 맞게 조정하고 표준화시켜야 한다. 표준조리법 작성을 위해서는 음식 목록의 체계적 분류 및 코드화, 식재료의 분류 및 코드화, 품질, 규격, 측정방법, 사용기구, 조리 시간 및 온도의 측정, 배식용기 및 기구의 표준화, 단위의 표준화 작업이 선행되어야 한다.

표준조리법의 표기방법은 재료와 분량을 상단에, 조리방법은 하단에 표기하는 것이 기본형태이다. 하지만 단체급식소에서는 조리종사원들이 작업을 하면서 쉽게 읽을 수 있도록 재료와 양을 왼편에, 조리방법은 오른편에 기입하고, 재료와 관련된 조리법에 줄을 그어 읽기 쉽게 구분하기도 한다.

표준조리법에는 레시피 이름, 레시피 분류번호, 재료명, 재료의 양, 조리법, 조리 시간 및 온도, 총생산량과 조리에 필요한 인원(조리종사원 수), 1인 배식량이 기본적으로 기입된다 표 2-3.

표준화하는 방법은 가장 많이 쓰이는 조리법을 이용하여 먼저 50인분의 음식을 생

표 2-3 표준조리법 예

메뉴명 : 맛살전		제공인원 수 : 100명
재료 및 분량		만드는 방법
맛살	30g	1. 맛살과 대파는 같은 길이로 썰어 놓는다.
느타리버섯	15g	2. 느타리버섯은 끓는 물에 헹구어 씻고 물기를 꼭 짠 후 굵은 것은 찢어 놓는다.
대파	30g	3. 맛살, 대파, 느타리버섯에 소금, 참기름을 넣고 버무려 양념한다.
밀가루	5g	4. 대꼬챙이에 맛살, 파, 맛살, 느타리버섯의 순서로 꽂아서 지진다.
달걀	20g	5. 완성된 맛살전은 온장고에 넣어 보관 후 배식한다.
식용유	8g	
소금	0.2g	

출처 : 전은자, 서민자(1997). 영양급식과 실무

산하고 급식대상자에게 급식한 후, 음식의 질과 양에 대해 만족도가 높을 때 채택한다. 그 후 100인분, 200인분 그리고 성별·나이·지역 등의 그룹별로 관능검사를 실시한 후 정립한다. 정립과정에서는 재료 구입, 커팅 모양, 조리과정, 배식까지 모든 과정을 테스트한다. 주로 외관, 풍미, 조직감, 색 등에 대해 관능검사를 실시하고 반복적으로 검사하여 평균치를 결과에 반영한다.

(5) 계절식품에 대한 정보 및 시장정보

① 계절식품에 대한 정보

탄력적이고 안전한 메뉴를 구성하기 위해서는 계절식품에 대한 정보와 환경변화에 따른 대체 식재료 그리고 계절별로 위생안전면에서 피해야 할 위험 식재료를 파악하여 메뉴계획 시 반영해야 한다.

② 단가 동향 정보검색 안내

원가계산을 통해 구매 예정가격 결정과 효율적인 비용절감을 위해서는 식재료 수급상황에 따른 시장가격이나 가격 동향을 정확하게 파악하여 합리적인 구매계획을 세워야 한다. 농수산물 유통공사 등 인터넷을 통하여 식품구매 정보와 단가, 시세 검색이 가능한 정보검색 사이트를 활용한다 표 2-4.

(6) 급식대상자 정보

급식산업의 환경 변화에 따라 급식경영 합리화 및 급식품질의 향상을 추구하고, 급식대상자의 다양한 요구를 충족시키고자 위탁급식 전문업체가 등장하고 성장해 왔다. 위탁급식을 도입할 경우 계약을 통해 단체급식소를 위탁 운영하게 되므로 세부 운영기준 내용을 숙지하여 표준식단가, 품질기준, 영양가 기준, 식품 선택 기준에 준하여 메뉴를 구성해야 한다. 점차 위탁급식시장의 포화로 무리한 신규 확장보다는 내실을 기하면서 환경 변화에 적극적인 대처가 요구된다. 단순한 대량 급식형태를 탈피하고 식재료 구매, 저장, 유통, 조리 등 급식에 이르는 첨단 급식시스템을 구축하고 급식대상자의 요구에 적극적으로 대처하여야 한다. 급식대상자의 업무 일정, 행사, 휴가기간, 전출입 등 급식대상자들의 관련사항을 참고하여 연중 급식서비스 일정을 계획한다. 급식대상자의 요구에 부응하기 위한 급식대상자의 업무 일정과 관련하여 다양한 급식

표 2-4 식품구매정보와 단가 및 시세 검색이 가능한 정보검색 사이트

구분	사이트명	홈페이지 주소
시장조사	농수산물유통공사	http://www.at.or.kr
	가락시장(서울시 농수산물공사)	http://www.garak.co.kr
	수협	http://www.suhyup.co.kr
	농협	http://www.nonghyup.com
	농협 하나로유통	http://www.nhhanaro.co.kr
	축산물품질평가원(축산물등급판정소)	http://www.ekape.or.kr
	농민신문	http://www.nongmin.com
가격비교	한국육계협회	http://www.chicken.or.kr
	축산물품질평가원 → 축산물 가격정보	http://www.ekape.or.kr
지역시장	인천 구월농축산물도매시장	http://gm.incheon.go.kr
	수원영동시장	http://www.suwonyd.com
	구리 농수산물도매시장	http://www.gamaco.co.kr
	창원시 농산물도매시장	http://www.changwonmarket.go.kr
	포항시 농산물도매시장	http://www.pohangmarket.or.kr
	광주광역시 각화농산물도매시장	http://www.gakhwa-market.gwangju.go.kr
	울산시 농수산물도매시장	http://market.ulsan.go.kr
	순천시 농산물도매시장	http://market.sc.go.kr
	진주시 농산물도매시장	http://market.jinju.go.kr
식단작성	메뉴판닷컴	http://www.menupan.com
	재치영양사	http://www.yori.co.kr
	영양사도우미	http://www.kdclub.com
	식생활교육국민네트워크(바른식생활정보114)	http://www.greentable.or.kr
	델리쿡	http://www.delicook.com
	쿠켄네트	http://www.cookand.net
	82cook	http://www.82cook.com
	누들푸들	http://www.noodlefoodle.com

운영 연중 계획 표 2-5을 세우고, 절기별 활용할 수 있는 메뉴 표 2-6와 특별식 및 이벤트식 제공 표 2-7 등을 응용한다.

표 2-5 급식운영 연중 계획안

	1월	2월	3월	4월	5월	6월	7월	8월	9월	10월	11월	12월
concept	• 절기별 운영계획 • 급식대상자 업무 일정과 관련된 행사 특별식 및 이벤트식 제공 계획, 절기별 계획											
절기별 계획	설날 정월 대보름					유두 절식 (음력 6/15)	초·중·말복		추석			동지
이벤트식 계획		밸런타인 데이	삼겹살 데이 화이트 데이	블랙 데이	어버이 날 어린이 날						빼빼로 데이 수능	성탄절
기타 행사식	급식대상자 기념일 : 회사 창립기념일, 송년회 등 특별 행사식											

표 2-6 절기별 활용메뉴

구분	설날	정월대보름	유두절식	삼복	추석	동지
메뉴	떡국, 떡만둣국, 탕국, 쇠고기뭇국, 사골우거짓국, 불고기, 떡사태찜, 쇠고기찹쌀구이, 떡갈비, 갈비찜, 조기구이, 조기찜, 편육, 잡채, 녹두빈대떡, 동태전, 산적, 모듬전, 완자전, 삼색나물, 오이볶음, 오이장과, 김구이, 해파리냉채, 약과, 약식, 인절미, 수정과, 식혜	팥밥, 오곡밥, 오곡찰밥, 쇠고기뭇국, 시래깃국, 달걀말이, 달걀찜, 두부조림, 전류, 김구이, 고구마순볶음, 고비나물, 고사리나물, 도라지볶음, 숙주나물, 무나물, 시금치나물, 삼색나물, 호박오가리나물, 콩나물, 취나물, 삶은땅콩, 약식	닭곰탕, 유두면, 닭칼국수, 고등어무조림, 호박볶음국수, 밀전병, 구절판, 모듬전, 애호박전, 무구절판, 물만두, 만두찜, 삼색나물, 배추겉절이, 오미자수단, 과일, 김구이	삼계탕, 한방삼계탕, 단호박삼계탕, 닭백숙, 갈비탕, 반계탕, 한방영양곰탕, 임연수어구이, 부추장떡, 풋고추장떡, 오징어젓무침, 오이도라지무침, 채소모듬, 참외, 수박, 수박화채	토란탕, 들깨토란국, 쇠고기토란탕, 곰탕, 갈비탕, 꼬리곰탕, 갈비찜, 떡갈비찜, 모듬전류, 잡채, 모듬나물, 고비나물, 고사리나물, 도라지볶음, 숙주나물, 시금치나물, 삼색나물, 수정과, 식혜, 송편	팥죽, 팥칼국수, 동치미, 새알팥죽, 오이도라지무침, 알타리김치, 동치미, 인절미, 식혜
운영 포인트	새해맞이 신년 카드 및 덕담을 담은 게시물	윷놀이 경진대회 또는 부럼 제공	유두절식 소개 게시자료	건강에 대한 정보 게시물 부착	메뉴진열장이나 식당환경을 풍성한 가을분위기로 연출	삼행시 이벤트

표 2-7 이벤트 및 행사식 참고 메뉴

테마	이벤트명	제안메뉴	이벤트 포인트
세계음식	일본음식여행	회덮밥, 초밥류, 덮밥류, 일식돈가스, 면류(우동, 냉모밀), 탕류(대구탕, 알탕), 튀김(채소, 생선), 일식샐러드, 달걀찜	일본식기(우동기, 일식판), 일식 조리사복 착용
	중국음식여행	중국음식여행덮밥(유산슬덮밥, 마파두부덮밥, 잡채덮밥, 중국식볶음밥), 면류(쟁반자장, 짬뽕), 냉채류, 주메뉴(탕수육, 라조기), 깐풍기, 좌종당계, 궁보계정, 돼지갈비케첩조림, 부추잡채와 꽃빵, 후식(춘권, 옥수수빠스, 고구마맛탕, 재스민차), 국(짬뽕국, 달걀국, 연두부맛살국), 양배추샐러드	중국식 홍등과 족자, 중국음악 등 이용
	파스타대축제 누들누들 이벤트	각종 스파게티와 파스타(미트소스, 까르보나라, 버섯, 김치, 해물, 맥시칸스파게티), 크로켓류, 모닝빵/딸기잼(마늘빵), 오이피클, 양상추샐러드, 과일	대학 축제기간이나 특식으로 활용
	돼지고기가 소스를 만났을 때	수제커틀릿, 포크스튜, 포크커틀릿(애플소스, 파인애플소스, 데리야끼소스), 고추장불고기, 컨추리돈육볶음, 바비큐강정, 돈육카레강정	-
	실크로드를 찾아서	카레류(치킨, 해물), 쌀국수류, 밀쌈류	-
	허브 양식 대축제	스테이크류 및 커틀릿류, 바비큐치킨, 볶음밥류(해물, 양송이, 소고기), 각종 스파게티류와 허브, 수프, 샐러드, 과일	-
	영화 속 음식이야기	영화포스터와 영화스토리를 식당에 게시하고 시사회에 온 것 같은 분위기 연출과 함께 시사회권을 추첨하여 제공한다, 제공하는 메뉴는 영화 속 음식을 정하여 제공	
건강식	봄나물 페스티벌	나물비빔밥(취나물, 호박나물, 무생채, 콩나물무침, 냉이나물, 달래나물, 도라지나물, 시금치나물), 생채소비빔밥(냉이, 상추, 오이, 무, 깻잎, 당근, 치커리)	새봄맞이 이벤트로 3월 초가 적기, 청사초롱과 각종 민속용품, 홍보물 이용
	한방보양식의 날 더위탈출 이벤트	한방삼계탕, 한방영양곰탕, 닭다리백숙, 궁중인삼닭찜, 초계탕, 초교탕, 추어탕, 한방오향장육, 궁중갈비탕, 한방닭곰탕, 영양닭죽	여름철, 겨울철 보양식 이벤트로 입맛을 잃기 쉬운 계절에 이용
	궁중쌈정식의 날	생쌈, 숙쌈(익힌쌈), 각종 쌈장(강된장, 버섯쌈장, 참치쌈장, 소고기볶음쌈장, 와사비마요네즈쌈장, 멸치쌈장), 주메뉴(돼지고기수육, 삼겹살볶음, 제육볶음), 장국류, 비빔소면류, 기타 보조찬류, 후식	여름철 잃어버린 입맛을 찾는 이벤트로 계획하고 휴가가 끝나는 시즌에 실시
	향토음식 대잔치	경기도(설렁탕, 비빔국수, 갈비찜), 강원도(감자부침, 오징어순대, 감자수제비, 메밀막국수), 충청도(청국장찌개, 호박지찌개, 호박범벅), 전라도(콩나물국밥, 꼬막숙회, 갈낙탕, 콩나물냉국, 두루치기, 추어탕), 경상도(아구찜, 콩가루배춧국, 미더덕찜, 동래파전), 제주도(옥돔조림)	우리나라 지도를 이용하여 팔도 향토음식 소개와 POP 홍보, 청사초롱, 민속품, 조롱박 후식컵 이용

(계속)

테마	이벤트명	제안메뉴	이벤트 포인트
건강식	북한별미기행	함경도회냉면, 평양왕만두, 평안도온반, 닭살비빔밥, 주먹밥, 평양녹두지짐, 북어양념구이, 찐순대, 강냉이밥, 감자밥, 개성채나물, 개성무침, 찐감자, 찐옥수수	6·25사변을 앞두고 북한음식에 대한 소개 홍보
	몸에 좋은 한방차	결명자차, 당귀차, 오미자차, 둥글레차, 보리차, 유자차, 레몬차, 생강차, 계피차, 우롱차, 황기차, 귤차, 녹차, 칡차, 인삼차, 모과차, 구기자차	음식으로 일주일간 지속적으로 제공, 한방차에 대한 정보를 POP로 제작하고 급식대상자가 가져갈 수 있도록 홍보물 활용
기념일	사랑할까요 이벤트	밸런타인데이를 기념하여 홍보물과 초콜릿 제공, 기타 아이디어성 이벤트 실시(2/14)	
	화이트 러브 이벤트	화이트데이를 기념하여 홍보물과 사탕 제공, 기타 아이디어성 이벤트 실시(3/14)	
	슬픈짜장데이	블랙데이에 '슬픈 짜장소스'라는 문구와 함께 메뉴꽂이에 게시하여 홍보, 기타 아이디어성 이벤트 실시(4/14)	
	성년의 날	성년의 날을 기념하여 아이디어성 이벤트 실시(5월 셋째 주 월요일)	
대학축제	치킨바비큐파티	치킨, 바비큐소스	야외에서 실시 가능하며 파라솔과 바비큐 기물, 홍보 POP
	내가 만든 핫도그	핫도그빵, 프랑크소시지, 양배추샐러드, 머스터드소스, 사우전 아일랜드 드레싱	고객이 직접 핫도그를 만들 수 있도록, 빵, 샐러드, 소스를 세팅
	인기메뉴 페스티벌 내가 만든 메뉴엔 뭔가 특별한 이유가 있다	행사 일주일 전 급식대상자로부터 추천메뉴를 받아 메뉴를 정한 후 선정한 메뉴와 메뉴에 대한 설명을 홍보물로 제작하여 게시하고 제공함. 선택된 메뉴 제공자에게 사은품 증정	
뷔페	분식뷔페의 날	쌀밥, 어묵국, 우동(튀김우동, 어묵우동), 미니샐러드빵, 채소튀김, 떡볶이(라볶이, 삶은 달걀), 닭튀김, 만두튀김, 단무지, 후식류	
	샐러드데이	각종샐러드류와 드레싱(스파게티, 파스타, 떡, 양상추, 크루통, 오이, 당근, 치커리, 적채, 감자, 고구마)	단가에 맞는 샐러드를 샐러드바로 꾸며 제공
	과일나라 이벤트	각종 과일류	저렴한 제철 과일과 화채 제공
	한식뷔페	단가 조절이 가능한 범위에서 연회 기물로 세팅하여 특별한 이벤트 분위기를 연출(10~15가지)	

출처 : 영양사도우미 홈페이지

2) 메뉴작성 시 고려사항

메뉴작성 시 급식대상자의 영양필요량, 급식대상자의 식습관과 기호도, 식품의 배합과 조리기술, 소요경비에 대한 경제성, 조리종사원의 숙련도, 시설·설비 조건을 고려하여 급식대상자에게 적합하게 구성하여야 한다.

(1) 급식대상자의 영양필요량

급식대상자들의 특성에 따라 필요열량과 영양소는 달라진다. 학교급식, 산업체급식, 병원급식, 유치원급식, 사회복지시설급식, 군대급식 등 그룹의 연령, 성별, 생활활동 등에 따라 최소한의 영양필요량에 맞추어 급식이 제공되어야 한다.

성인의 에너지필요추정량은 총에너지소비량이다. 성인(19세 이상) 남녀 기준으로 에너지필요추정량을 산출하면 다음 식과 같다.

- 성인 남자 : 662－9.53×연령(세)＋PA[15.91×체중(kg)＋539.6×신장(m)]

  PA＝1.0(비활동적), 1.11(저활동적), 1.25(활동적), 1.48(매우 활동적)

- 성인 여자 : 354－6.91×연령(세)＋PA[9.36×체중(kg)＋726×신장(m)]

  PA＝1.0(비활동적), 1.12(저활동적), 1.27(활동적), 1.45(매우 활동적)

① 대상 집단의 파악

급식 대상 집단의 인원 수, 연령, 성별, 생활활동, 건강상태 등을 파악한다.

② 영양제공량의 결정(2020 한국인 영양소 섭취기준)

영양소 섭취기준은 국민의 건강증진 및 질병예방을 목적으로 에너지 및 각 영양소의 적정섭취량을 나타낸 것이다. 영양소의 과잉섭취 또 불균형으로 인한 만성질환이 주요 건강문제로 대두되면서, 영양소의 결핍과 과잉으로 인한 문제를 예방하기 위한 새로운 개념의 영양소 섭취기준을 제정하게 되었다. '한국인 영양소 섭취기준'은 2005년 제정되어 2015년에 개정되었으며, 2020년에는 「국민영양관리법」에 근거한 '2020 한국인 영양소 섭취기준(보건복지부, 한국영양학회, 2020)'으로 제정되었다. 에너지를 포함한 총 40종의 영양소(에너지 및 다량영양소 12종, 비타민 13종, 무기질 15종)를 제정 대상으로 선정하였다. 영양소별 제·개정 내용은 1세 이상 연령 구간에서 탄수화물의 평균필요량 및 권장섭취량을 신규 제정하였으며, 식이섬유의 충분섭취량이 상향 조정되었다. 필수지방산인 리놀레산, 알파-리놀렌산, DHA＋EPA의 충분섭취량이 제정되었으며, 단백질의 평균필요량 및 권장섭취량이 상향 조정되었다. 나트륨에 대한 심혈관질환과 고혈압 등 만성질환위험감소섭취량이 신설되었다.

식사 계획을 위한 영양소 섭취기준은 다음과 같이 구성되어 있다 표 2-8.

- 평균필요량estimated average requirements, EAR : 건강한 사람들의 하루 영양소 필요

량의 중앙값

- 권장섭취량recommended nutrient intake, RNI : 인구집단의 건강한 대부분의 사람(약 97~98%)의 영양소 필요량을 충족시키는 섭취량 추정치로서 평균필요량에 표준편차 2배를 더하여 정한 값

권장섭취량 = 평균필요량 + 2 × (표준편차 또는 변이계수)

- 충분섭취량adequate intake, AI : 영양소 섭취부족을 예방하기 위한 지표 중 하나인 충분섭취량은 섭취를 충족하고 있다고 판단되는 건강한 사람들을 대상으로 해당 영양소의 일상섭취량을 조사한 다음 섭취량 분포의 중앙값을 구한 값
- 상한섭취량tolerable upper intake level, UL : 인체에 유해한 영향이 나타나지 않는 최대 영양소 섭취수준
- 만성질환위험감소섭취량chronic disease risk reduction intake, CDRR : 건강한 인구집단에서 만성질환의 위험을 감소시킬 수 있는 영양소의 최저 수준의 섭취량
- 에너지적정비율acceptable macronutrient distribution range, AMDR : 각 영양소를 통해 섭취하는 에너지양이 전체 에너지 섭취량에서 차지하는 비율의 적정범위 제시

개인을 대상으로 식사계획을 하는 경우에는 권장섭취량이나 충분섭취량에 가까운 평상시의 섭취를 하도록 하며, 집단을 대상으로 하는 경우에는 평상시의 분포가 부족하거나 과잉의 위험이 적도록 하기 위해서 평균필요량이나 상한섭취량을 이용한다.

표 2-8 영양섭취기준을 이용한 식사계획의 목표 설정

	개인을 대상으로 하는 경우	집단을 대상으로 하는 경우
평균필요량	개인의 영양섭취목표로 사용하지 않는다.	평소 섭취량이 평균섭취량 미만인 사람의 비율이 최소화하는 것을 목표로 한다.
권장섭취량	평소 섭취량이 평균필요량 이하의 사람은 권장섭취량을 목표로 한다.	집단의 식사계획 목표로 사용하지 않는다.
충분섭취량	평소 섭취량을 충분섭취량에 가깝게 하는 것을 목표로 한다.	집단에 있어서 섭취량의 중앙값이 충분섭취량이 되도록 하는 것을 목표로 한다.
상한섭취량	평소 섭취량을 상한섭취량 미만으로 한다.	평소 섭취량이 상한섭취량 이상인 사람의 비율이 최소화하도록 한다.

참고 : 보건복지부(2020)

메뉴작성을 위해서는 먼저 목표 평균섭취량 분포를 토대로 메뉴의 영양소 조성에 대한 초기 목표를 설정해야 한다. 제공된 음식을 구성원 모두가 다 섭취하는 것이 아니므로 실제 섭취량은 제공된 음식의 영양소 함량보다는 적다. 또한 섭취량은 선택메뉴에 따라 달라질 수 있으므로 목표 분포의 중앙값을 포함하는 영양소 구성을 갖춘 다양한 식사를 제공하는 것을 목표로 해야 한다 **그림 2-1**. 식사구성안, 기존 메뉴 등을 이용하여 식단을 작성하고 급식관리 프로그램(예: 식품의약품안전처 식품안전나라www.foodsafetykorea.go.kr, 농촌진흥청 메뉴젠koreanfood.rda.go.kr)을 이용하여 식단을 수정하는 과정을 거쳐야 한다.

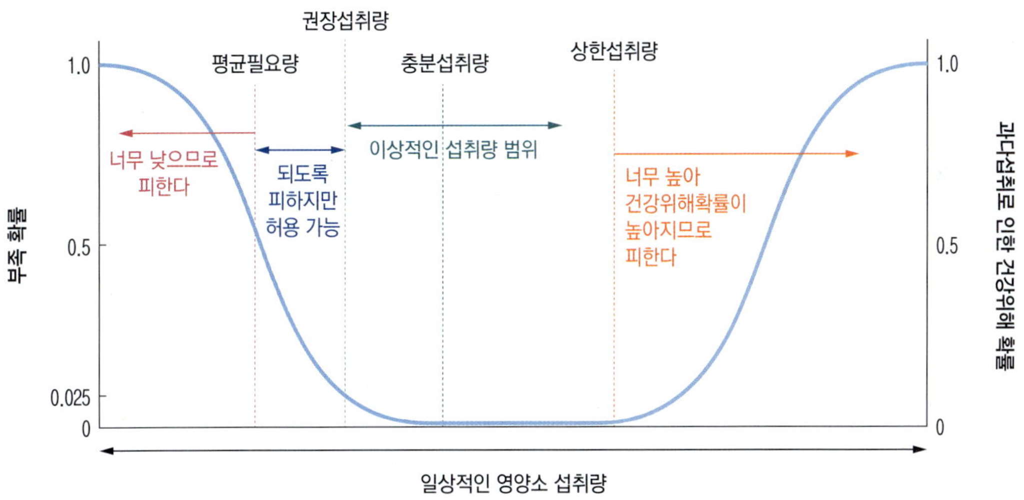

그림 2-1 영양섭취기준(dietary reference intakes, DRIs)
출처 : 보건복지부, 한국영양학회(2021). 2020 한국인 영양소 섭취기준 활용

(2) 급식대상자의 식습관과 기호도

급식대상자의 인종, 거주 지역, 종교 등의 사회·문화·환경의 차이에 따라 급식대상자의 식습관과 기호성이 달라지므로, 이들 요소는 식단을 계획하는 데 중요한 요인이 된다. 또한 종교적으로 제한되었거나 금기가 된 음식은 급식대상자의 수락 여부에 크게 영향을 미친다. 급식관리자는 급식대상자들에 대한 이러한 사항을 파악하여 식사를 계획해야 한다.

(3) 식품의 배합과 조리기술

음식이 지닌 형태, 색, 촉감, 맛, 온도, 조리방법 등이 적절한 대비가 이루어지고 조화롭게 구성될 때 맛과 풍미를 높일 수 있다. 특히 조리방법 선택 시 향, 맛, 맛의 조화, 질감의 조화, 음식의 모양, 시각, 온도 등을 적절히 고려해야 한다.

(4) 소요경비에 대한 경제성

단체급식소의 경영방침에 따라 식단을 계획하기 전에 급식비 예산 중에서 재료비의 비율을 정해야 한다. 재료비의 비율은 예산수입을 고려해서 정해야 하는데, 이는 음식을 제공하는 방식, 단체급식소 위치, 운영 형태, 음식을 먹는 사람의 계층비율 등에 따라 영향을 받게 된다. 또한 정해진 재료비에 급식 내용이 충실할 수 있도록 계절식품 등을 이용한다. 식재료비의 비율은 호텔이나 일반 식당에서는 30~40%, 학교 카페테리아는 50~60%, 학교급식 및 산업체급식 등의 단체급식에서는 60~70%, 군대급식에서는 90~100%를 사용한다. 식재료비는 식품구성이나 식단의 형태에 따라 다르고 급식대상자의 경제적 수준과 기호, 시대와 문화의 변천에 따라서 변화될 수 있다.

(5) 조리종사원의 숙련도

메뉴작성자는 현재 조리종사원의 숙련도나 조리능력 등을 사전에 파악해야 한다. 조리종사원의 작업 효율이 떨어지면 배식 지연을 초래하거나 조리능력 미숙으로 품질 저하의 우려가 있으므로 새로운 메뉴를 개발하여 메뉴계획에 응용할 경우 사전에 충분히 실험조리나 조리실습을 통해 조리종사원의 업무 능력을 향상시켜야 한다.

(6) 시설·설비 조건

많은 음식의 조리를 위해 노동력을 절약하면서도 좋은 음식을 만들 수 있는 효율적인 기기를 구비하여야 능률적이다. 현재 구비하고 있는 기기를 파악한 후 이들 기기를 이용하여 손쉽게 할 수 있는 식단을 계획해야 한다. 아무리 잘 작성한 식단이라 하더라도 그 음식을 만들 수 있는 조리장의 제반 시설·설비가 불충분하거나 그 시설·설비를 다룰 수 있는 인력을 고려하지 않으면 기대한 결과를 얻을 수 없다.

(7) 식품의 안전성과 위생적인 면

식품이나 조리공정에서 발생할 수 있는 위해요소들을 완전히 차단하여 급식 안전성을 확보해야 한다. 식단 작성 시 잠재적으로 위해한 식품의 확인은 물론 식품을 보관 조리하여 제공하는 과정에서 소독 수행 여부, 뜨거운 음식과 찬 음식의 혼합 여부, 조리 후 배식되는 시간 등 위해요소의 위생적 관리가 메뉴계획 시 고려되어야 한다.

3) 급식메뉴 작성

(1) 급여영양량의 결정

메뉴 작성 시 급식대상자의 연령, 성별, 활동량 정도에 따른 영양소요량을 결정한다. 단체급식에서는 연령과 활동 정도별로 평균치를 계산하고 1인 1일분의 평균 급여영양량을 산출한다. 한국인 영양소 섭취기준KDRIs에서 권장하는 에너지적정비율은 성인의 경우 19세 이상을 기준으로 탄수화물 55~65%, 지질 15~30%, 단백질 7~20%로 계획하는 것을 권장하고 있다 표 2-9.

표 2-9 에너지적정비율

영양소		2020년		
		1~2세	3~18세	19세 이상
탄수화물		55~65%	55~65%	55~65%
단백질		7~20%	7~20%	7~20%
지질	총지방	20~35%	15~30%	15~30%
	포화지방산	-	8% 미만	7% 미만
	트랜스지방산	-	1% 미만	1% 미만
	콜레스테롤	-	-	300mg/일 미만

출처 : 보건복지부, 한국영양학회(2021). 2020 한국인 영양소 섭취기준 활용

(2) 3식의 급여영양량 배분

1일 식품군의 양에 대한 아침·점심·저녁의 3회, 또는 점심 1회 등의 급식에서 어떤 비율로 배분할지를 결정해야 한다. 이때 급식대상자들의 생활시간을 조사하여 그 결과

로부터 소비량의 비율을 산출하는 것이 합리적이다.

급여영양량은 급식 횟수를 고려하여 적절하게 배분하는 것이 중요하다. 세 끼 식사의 급여영양배분은 1:1:1을 기본으로 하고, 1:1:1.2나 노동 강도가 심할 경우 1:1.5:1.5로 배분한다. 현대인의 아침은 다른 끼니에 비해 간단하게 섭취하는 경우가 많은데 식단계획 시 일의 능률과 학습효과를 높이기 위해 아침식사에 1일 급여영양량의 1/3 이상을 섭취할 수 있도록 배분한다. 주식은 1:1:1 또는 0.9:1:1이 적당하며, 부식의 비율은 1:1.5:1.5 또는 3:4:5로 한다. 간식은 하루 총열량의 10~15%가 적당하다.

(3) 음식가짓수의 계획

단체급식소 운영 여건에 따라 식단에 구성되는 음식의 가짓수가 달라진다. 밥, 국, 김치를 기본으로 부찬을 1식 3찬 또는 1식 4찬으로 구성한다. 또 1주간 또는 메뉴 작성주기에 따라서 주식의 밥, 면, 빵의 제공횟수, 부식과 주식의 조화로운 식품류와 조리법이 골고루 구성될 수 있도록 사전에 계획하고 고려한다.

(4) 식품구성의 결정

① 식사구성안을 이용한 식품구성

식사구성안은 일반인이 복잡한 영양가 계산을 하지 않아도 한국인 영양소 섭취기준을 충족할 수 있도록 만든 1일 식단 작성법이다(2020 한국인 영양소 섭취기준). 따라서 영양소 단위를 식품 단위로 전환하여 식품군별 대표식품을 1인 1회분량으로 제시, 섭취횟수를 권장식사패턴으로 제시하였다 표 2-10.

식품들은 식품성분표에 제시된 한국인의 대표적인 식사패턴, 영양소 함량, 식품분류체계 등을 고려하여 식품군으로 분류되어 사용되었다.

식품군의 분류는 ① 곡류군, ② 고기·생선·달걀·콩류군, ③ 채소군, ④ 과일군, ⑤ 우유·유제품군, ⑥ 유지·당류군이다(2020 한국인 영양소 섭취기준).

1인 1회 분량

각 식품군별 가식부를 기준으로 한 1인 1회 분량은 다음과 같다 표 2-11.

- 곡류군은 1인 1회 분량의 에너지는 평균 300kcal에 해당하며 주로 주식으로 이용되는 식품으로 1회 분량의 예로는 밥 1공기(210g), 백미(90g), 국수 말린 것(90g), 가

표 2-10 식사구성안 영양목표

2020 개정		2015 제정	
섭취 허용		1. 적절한 섭취	
에너지	• 100% 에너지필요추정량	에너지	• 100% 에너지필요추정량
단백질	• 총에너지의 약 7~20%	단백질	• 총에너지의 약 7~20%
비타민 무기질	• 100% 권장섭취량 또는 충분섭취량 • 상한섭취량 미만	비타민 무기질	• 100% 권장섭취량 또는 충분섭취량 • 상한섭취량 미만
식이섬유	• 100% 충분섭취량	식이섬유	• 100% 충분섭취량
섭취 주의		2. 섭취의 절제	
지방	• 1~2세 : 총에너지의 20~35%	지방	• 1~2세 : 총에너지의 20~35%
	• 3세 이상 : 총에너지의 15~30%		• 3세 이상 : 총에너지의 15~30%
당류	• 설탕, 물엿 등의 첨가당 최소한으로 섭취	당류	• 설탕, 물엿 등의 첨가당 최소한으로 섭취

출처 : 보건복지부, 한국영양학회(2021). 2020 한국인 영양소 섭취기준 활용

래떡(150g), 식빵(35g) 등이다.

- 고기·생선·달걀·콩류군은 1인 1회 분량의 에너지는 평균 100kcal로 단백질 함량은 평균 10g이다. 1회 분량의 예로는 쇠고기(60g), 닭고기(60g), 고등어(70g), 대두(20g), 두부(80g), 달걀(60g) 등이다.
- 채소군은 1인 1회 분량의 에너지는 평균 15kcal로 생채소류 함량은 평균 70g이다. 1회 분량의 예로는 오이소박이(40g), 콩나물(70g), 시금치(70g), 배추김치(40g), 느타리버섯(30g), 미역 말린 것 10g 등이다.
- 과일군은 1인 1회 분량의 에너지는 평균 50kcal에 해당하며, 1회 분량의 예로는 사과(100g), 귤(100g), 참외(150g), 포도(100g), 대추 말린 것(15g), 수박(150g) 등이다.
- 우유·유제품군은 1인 1회 분량의 에너지는 평균 125kcal에 해당하며, 1회 분량의 예로는 우유(200mL) 치즈 1장(20g), 호상요구르트(100g), 액상요구르트(150g), 아이스크림(100g) 등이다.
- 유지·당류군은 1인 1회 분량의 에너지는 평균 45kcal에 해당하며 1회 분량의 예로는 버터(1t), 마요네즈(1t), 설탕(1T), 꿀(1T), 커피믹스(1회 12g), 콩기름(1t) 등이다.

표 2-11 식품군별 대표식품의 1인 1회 분량

식품군	1인 1회 분량					
곡류 (300kcal)	쌀밥 (210g)	백미 (90g)	국수(말린 것) (90g)	냉면국수(말린 것) (90g)	가래떡 (150g)	식빵 1쪽* (35g)
고기·생선·달걀·콩류 (100kcal)	쇠고기 (생 60g)	닭고기 (생 60g)	고등어 (생 70g)	대두 (20g)	두부 (80g)	달걀 (60g)
채소류 (15kcal)	콩나물 (생 70g)	시금치 (생 70g)	배추김치 (생 40g)	오이소박이 (생 40g)	느타리버섯 (생 30g)	미역(마른 것) (10g)
과일류 (50kcal)	사과 (100g)	귤 (100g)	참외 (150g)	포도 (100g)	수박 (150g)	대추(말린 것) (15g)
우유·유제품류 (125kcal)	우유 (200mL)	치즈 1장† (20g)	호상요구르트 (100g)	액상요구르트 (150g)	아이스크림/셔벗 (100g)	
유지·당류 (45kcal)	콩기름 1작은술 (5g)	버터 1작은술 (5g)	마요네즈 1작은술 (5g)	커피믹스 1회 (12g)	설탕 1큰술 (10g)	꿀 1큰술 (10g)

*표시는 0.3회, †표시는 0.5회

출처 : 보건복지부, 한국영양학회(2021). 2020 한국인 영양소 섭취기준 활용

권장식사패턴

권장식사패턴은 영양섭취기준을 만족하는 1일 식사구성의 예를 제시한 것으로 '2020 한국인 영양소 섭취기준'에서는 연령 및 성별에 따라 권장식사패턴을 다양하게 사용할 수 있도록 1,000~2,800kcal까지 100kcal 단위로 권장식사패턴을 제시하였고, 생애주기별로 1일 권장섭취횟수를 패턴 A와 B로 나누어 구분하였다 표 2-12. 어린이와 성인의 음식 섭취 양상이 다르고, 우유·유제품에 대한 기호도 차이가 큼을 고려하여 패턴 A는 어린이와 청소년의 경우 우유·유제품을 2회 사용하는 것을 기준으로 하였으며 표 2-13, 패턴 B는 성인은 1회 사용하는 것을 기준으로 하였다 표 2-14. 권장식사패턴을 활용할 경우 먼저 성과 연령에 맞는 에너지 필요추정량과 기준 에너지를 계산하고, 1일 섭취 횟수를 3끼와 간식으로 배분한다. 표 2-15, 표 2-16은 권장식사패턴을 이용한 1일 식단의 예이다.

• 양념류 사용으로 인한 칼로리는 권장식사패턴에 이미 반영이 되었으므로 주·부

표 2-12 성별·연령별 기준 에너지

연령	에너지 필요추정량				기준 에너지			
	2015 한국인 영양소 섭취기준		2020 한국인 영양소 섭취기준		2015 한국인 영양소 섭취기준		2020 한국인 영양소 섭취기준	
	남자	여자	남자	여자	남자	여자	남자	여자
1~2세	1,000	1,000	900	900	1,000A	1,000A	900A	900A
3~5세	1,400	1,400	1,400	1,400	1,400A	1,400A	1,400A	1,400A
6~8세	1,700	1,500	1,700	1,500	1,900A	1,700A	1,900B	1,700A
9~11세	2,100	1,800	2,000	1,800				
12~14세	2,500	2,000	2,500	2,000	2,600A	2,000A	2,600A	2,000A
15~18세	2,700	2,000	2,700	2,000				
19~29세	2,600	2,100	2,600	2,000	2,400B	1,900B	2,400B	1,900B
30~49세	2,400	1,900	2,500	1,900				
50~64세	2,200	1,800	2,200	1,700				
65세 이상 (65~74세)	2,000	1,600	2,000	1,600	2,000B	1,600B	2,000B	1,600B
75세 이상			1,900	1,500			1,900B	1,500B

출처 : 보건복지부, 한국영양학회(2021). 2020 한국인 영양소 섭취기준 활용

재료로 사용되는 식품의 양만을 각 식품군 섭취횟수에 포함시킨다.

• 양념류는 사용량을 고려하여 식단 구성 시 사용하도록 하였고, 칼로리를 감안하여 식품군을 배분할 때 계획하였던 열량보다 낮게 계획하였다.

표 2-13 **생애주기별 권장식사패턴 A (우유·유제품 2회 권장, A타입)**

열량(kcal)	곡류	고기·생선·달걀·콩류	채소류	과일류	우유·유제품	유지·당류
900	1	1.5	4	1	2	2
1,000	1	1.5	4	1	2	3
1,100	1.5	1.5	4	1	2	3
1,200	1.5	2	5	1	2	3
1,300	1.5	2	6	1	2	4
1,400	2	2	6	1	2	4
1,500	2	2.5	6	1	2	5
1,600	2.5	2.5	6	1	2	5
1,700	2.5	3	6	1	2	5
1,800	3	3	6	1	2	5
1,900	3	3.5	7	1	2	5
2,000	3	3.5	7	2	2	6
2,100	3	4	8	2	2	6
2,200	3.5	4	8	2	2	6
2,300	3.5	5	8	2	2	6
2,400	3.5	5	8	3	2	6
2,500	3.5	5.5	8	3	2	7
2,600	3.5	5.5	8	4	2	8
2,700	4	5.5	8	4	2	8
2,800	4	6	8	4	2	8

출처 : 보건복지부, 한국영양학회(2021). 2020 한국인 영양소 섭취기준 활용

표 2-14 생애주기별 권장식사패턴 B (우유·유제품 1회 권장, B타입)

열량(kcal)	곡류	고기·생선·달걀·콩류	채소류	과일류	우유·유제품	유지·당류
1,000	1.5	1.5	5	1	1	2
1,100	1.5	2	5	1	1	3
1,200	2	2	5	1	1	3
1,300	2	2	6	1	1	4
1,400	2.5	2	6	1	1	4
1,500	2.5	2.5	6	1	1	4
1,600	3	2.5	6	1	1	4
1,700	3	3.5	6	1	1	4
1,800	3	3.5	7	2	1	4
1,900	3	4	8	2	1	4
2,000	3.5	4	8	2	1	4
2,100	3.5	4.5	8	2	1	5
2,200	3.5	5	8	2	1	6
2,300	4	5	8	2	1	6
2,400	4	5	8	3	1	6
2,500	4	5	8	4	1	7
2,600	4	6	9	4	1	7
2,700	4	6.5	9	4	1	8

출처 : 보건복지부, 한국영양학회(2021). 2020 한국인 영양소 섭취기준 활용

표 2-15 12~18세 여성 권장 식단(2,000kcal, A타입)

(회 분량)

메뉴	분량	아침	점심	저녁	간식
		쌀밥 호박된장국 갈치조림 새송이버섯구이 콩나물무침 배추김치 	현미밥 미역국 소불고기 부추치커리무침 배추김치 	잡곡밥 순두부국 달걀장조림 마늘종볶음 오이소박이 	블루베리 사과 호상요구르트 우유 
곡류	3회	쌀밥 210g (1)	현미밥 210g (1)	잡곡밥 210g (1)	
고기·생선·달걀·콩류	3.5회	갈치 70g (1)	소고기 60g (1)	순두부 100g (0.5) 달걀 60g (1)	
채소류	7회	애호박 21g (0.3) 새송이버섯 30g (1) 콩나물 35g (0.5) 배추김치 40g (1)	미역(마른 것) 5g (0.5) 부추 28g (0.4) 치커리 35g (0.5) 배추김치 40g (1)	양파 21g (0.3) 마늘종 35g (0.5) 오이소박이 40g (1)	
과일류	2회				블루베리 100g (1) 사과 100g (1)
우유·유제품류	2회				요구르트(호상) 100g (1) 우유 200mL (1)
유지·당류	6회	유지 및 당류는 조리 시 가급적 적게 사용할 것을 권장함			

총 에너지(kcal): 1921.0kcal; 탄수화물, 단백질, 지방 섭취비율(%): 탄수화물(54.1%), 단백질(16.6%), 지방(29.2%)

출처 : 보건복지부, 한국영양학회(2021). 2020 한국인 영양소 섭취기준 활용

표 2-16 19~64세 남성 권장 식단(2,400kcal, B타입)

(회 분량)

메뉴	분량	아침	점심	저녁	간식
		쌀밥 아욱된장국 조기구이 도토리묵&양념장 풋마늘무침 배추김치 	바지락칼국수 미니주먹밥 감자채소전 깍두기 사과 	잡곡밥 육개장 달걀말이 도라지나물 배추김치 	파인애플 키위 두유 호상요구르트 
곡류	4회	쌀밥 210g (1) 도토리묵 70g (0.1)	칼국수 200g (1) 쌀밥 147g (0.7) 감자 93g (0.2)	잡곡밥 210g (1)	
고기·생선·달걀·콩류	5회	조기 60g (1)	바지락 80g (1)	소고기 60g (1) 달걀 60g (1)	두유 200mL (1)
채소류	8회	아욱 35g (0.5) 풋마늘 35g (0.5) 배추김치 40g (1)	당근 28g (0.4) 애호박 28g (0.4) 부추 28g (0.4) 김 2g (1) 양파 35g (0.5) 깍두기 40g (1)	무 7g (0.1) 고사리 7g (0.1) 숙주나물 7g (0.1) 도라지 70g (1) 배추김치 40g (1)	
과일류	3회		사과 100g (1)		파인애플 100g (1) 키위 100g (1)
우유·유제품류	1회				요구르트(호상) 100g (1)
유지·당류	6회	유지 및 당류는 조리 시 가급적 적게 사용할 것을 권장함			

총 에너지(kcal): 2384.4kcal; 탄수화물, 단백질, 지방 섭취비율(%): 탄수화물(60.5%), 단백질(14.6%), 지방(25.0%)

출처 : 보건복지부, 한국영양학회(2021). 2020 한국인 영양소 섭취기준 활용

식품구성자전거는 식품군에 권장식사패턴의 섭취횟수와 분량에 맞추어 바퀴 면적을 배분한 형태로, 균형잡힌 식사와 수분 섭취의 중요성 그리고 적절한 운동을 통한 비만 예방이라는 기본 개념을 나타낸다 **그림 2-2**. 2020년 식품구성자전거는 기존에 제시되었던 다섯 가지 식품군에서 유지 및 당류의 식품군이 추가되고 총 여섯 가지 식품군으로 변경되었다. 식품구성자전거는 식품군별 대표식품의 1인 1회 분량을 기준으로 섭취횟수를 활용하여 개인별 권장섭취패턴을 계획하거나 평가할 수 있다.

그림 2-2 식품구성자전거

출처 : 보건복지부, 한국영양학회(2021). 2020 한국인 영양소 섭취기준 활용

② 식품교환표를 이용한 식품 구성

식품교환표는 우리가 일상생활에서 섭취하고 있는 식품들을 영양소 구성이 비슷한 것끼리 여섯 가지 식품군으로 나누어 묶은 표이다. 1950년 미국영양사회와 미국당뇨병협회가 당뇨환자를 중심으로 활용하기 위하여 만들었으나 현재는 모든 경우에 활용된다. 우리나라에서도 1995년 대한영양사협회, 대한당뇨학회, 한국영양학회가 공동으로 제정한 식품교환표를 사용하고 있다.

식품교환표의 같은 식품군 안에 있는 식품들은 영양소의 구성이 비슷하므로 바꾸어 먹을 수 있다. 이를 위하여 1회 섭취량이나 거래단위 등을 기준으로 영양소 함량이 동일한 중량을 결정하여 그 양을 '1교환단위'라고 정하였다. 식품군별 1교환단위당 영양성분은 표 2-17과 같다. 열량에 따른 식품군별 교환단위수는 표 2-18과 같으며 표에서 제시하는 식품군별 교환단위만큼씩 식사를 구성하면 1일 필요한 열량을 맞추어 섭취할 수 있을 뿐만 아니라 다양한 영양소의 필요량을 충족시킬 수 있는 식사 구성이 될 수 있다. 2,000kcal에 대해 계산한 예는 표 2-19에 제시하였다.

표 2-17 식품군별 1교환단위당 영양성분

식품교환군		교환단위	당질(g)	단백질(g)	지방(g)	열량(kcal)
곡류군		1	23	2	-	100
어육류군	저지방	1	-	8	2	50
	중지방	1	-	8	5	75
	고지방	1	-	8	8	100
채소군		1	3	2	-	20
지방군		1	-	-	5	45
우유군	일반우유	1	10	6	7	125
	저지방우유	1	10	6	2	80
과일군		1	12	-	-	50

표 2-18 식품교환표에 따른 식품군별 교환단위수로 계산한 예(2,000kcal)

			당질		단백질		지방		열량	
			1교환 단위당 당질량	교환단위 수에 대한 당질량	1교환 단위당 단백질량	교환단위 수에 대한 단백질량	1교환 단위당 지방량	교환단위 수에 대한 지방량	1교환 단위당 열량	교환단위 수에 대한 열량
곡류군		10	23	230	2	20	-	-	100	1,000
어육류군	저지방	2	-	-	8	16	2	4	50	100
	중지방	3	-	-	8	24	5	15	75	225
채소군		7	3	21	2	14	-	-	20	140
지방군		4	-	-	-	-	5	20	45	180
우유군		2	11	22	6	12	6	12	125	250
과일군		2	12	24	-	-	-	-	50	100
총영양량			당질 297g		단백질 86g		지방 51g		열량 1,995kcal	

표 2-19 **열량에 따른 식품군별 교환단위수**

식품군 분류	대표식품의 1교환단위량	열량 (kcal) 소분류	1,000	1,100	1,200	1,300	1,400	1,500	1,600	1,700	1,800	1,900	2,000	2,100	2,200	2,300	2,400	2,500
곡류군 당질 23g, 단백질 2g, 열량 100kcal	쌀 30g, 밥 70g(1/3공기), 마른 국수 30g, 삶은 국수 90g, 식빵 35g(1쪽), 감자, 밤		4	5	5	6	7	7	8	8	8	9	10	10	11	11	12	13
어육류군 •저지방군 단백질 8g, 지방 2g, 열량 50kcal •중지방군 단백질 8g, 지방 5g, 열량 75kcal •고지방군 단백질 8g, 지방 8g, 열량 100kcal	닭고기 40g (탁구공 크기), 멸치(잔 것) 15g (1/4컵)	저지방	1	1	1	1	1	2	2	2	2	2	2	2	2	3	3	3
	육류 40g (탁구공 크기), 어류 50g (작은 1토막), 달걀 55g (중간 것 1개), 메추리알 40g (5개), 검정콩 20g (2큰스푼), 두부 80g, 연두부 150g, 순두부 200g, 치즈 30g(1.5장), 생선통조림 50g (1/3컵)	중지방	2	2	3	3	3	3	3	3	3	3	3	4	4	4	4	4

(계속)

식품군 분류	대표식품의 1교환단위량	열량 (kcal) 소분류	1,000	1,100	1,200	1,300	1,400	1,500	1,600	1,700	1,800	1,900	2,000	2,100	2,200	2,300	2,400	2,500
채소군 당질 3g, 단백질 2g, 열량 20kcal	김 2g, 가지·연근· 콩나물·물미역· 시금치·호박· 고구마순 70g, 깻잎 40g(20장), 고춧잎 70g, 더덕·마늘종 40g		7	7	7	7	7	7	7	7	7	7	7	7	7	8	8	8
지방군 지방 5g, 열량 45kcal	참기름·들기름· 콩기름 5g(1tsp), 마가린·버터 6g (1.5tsp), 마요네즈 7g(1.5tsp), 잣· 호두 8g(1Tsp), 땅콩 10g(10개, 1Tsp)		1	1	1	1	1	1	1	1	2	2	2	2	2	2	2	2
우유군 당질 10g, 단백질 6g, 지방 7g, 열량 125kcal	우유 200mL(1컵), 무당연유 100mL (1/2컵), 분유 25g (5Tsp)		1	1	1	1	1	1	1	1	2	2	2	2	2	2	2	2
과일군 당질 12g, 열량 50kcal	사과·배·귤·포도 100g, 과일주스 100g(1/2컵), 토마토주스 200g (1컵), 토마토· 수박 250g		2	2	3	3	3	4	4	4	4	4	4	4	4	4	5	5

식품교환표를 이용한 식단 작성

1. 대상자의 에너지, 당질, 단백질, 지방의 1일 필요량을 산정한다.

중등활동을 하는 20~49세 성인 남자의 경우 2,500kcal의 열량이 필요하고, 이 중 당질 70%, 단백질 10%, 지방 20%로 필요량을 결정한다면 당질 438g, 단백질 63g, 지방 56g을 섭취해야 한다.

예: 1일 에너지 필요추정량 : 2,500kcal

당질(70%) : $2{,}500 \times 0.70 \div 4 \fallingdotseq 438g$

단백질(10%) : $2{,}500 \times 0.10 \div 4 \fallingdotseq 63g$

지방(20%) : $2{,}500 \times 0.20 \div 9 \fallingdotseq 56g$

2. 각 식품별 1일 교환단위수를 결정한다.

(1) 대상자의 상태와 기호에 따라 우유군, 채소군, 과일군의 교환단위수를 결정한다.
당질 함량을 알기 위해서 우유군, 채소군, 과일군의 단위수를 결정한다.

예:

식품군	교환단위수	당질(g)	단백질(g)	지방(g)	열량(kcal)
우유군	1	11	6	6	125
채소군	5	15	10	-	100
과일군	2	24	-	-	100
계	8	50	16	6	325

(2) 곡류군의 교환단위수를 결정한다.

우유군, 채소군, 과일군의 당질 함량을 합한 다음 이 양을 당질 필요량에서 빼고, 이렇게 계산된 당질의 양을 곡류 1단위에 함유된 당질 g수인 23g으로 나누어 곡류의 교환단위수를 결정한다.

예: 우유군, 채소군, 과일군의 당질 함량 : 11g(우유 1교환) + 15g(채소 5교환) + 24g(과일 2교환) = 50g

곡류군에서 제공될 당질 함량 : 438g − 50g = 388g

곡류군의 교환단위수 : $388g \div 23g \fallingdotseq 17$교환단위

식품군	교환단위수	당질(g)	단백질(g)	지방(g)	열량(kcal)
곡류군	17	391	34	-	1,700

⑶ 어육류군의 교환단위수를 결정한다.

우유군, 채소군, 곡류군에서 얻은 단백질의 양을 단백질 기준량에서 뺀 다음 8g으로 나누어 어육류군 교환수를 결정하고 저지방, 중지방, 고지방으로 배분한다(환자를 대상으로 하는 식단에서는 고지방은 가능한 한 제외).

예: 우유군, 채소군, 곡류군의 단백질 함량 : 6g(우유 1교환)+10g(채소 5교환)+34g(곡류 17교환)=50g

육류군에서 제공될 단백질 함량 : 63g−50g=13g

육류군의 교환단위수 : 13g÷8g≒2교환단위

식품군		교환단위수	당질(g)	단백질(g)	지방(g)	열량(kcal)
어육류군	저지방	1	-	8	2	50
	중지방	1	-	8	5	75
계		2	-	16	7	125

⑷ 지방의 교환단위수를 결정한다.

우유군과 어육류군에서 얻은 지방량을 지방 기준량에서 뺀 다음 5g으로 나누어 지방단위수를 결정한다.

예: 우유군, 어육류군의 지방 함량 : 6g(우유 1교환)+2g(저지방 1교환)+5g(중지방 1교환)=13g

지방군에서 제공될 지방 함량 : 56g−13g=43g

지방군의 교환단위수 : 43g÷5g≒9교환단위

식품군	교환단위수	당질(g)	단백질(g)	지방(g)	열량(kcal)
지방군	9	-	-	45	405

이상에서 결정한 각 식품군에서 얻을 수 있는 열량과 당질량, 단백질량, 지방량을 계산하면 다음과 같은 영양기준량을 만족하도록 식품군의 결정이 이루어졌음을 알 수 있다.

- 열량 : 325+1,700+125+405=2,555kcal
- 당질 : 50+391=441g
- 단백질 : 16+34+16=66g
- 지방 : 6+7+45=58g

③ 성인기준 적정 1인 분량 산출의 예

식품의 종류와 양이 결정된 다음에는 이들 식품을 어떻게 조리하는가를 생각하고 식단의 이름을 결정한다. 이때 급식대상자의 기호를 존중하며, 기본요리의 재료와 그 분량을 알아야 한다. 즉, 일정한 요리가 완성되도록 조미료의 분량이나 물의 양, 재료의 적당한 비율을 표시해 둔다.

그리고 재료가 가진 맛을 최대한 살리는 조리법을 쓰는 것은 물론, 품질이나 선도에 알맞은 조리법을 정해야 한다. 예를 들어, 선도가 좋은 생선은 회나 생식 등에도 적당하지만 선도가 떨어지는 경우에는 가열처리로 맛을 내야 한다. 육류의 경우에도 부위에 따라서 조리법을 다르게 한다.

동물성식품과 식물성식품의 배합, 조리법의 배합 등도 고려해야 한다. 또한 대체식품란을 만들어 계절별로 많이 나오는 식품 등을 이용할 수 있도록 하고, 단가란을 만든다.

(5) 메뉴표 작성 및 마케팅 활용

메뉴가 결정되면 제공 메뉴명·식품명·중량·영양정보·음식사진·각종 설명 등을 기입하여 일간, 주간, 월간 등으로 나누어 게시판에 전시한다. 메뉴는 내적인 통제도구일 뿐만 아니라 단체급식소 매출 촉진을 위한 마케팅 도구 역할을 한다. 그러므로 메뉴표는 크기 및 색상, 메뉴 아이템의 배열, 활자체 및 크기, 사용종이의 재질 등 단체급식소와 조화를 이루도록 디자인하여 전시해야 한다 . 대학급식소처럼 다양한 가격의 메뉴를 제공하고 있는 급식소의 경우 수익성이 높은 메뉴 아이템은 급식대상자의 시선이 집중되는 곳에 배치하도록 한다. 또한 메뉴표는 급식대상자에게 메뉴를 정확하고 효과적으로 전달해야 하므로 잘못 인쇄된 글자가 없도록 하고 맞춤법도 정확해야 한다. 메뉴 이름 결정 시 급식대상자 성향에 맞게 다양하게 표현함으로써 관심을 끌도록 한다. 메뉴표와 더불어 급식소의 분위기, 테이블 세팅, 식기에 담긴 음식 외관, 조명, 음향 등이 급식소에서의 중요한 마케팅 역할을 하고 있다. 이런 종합적인 조화를 이루도록 연출하는 것이 푸드 프레젠테이션, 테이블데커레이션table decoration 및 식공간 연출과 연관된 것이다.

푸드 프레젠테이션은 음식이 먹음직스럽게 보이기 위한 것으로 식재료의 조화, 음식의 배치, 음식을 담는 그릇의 선정, 식기류의 배열 등 다양한 방법으로 특성을 부각시키는 것이다. 단체급식소에서 정형화된 식판 배식을 벗어나 메뉴에 맞는 다양한 식기 등을 사용함으로써 급식대상자의 식기에 대한 만족감을 높일 수 있을 것이다.

테이블데커레이션은 테이블클로스, 매트, 냅킨, 센터피스 등을 이용해 제공되는 메뉴가 돋보이도록 연출하는 것이다. 단체급식소에서는 계절마다 다른 식탁의 꽃병, 테이블클로스 등을 활용해서 연출할 수 있다.

식공간 연출은 메뉴가 제공되는 장소의 환경에 대한 연출로 급식소 인테리어, 음악, 조명, 온도 등 급식대상자 성향에 맞는 식공간을 연출하면 효과적이다.

(6) 메뉴 평가

계획된 메뉴는 이용되기 전에 검토해야 한다. 메뉴평가는 평가표를 작성하여 이용하는 것이 도움이 된다.

① 시각적인 효과

희미하고 명확하지 않은 색은 불쾌감을 주거나 신선하게 느껴지지 않을 수 있으므로 선명한 색을 잘 조화시켜야 한다. 메뉴작성 시 제공되는 전체 상차림의 색의 조화를 고려해서 식재료 구성, 조리방법, 재료의 형태 등을 점검하고 전체 시각적인 효과를 높이도록 조정한다. 예를 들어, 주요리인 육류가 황갈색이라면 부찬을 적색, 초록색, 노란색 등의 과일이나 채소를 활용하여 시각적인 효과를 보완하여 조화를 맞출 수 있다. 또 부찬을 주요리와 비슷한 색을 갖는 조림류보다는 전류나 무침 등의 조리방법을 선택한다면 전체적인 색의 조화를 이루게 된다.

그림 2-3 메뉴 전시 예

② 식재료 및 조리방법의 다양성

같은 재료로 두 가지 이상의 요리를 만들지 않는다. 동물성식품과 식물성식품의 배합(주찬·부찬·나물찬·김치), 비슷한 소스나 같은 조리 방법이 중복되었는지 확인한다.

CHAPTER 02 급식메뉴관리

급식대상자들은 요일별, 끼니별로 반복되는 메뉴에 단조로움을 느끼기 쉬우므로 일정 기간 제공된 메뉴를 참고하여 검토한다.

③ 촉감의 균형

메뉴 전체가 딱딱하거나 물렁하지 않고 각각 씹히는 느낌이 있도록 촉감의 균형이 있어야 한다. 연하고 부드러운 것, 아삭아삭한 것, 딱딱하고 단단한 것, 질긴 느낌 등 메뉴를 계획할 때 촉감의 균형이 잘 배합되도록 한다.

④ 맛의 균형과 조화

맛의 조화는 메뉴를 계획하는 데 중요하므로 획일적인 것을 피하고 맛의 변화를 주도록 계획하여야 한다.

⑤ 사전 원가계산

사전 원가계산은 메뉴가 제공되기 전에 필수적으로 정확한 1인 원가를 계산하여 급식비 예산에 맞춰 조정을 요하므로 메뉴계획 시 중요한 기본점검 사항이다.

⑥ 안전성

특이성분이나 독성을 포함한 식재료는 메뉴에서 완전히 차단하고, 조리공정별 외부조건에 의한 변질 우려가 있는 메뉴에 대해서는 사전에 위해요소를 차단하여 안전하게 관리한다.

(7) 단체급식소 식단표 예

단체급식소 식단표의 예로 어린이급식관리지원센터의 경우를 **그림 2-4**에 제시하였다.

칠곡군
어린이·사회복지급식관리지원센터

확인자 : 김영미 영양사

작성자 : 하수진 영양사

4월 식단표(만3~5세)
- 일반형 -

(시설명)
어린이집/유치원

식 단 안 내

- 자연식품
- 뇌성장식단
- 튼튼푸드
- NEW 신메뉴 개발
- 힘내요

<제철재료>
* 과 일 : 딸기, 귤, 사과 등
* 농산물 : 냉이, 더덕, 달래 등
* 수산물 : 쭈꾸미, 미더덕, 소라 등

<원산지>
* 밥, 죽(쌀-백미, 흑미, 현미, 찹쌀) :
* 배추김치(배추, 고춧가루) :

일자/요일	★ 생 일 식 단 ★ [택 1]					1(토)
오전간식	과일(딸기) &액상요구르트(100ml)②	달걀노른자부추죽①				두유(200ml)⑤
중식	백미밥 미역국⑤⑥ 쇠불고기⑤⑥⑯ 어묵잡채⑤⑥ 배추김치⑨	기장밥 쇠고기미역국⑤⑥⑯ 닭살채소볶음⑤⑥⑮ 새송이버섯조림⑤⑥ 배추김치⑨				달걀채소볶음밥①⑤⑥ 우동국물⑤⑥ 비엔나소시지케찹조림⑤⑥⑩ 배추김치⑨
오후간식	케이크①②⑥& 우유(100ml)②	케이크①②⑥& 우유(100ml)②				간장떡볶이⑤⑥&보리차
열량/단백질	656/19	620/25				629/26
원산지	쇠고기 : 어묵(명태) :	쇠고기 : 닭고기 :				비엔나소시지(돼지고기) :
일자/요일	3(월)	뇌 성장식단 4(화)	5(수)	튼튼푸드 6(목)	7(금)	8(토)
오전간식	과일(귤) &우유(200ml)②	미역죽	채소(찐고구마) &우유(200ml)②	콩나물죽⑤	과일(바나나) &우유(200ml)②	두유(200ml)⑤
중식	백미밥 순두부백탕⑤ 고등어구이⑤⑥⑦ 양배추나물⑤⑥ 깍두기⑨	수수밥 콩가루버섯국⑤⑥ 쇠고기간장조림⑤⑥⑯ 애호박볶음⑤⑥ 깍두기⑨	참치채소비빔밥& 양념장⑤⑥ 냉이된장국⑤⑥ 메추리알장조림①⑤⑥ 깍두기⑨	기장밥 맑은감자국⑤⑥ 닭고기파프리카볶음⑤⑥⑮ 볼어묵조림⑤⑥ 배추김치⑨	백미밥 황태국⑤⑥ 채소달걀말이①⑤ 두부오이무침⑤⑥ 배추김치⑨	백미밥1/2 칼국수⑥ 진미채볶음⑤⑥⑰ 배추김치⑨
오후간식	안매운김치전⑤⑥⑨& 보리차	머핀①②⑥& 액상요구르트(100ml)②	증편&둥굴레차	잔멸치주먹밥& 우유(200ml)②	약식&보리차	단팥빵①②⑥&매실차
열량/단백질	614/28	670/21	610/28	677/27	588/26	619/19
원산지	순두부(콩) : 고등어 :	쇠고기 :	참치통조림(가다랑어) :	닭고기 : 어묵(명태) :	두부(콩) :	진미(오징어) :
일자/요일	10(월)	뇌 성장식단 11(화)	12(수)	튼튼푸드 13(목)	14(금)	15(토)
오전간식	과일(딸기) &우유(200ml)②	단호박죽	채소(방울토마토)⑫ &우유(200ml)②	누룽지채소죽	과일(사과) &우유(200ml)②	두유(200ml)⑤
중식	수수밥 대구살맑은국⑤⑥ 제육볶음⑤⑥⑩ 시금치나물⑤⑥ 배추김치⑨	백미밥 부대찌개⑤⑥⑨⑩ 두부조림⑤⑥ 미역줄기볶음 깍두기⑨	닭살채소볶음밥⑤⑥⑮ 실파장국⑤⑥ 브로콜리깨무침①⑤⑥ 배추김치⑨	백미밥 콩나물국⑤⑥ 삼치무조림⑤⑥ 느타리버섯볶음⑤⑥ 배추김치⑨	흑미밥 콩가루배춧국⑤⑥ 쇠불고기⑤⑥⑯ 잔멸치볶음⑤⑥ 깍두기⑨	기장밥 크림스프②⑥ 돈까스+소스⑤⑥⑩⑫ 양상추요거트샐러드② 깍두기⑨
오후간식	토마토스파게티②⑥⑫	약밥&우유(200ml)②	찐만두⑤⑥⑩&매실차	잘게썬핫케익①②⑤⑥& 우유(200ml)②	백설기&둥굴레차	채소주먹밥⑤⑥&보리차
열량/단백질	638/33	675/22	592/23	681/27	673/28	651/22
원산지	제육볶음(돼지고기) :	부대찌개(햄(돼지고기) :) 두부(콩) :	닭고기 :	누룽지(쌀) :	쇠고기 :	돈까스(돼지고기) :
일자/요일	17(월)	뇌 성장식단 18(화)	19(수)	튼튼푸드 20(목)	21(금)	22(토)
오전간식	과일(오렌지) &우유(200ml)②	들깨버섯죽	채소(찐감자) &우유(200ml)②	배추새우죽⑨	과일(배) &우유(200ml)②	두유(200ml)⑤
중식	백미밥 안매운김칫국⑨ 닭가슴살조림⑤⑥⑮ 숙주맛살무침①⑤⑥⑧ 깍두기⑨	기장밥 쇠고기다시마국⑤⑥⑯ 오리고기양파볶음⑤⑥ 무생채 배추김치⑨	카레라이스⑤⑥ 달걀국① 완자전⑤⑥⑩ 배추김치⑨	기장밥 된장찌개⑤⑥ 돼지고기간장조림⑤⑥⑩ 깻잎나물볶음⑤ 배추김치⑨	수수밥 어묵국⑤⑥ 오징어채소볶음⑤⑥⑰ 검은콩조림⑤⑥ 배추김치⑨	잔치국수⑤⑥ 꼬마김밥⑤⑩ 명엽채무침⑤⑥ 배추김치⑨
오후간식	미니핫도그①②⑥⑩& 옥수수차	미니우동⑤⑥& 액상요구르트(100ml)②	약식&보리차	NEW 칠곡군콩나물샌드위치①②⑤⑥&우유(100ml)②	무지개떡&둥굴레차	고구마맛탕⑤&보리차
열량/단백질	586/30	609/23	653/26	704/34	692/31	689/21
원산지	닭고기 : 맛살(꽃게) : 미니핫도그(소시지(돼지고기) :)	쇠고기 : 오리고기 :	완자전(돼지고기) :	돼지고기 :	어묵(명태) : 오징어 :	꼬마김밥(햄(돼지고기):) 명엽채 :
일자/요일	24(월)	뇌 성장식단 25(화)	26(수)	튼튼푸드 27(목)	28(금)	29(토)
오전간식	과일(사과) &우유(200ml)②	영양잡곡죽	채소(단호박찜) &우유(200ml)②	참치깻잎죽	과일(바나나) &우유(200ml)②	두유(200ml)⑤
중식	백미밥 수제비국⑤⑥ 고등어무조림⑤⑥⑦ 가지볶음⑤⑥ 배추김치⑨	수수밥 미역국⑤⑥ 돼지고기볶음⑤⑥⑩ 시금치나물⑤⑥ 배추김치⑨	쇠불고기덮밥⑤⑥⑯ 맑은장국⑤⑥ 브로콜리숙회&케찹⑫ 배추김치⑨	백미밥 팽이버섯유부국⑤⑥ 오리불고기⑤⑥ 깨소금콩나물무침⑤⑥ 배추김치⑨	기장밥 애호박맑은국 너비아니구이⑤⑩⑯ 두부오이무침⑤⑥ 깍두기⑨	백미밥1/2 만둣국⑤⑥⑩ 부추전①⑤⑥ 깍두기⑨
오후간식	후리가케주먹밥⑤& 둥굴레차	소보로빵①②④⑥& 우유(100ml)②	자른증편&매실차	영양밥전⑤& 액상요구르트(100ml)②	새우튀김⑤⑥⑨&보리차	바람떡&둥굴레차
열량/단백질	692/28	651/20	592/21	681/28	591/25	611/22
원산지	고등어 :	돼지고기 :	쇠고기 :	참치통조림(가다랑어) : 오리고기 :	너비아니구이(돼지고기 : 쇠고기 :) 두부(콩) :	

■ 뇌 성장식단

"미역, 다시마" 속에 다량 함유된 요오드, 칼륨은 두뇌발달에 깊이 관여하여 뇌 기능을 개선하고, 뇌 건강 증진에 많은 도움을 주는 뇌 성장 식재료입니다.

■ 튼튼푸드

"콩나물"은 비타민C가 많아 감기예방에 도움을 주고, 또한 식이섬유가 많아 장운동을 활발하게 해주는 장 튼튼푸드 식재료입니다.

- 4월 식단 7(금), 28(금) 부찬은 2023년 센터 특화사업 '푸드브릿지' 잔반량 측정으로 인하여 부찬의 종류가 동일합니다.

<알레르기 유발식품 표시>

①난류 ②우유 ③메밀 ④땅콩 ⑤대두 ⑥밀 ⑦고등어 ⑧게 ⑨새우 ⑩돼지고기 ⑪복숭아 ⑫토마토 ⑬아황산류 ⑭호두 ⑮닭고기 ⑯쇠고기 ⑰오징어 ⑱조개류(굴, 전복, 홍합 포함) ⑲잣
* 아황산류는 표백제, 보존료, 산화방지제 목적으로 사용되는 식품첨가물의 형태로 대부분 식품에 포함되어 있습니다.
* 완제품(가공식품, 김치류 등)의 경우 제품마다 원재료가 상이함으로 알레르기 유발식품에 대해 한 번 더 확인해주시기 바랍니다.(ex. 자장가루, 굴소스, 카레가루 등)
* 알레르기 유발 식품을 사용한 제품과 같은 제조시설에서 제조한 식품인지 확인 후 사용해 주세요.
* 알레르기 유발 식품은 칠곡군센터 표준레시피를 기준으로 작성하였음으로 식재료 추가 시 식단표에 알레르기 유발식품을 표시해 주세요.

*식단감수를 하지 않고 임의로 식단 수정 시 출처에 '칠곡군센터 식단 제공'이라함을 자제해 주시기 바랍니다. (단 같은 식품군 변경은 제외)

그림 2-4 어린이급식소의 식단표 예

출처 : 칠곡군어린이·사회복지급식관리지원센터(2023)

3. 급식메뉴분석

여러 가지 메뉴를 제공하는 단체급식소에서는 구성메뉴에 대한 급식대상자의 취향을 잘 맞추었는지, 가격은 적절한지를 분석해야 한다. 이런 메뉴분석을 통해 품목들의 총매출에 대한 기여도를 반영하여 메뉴 품목들을 적절하게 선정할 수 있도록 만들며, 결과적으로 급식대상자들의 만족과 매출의 극대화를 동시에 이룰 수 있게 된다. 메뉴분석의 방법에는 인기지수 분석법popularity index, 허스트의 메뉴 평가법Hurst method of menu scoring, 메뉴엔지니어링menu engineering이 있다.

1) 인기지수 분석법

메뉴에서 각 품목 간의 급식대상자 호응도를 알면 메뉴를 평가하고 개발하기가 용이하다. 인기지수 분석법popularity index은 이러한 급식대상자 호응도를 메뉴판매량을 이용하여 분석한 후 품목별 상품력을 측정하는 것이다. 분석기간의 길고 짧음에 따라 분석의 객관성이 달라질 수 있으므로 분석기간은 가능한 한 1개월 이상 하는 것이 좋다. 메뉴의 인기측정을 위해 특정 품목을 선정하여 선별한 품목의 개별 판매 수, 선별된 품목들의 총판매수, 총판매수에 대한 개별품목들의 판매 퍼센트를 측정한다. 각 품목의 측정된 %는 곧 인기도의 지표로 판매비 또는 인기지수라 한다. 날씨와 계절에 의한 급식대상자 취향의 변화, 주말과 평일의 급식대상자 선호 품목의 차이 또는 경쟁업소로 인한 판매량 변화 등의 요인들이 인기지수에 영향을 미치기 때문에 이러한 변

표 2-20 **품목별 인기지수**

메뉴 품목	판매량	인기지수
김치덮밥	22	11.7
돈가스덮밥	62	32.98
제육덮밥	34	18.09
버섯덮밥	16	8.51
카레덮밥	54	28.72
총계	188	100%

출처 : 정복미 외(2006)

수들을 고려해야 급식대상자의 호응도를 정확하게 이해할 수 있다. 표 2-20은 대학 단체급식소 일품코너에서 운영하는 덮밥의 품목별 인기지수를 분석한 표이다.

2) 허스트 메뉴평가법

1960년 미국 플로리다 주립대학의 허스트Michael Hurst 교수는 가격정책, 원가, 인기도, 이익공헌도 등이 판매량에 미치는 영향을 측정하는 허스트 메뉴평가법Hurst method of menu scoring을 개발하였다. 이 평가법은 메뉴에 영향을 준 변화의 결과를 분석하기 위한 것으로, 몇 가지 경리 관련 자료만 가지고도 쉽게 계산할 수 있다. 계산 절차는 다음과 같다.

① 평가기간을 정하고 총매출액에 공헌도가 높은 품목들을 선별한다.

② 선별품목의 총판매수량에 비선별품목들의 판매량을 모두 합하여 총판매수량을 계산한다.

③ 선별품목들의 매출액과 식재료원가를 구한다.

④ 선별품목들의 평균객단가를 구한다(선별품목 총매출액 ÷ 선별품목 총판매량).

⑤ 선별품목들의 총수익을 계산하고(선별품목 총매출액 − 선별품목 총식재료원가), 선별 메뉴품목의 총매출액에 대비한 총수익률을 계산한다(선별품목의 총판매수 ÷ 선별 메뉴품목 총매출액).

⑥ 선별품목들의 평균수익을 계산한다(평균객단가④ × 총수익률⑤).

⑦ 업소 총메뉴품목 판매 수에 대비한 선별 메뉴품목의 판매율을 계산한다(선별품목의 총판매수 ÷ 업소 전체 품목 판매수).

⑧ 메뉴스코어를 산출한다(품목 평균수익⑥ × 선별품목 판매율⑦).

하나의 메뉴 스코어는 그 자체만으로는 큰 의미가 없다. 이것은 단지 메뉴 판매량이 가격, 판매믹스, 식재료원가, 총이익 등의 요소들과 어떻게 상호작용하는지 보여줄 뿐이다. 가능한 한 여러 개의 메뉴 스코어를 산출하여 상호 비교·검토를 통해 얻은 결론만이 진정한 분석의 의미를 갖는다.

메뉴 스코어가 높을수록 그 메뉴의 수익성이 높아지는데 극히 미소한 차이도 이 분석법에서는 상당한 의미가 있다. 특히 품목 교체나 가격 및 원가의 변화가 메뉴의 판매량에 미치는 영향을 실험해 볼 수 있는 것이 허스트 메뉴평가법의 장점이므로 가격 상승의 영향을 알아보려고 하거나 새로운 품목을 소개했다면 메뉴 스코어를 계산해 보는 것이 좋다.

3) 메뉴엔지니어링

메뉴엔지니어링menu engineering은 메뉴평가의 도구로 마이클 카사바나와 도널드 스미스에 의해 개발되었다. 이는 메뉴관리상의 문제점을 해결하는 데 도움을 주며, 급식관리자가 메뉴에 대한 의사결정을 내릴 때 현재 또는 미래의 메뉴에 대한 평가와 가격을 결정하는 데 유용하다.

여러 가지 메뉴를 제공하는 단체급식소에서는 일정기간을 정하여 판매한 메뉴의 수익성과 선호도에 대한 평가를 수행해야 하는데, 메뉴엔지니어링은 단순히 식재료비의 비율로만 메뉴의 수익성을 평가하지 않고 메뉴의 마진과 급식대상자의 메뉴에 대한 인기도를 기준으로 메뉴를 분석하여 시장을 평가한다.

2가지 이상의 메뉴를 제공하는 복수식단이나 카페테리아로 배식하는 경우 식재료비, 판매량, 식단가만 있으면 단체급식소에서도 메뉴엔지니어링을 통해 메뉴의 시장성을 파악할 수 있다. 또한 자율배식을 제공하는 단체급식소의 경우에도 제공되는 음식의 양에 대한 무게와 식수를 파악한 후 1인 분량과 잔반량을 분석하여 판매량에 대한 추적을 적용할 수 있다.

초기에 단체급식이 복지의 일환으로 직영운영일 때는 단일 식단으로 경영마인드 없이 실시되었으나, 1980년 후반 위탁운영방식이 단체급식에 도입되고 더욱이 대기업 케이터링업체의 단체급식시장 점유율도 높아져 경영적인 측면이 부각되었으며 단일 급식의 단조로움을 해결하고자 복수식단, 카페테리아식단 등의 형태로 발전하였다.

현재 규모가 일정수준 이상 되는 단체급식소에서는 대부분 2가지 이상의 복수식단을 실시하는 경우가 많으므로, 이제는 메뉴엔지니어링이 반드시 필요하다.

메뉴엔지니어링은 급식대상자의 수요량, 메뉴믹스, 공헌마진 등을 고려해야 하는데 이는 메뉴가격에서 식재료비를 제외한 금액으로 메뉴의 수익성을 반영한다는 의미이다.

- 급식대상자의 수요량 : 일정기간 업소를 이용한 급식대상자의 수

메뉴엔지니어링 분석 요소

- 급식대상자의 수요량
- 판매된 아이템의 비율
- 각 메뉴 아이템의 수익에 공헌하는 마진

- 메뉴믹스 : 일정기간 급식대상자의 선호도에 따라 판매된 각 메뉴의 수량
- 공헌마진 : 각각의 메뉴들이 수익에 공헌하는 금액

(1) 메뉴엔지니어링의 기본 이해

메뉴엔지니어링은 마케팅적 접근에 의해 메뉴의 가격, 디자인, 내용을 평가하는 기법이다. 특징은 각 메뉴의 아이템들을 판매가격과 판매량에 따라 일정한 범주로 분류하여 평가가 가능하므로 이것을 이용하면 보다 많은 수익을 올리는 데 기여할 수 있다.

2가지 이상의 선택메뉴를 판매하는 단체급식소라면 메뉴엔지니어링 방법에 의해 각 메뉴들이 수익에 공헌하는 정도를 평가할 수 있게 하며 현재 판매하는 음식가격이 얼마나 적당한지, 메뉴의 식재료비율은 얼마가 적당한지, 이윤을 극대화할 수 있는 음식가격과 메뉴판매량은 어느 정도인지, 현재 메뉴 중 가격변경이나 삭제 등의 조치가 필요한지의 여부를 결정할 때 도움을 준다.

메뉴엔지니어링이 단체급식소나 레스토랑의 메뉴평가 도구로 개발된 것은 비교적 최근의 일이다. 식단가 비율이나 재고회전율 등으로 단체급식소 운영을 평가하는 방법이 효과적이지 않다고 인식되면서 메뉴에 대한 인식이 달라지기 시작하였다. 메뉴가 단순한 판매를 위해 나열된 목록이 아니라, 판매에 지대한 영향을 주고 이윤증가에 사용되는 강력한 마케팅 도구라는 점을 인식하기 시작한 것이다.

일반적으로 메뉴의 가격 책정 시에 흔히 비용승수법cost-multiplier pricing formula이 많이 사용된다. 이 방법은 단체급식소의 식단가 비율 기준에 따라 메뉴의 판매가격을 결정하는 방법이다. 예를 들어, 식단가 비율을 30%로 정한 경우 단가가 1,500원인 식사의 판매가격은 1,500원/0.3=5,000원이 된다. 이것은 언뜻 합리적인 것 같으나 그렇지 않다. 예로, 식단가 비율이 30%인 메뉴 A의 가격이 5,000원이고 식단가 비율이

50%인 메뉴 B의 가격이 8,000원이라고 했을 때 식단가 비율만 가지고서 메뉴 B보다 메뉴 A가 더 수익성이 있는 메뉴라고 할 수 없다.

메뉴	판매가격(원)	식단가(원)	식단가비율(%)	마진(원)
A	5,000	1,500	30	3,500
B	8,000	4,000	50	4,000

위의 표에서 보듯이 수익에 공헌하는 것은 낮은 식단가 비율이 아니라 마진이라는 것이다. 그런데 메뉴평가 시 한 가지 더 고려할 점이 급식대상자들의 메뉴 선호도이다. 다음과 같이 동일 메뉴를 제공하고 판매한 총식수는 같을지라도 메뉴별 수요의 차이에 따라 메뉴의 총마진 합계액이 달라지며 전체 수익에 기여하는 정도가 달라지게 된다.

메뉴	판매량(식)	판매가격(원)	식단가(원)	마진(원)
A	200	5,000	1,500	3,500×200=700,000
B	100	8,000	4,000	4,000×100=400,000
합계 : 1,100,000				

메뉴	판매량(식)	판매가격(원)	식단가(원)	마진(원)
A	100	5,000	1,500	3,500×100=350,000
B	200	8,000	4,000	4,000×200=800,000
합계 : 1,150,000				

이상에서 살펴본 바와 같이, 메뉴에 대한 평가 시 식단가 비율 자체만으로 평가하는 기존의 관점보다는 메뉴의 마진과 급식대상자의 메뉴에 대한 선호도(판매량)를 기준으로 하는 다른 관점에서 볼 필요가 있다. 이런 점에 착안하여 메뉴를 평가하고자 하는 기법이 바로 메뉴엔지니어링이다.

(2) 메뉴엔지니어링의 운영방법

메뉴엔지니어링에 사용되는 작업일지는 1~6단계에 나타나 있으며, 다음과 같은 단계로 진행하면 된다.

1단계

아래 작업일지에 메뉴명, 판매량, 식단가, 판매가를 기입한다.

(a) 메뉴명	(b) 판매량	(c) 메뉴 믹스 비율	(d) 식단가	(e) 판매가	(f)공헌 마진	(g)메뉴 비용	(h)메뉴 수익	(l)메뉴 공헌마진	(p)공헌 마진분류	(r)메뉴 믹스비율 분류	(s)메뉴 판정
					(e-d)	(d×b)	(e×b)	(f×b)	(f와 0 비교)	(c와 q 비교)	(p와 r 참고)
설렁탕	365		3,280	10,000							
오므라이스	158		2,160	8,000							
갈치구이	217		5,000	12,000							
물냉면	286		3,640	10,000							
합계	(n)				(i)	(j)	(m)				
					(k)	(o)	(q)				

2단계

판매량의 합을 내어 메뉴믹스비율을 계산한다.

(n) 판매량 합계 = 메뉴들의 판매량(b)의 총합

(c) 메뉴믹스 비율 = 각 메뉴의 판매량(b) ÷ 판매량의 합계(n) × 100

(a) 메뉴명	(b) 판매량	(c) 메뉴 믹스 비율	(d) 식단가	(e) 판매가	(f)공헌 마진	(g)메뉴 비용	(h)메뉴 수익	(l)메뉴 공헌마진	(p)공헌 마진분류	(r)메뉴 믹스비율 분류	(s)메뉴 판정
					(e-d)	(d×b)	(e×b)	(f×b)	(f와 0 비교)	(c와 q 비교)	(p와 r 참고)
설렁탕	365	35.6	3,280	10,000							
오므라이스	158	15.4	2,160	8,000							
갈치구이	217	21.2	5,000	12,000							
물냉면	286	27.9	3,640	10,000							
합계	(n)				(i)	(j)	(m)				
	1,026										
					(k)	(o)	(q)				

3단계

공헌마진, 메뉴비용, 메뉴수익, 메뉴공헌마진을 계산한다.

(f) 공헌마진 = (e) 판매가격 − (d) 식단가

(g) 메뉴비용 = (d) 식단가 × (b) 판매량

(h) 메뉴수익 = (e) 판매가 × (b) 판매량

(l) 메뉴공헌마진 = (f) 아이템 공헌마진 × (b) 판매량

(a) 메뉴명	(b) 판매량	(c) 메뉴 믹스 비율	(d) 식단가	(e) 판매가	(f)공헌 마진	(g)메뉴 비용	(h)메뉴 수익	(l)메뉴 공헌마진	(p)공헌 마진분류	(r)메뉴 믹스비율 분류	(s)메뉴 판정
					(e-d)	(d×b)	(e×b)	(f×b)	(f와 0 비교)	(c와 q 비교)	(p와 r 참고)
설렁탕	365	35.6	3,280	10,000	6,720	1,197,200	3,650,000	2,452,800			
오므라이스	158	15.4	2,160	8,000	5,840	341,280	1,264,000	922,720			
갈치구이	217	21.2	5,000	12,000	7,000	1,085,000	2,604,000	1,519,000			
물냉면	286	27.9	3,640	10,000	6,360	1,041,040	2,860,000	1,818,960			
합계	(n)				(i)	(j)	(m)				
	1,026										
					(k)	(o)	(q)				

4단계

(i) 총비용, (j) 총수익, (m) 총공헌마진을 계산한다.

(i) 총비용 = 메뉴비용(g)의 총합

(j) 총수익 = 메뉴수익(h)의 총합

(m) 총공헌마진 = 메뉴공헌마진(l)의 총합

(a) 메뉴명	(b) 판매량	(c) 메뉴 믹스 비율	(d) 식단가	(e) 판매가	(f)공헌 마진	(g)메뉴 비용	(h)메뉴 수익	(l)메뉴 공헌마진	(p)공헌 마진분류	(r)메뉴 믹스비율 분류	(s)메뉴 판정
					(e-d)	(d×b)	(e×b)	(f×b)	(f와 0 비교)	(c와 q 비교)	(p와 r 참고)
설렁탕	365	35.6	3,280	10,000	6,720	1,197,200	3,650,000	2,452,800			
오므라이스	158	15.4	2,160	8,000	5,840	341,280	1,264,000	922,720			
갈치구이	217	21.2	5,000	12,000	7,000	1,085,000	2,604,000	1,519,000			
물냉면	286	27.9	3,640	10,000	6,360	1,041,040	2,860,000	1,818,960			
합계	(n)				(i)	(j)	(m)				
	1,026				3,664,520	10,378,000	6,713,480				
					(k)=i/j×100	(o)=m/n	(q)=(100÷메뉴수)×0.7				

5단계

(k) 총비용비율, (o) 평균공헌마진, (q) 70% rule 메뉴믹스비율을 계산한다.

(k) 총비용비율 = 총비용(i) ÷ 총수익(j) × 100

(o) 평균공헌마진 = 총공헌마진(m) ÷ 총판매량(n)

(q) 70% rule 메뉴믹스 비율 = (100 ÷ 메뉴의 개수) × 0.7

(여기서 70% rule 메뉴믹스 비율이란 메뉴공학에서 메뉴의 인기도를 판정할 때 사용하는 일종의 규칙으로 특정 아이템의 메뉴믹스 비율이 전체 판매량의 70%를 넘어선 경우 판매량이 높다고 판정)

(a) 메뉴명	(b) 판매량	(c) 메뉴 믹스 비율	(d) 식단가	(e) 판매가	(f)공헌 마진 (e-d)	(g)메뉴 비용 (d×b)	(h)메뉴 수익 (e×b)	(l)메뉴 공헌마진 (f×b)	(p)공헌 마진분류 (f와 0 비교)	(r)메뉴 믹스비율 분류 (c와 q 비교)	(s)메뉴 판정 (p와 r 참고)
설렁탕	365	35.6	3,280	10,000	6,720	1,197,200	3,650,000	2,452,800			
오므라이스	158	15.4	2,160	8,000	5,840	341,280	1,264,000	922,720			
갈치구이	217	21.2	5,000	12,000	7,000	1,085,000	2,604,000	1,519,000			
물냉면	286	27.9	3,640	10,000	6,360	1,041,040	2,860,000	1,818,960			
합계	(n)				(i)	(j)	(m)				
	1,026				3,664,520	10,378,000	6,713,480				
					(k)=i/j×100	(o)=m/n	(q)=(100÷메뉴수)×0.7				
					35.3	6,543.4	17.5				

6단계

(p) 공헌마진과 (r) 메뉴믹스비율 분류에 따라(s) 메뉴아이템을 판정한다.

공헌마진도 높고 메뉴믹스 비율도 높은 경우 Star 메뉴로 그대로 유지하면 되는 메뉴이고,
공헌마진은 높으나 메뉴믹스 비율이 낮으면 Puzzle 메뉴로 위치 조정이 필요하며,
공헌마진은 낮으나 메뉴믹스 비율이 높으면 Plowhorse 메뉴로 가격 조정이 필요하며,
공헌마진도 낮고 메뉴믹스 비율도 낮으면 Dog 메뉴이므로 다른 메뉴로 교체하여야 한다.

(a) 메뉴명	(b) 판매량	(c) 메뉴 믹스 비율	(d) 식단가	(e) 판매가	(f)공헌 마진 (e-d)	(g)메뉴 비용 (d×b)	(h)메뉴 수익 (e×b)	(l)메뉴 공헌마진 (f×b)	(p)공헌 마진분류 (f와 0 비교)	(r)메뉴 믹스비율 분류 (c와 q 비교)	(s)메뉴 판정 (p와 r 참고)
설렁탕	365	35.6	3,280	10,000	6,720	1,197,200	3,650,000	2,452,800	high	high	star
오므라이스	158	15.4	2,160	8,000	5,840	341,280	1,264,000	922,720	low	low	dog
갈치구이	217	21.2	5,000	12,000	7,000	1,085,000	2,604,000	1,519,000	high	high	star
물냉면	286	27.9	3,640	10,000	6,360	1,041,040	2,860,000	1,818,960	low	high	plowhorse
합계	(n) 1,026				(i) 3,664,520	(j) 10,378,000	(m) 6,713,480				
					(k)=i/j×100 35.3	(o)=m/n 6,543.4	(q)=(100÷메뉴수)×0.7 17.5				

메뉴엔지니어링 결과 공헌마진과 메뉴믹스 분류에 따라 Star, Plowhorse, Puzzle, Dog로 분류할 수 있다 **그림 2-5**.

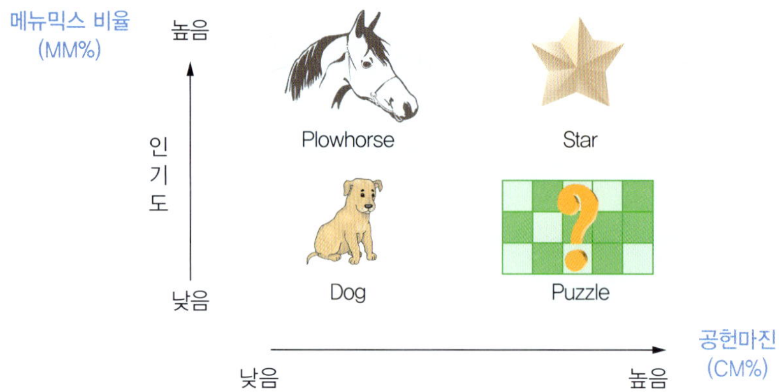

그림 2-5 메뉴엔지니어링 매트릭스

(3) 메뉴엔지니어링의 활용

메뉴엔지니어링의 결과로 분류된 Star, Puzzle, Dog, plowhorse에 대한 정확한 의사결정을 내리기는 쉽지 않다. 각 아이템이 어떠한 분류에 속하는가에 따라 다음의 표 2-22에 제시된 조치를 취하라고 권장하고 있으나 이는 이론적으로 제시되는 조치로서 관리자의 경험, 단체급식소의 여건, 운영의 성격 등의 여러 정보를 종합하여 최종적으로 결론을 내릴 필요가 있다.

각 분류에 따라 좀 더 자세한 의사결정 내용을 참고로 제시하여 보면 다음과 같다.

표 2-21 메뉴엔지니어링 분석 결과에 따른 조치

분류	필요한 조치
Star	Retain(유지)
Plowhorse	Reprice(가격 재조정)
Puzzle	Repositionning(위치 재조정)
Dog	Replace(다른 메뉴로 교체)

이러한 내용도 일반적인 경우에 해당되는 조치들이라는 점을 염두에 두어야 한다.

Star로 판정된 아이템들은 인기도 높고 이윤도 높은 아이템으로 대개 그 단체급식소의 대표적인 메뉴이다. 계속적인 관리로 고수익 아이템으로 유지시킬 필요가 있다. 품질, 1일 불량 등에 대하여 엄격하게 표준화·규격화하여 그 질을 유지하도록 한다. 특히 Superstar 아이템의 경우는 가격 상승 시에도 타격을 받지 않으므로 고려해 본다.

Plowhorse 아이템은 다소 인기는 있지만 공헌마진이 낮은 메뉴이다. 가격탄력성이 크다면 최소한의 비용만을 인상시키거나 급식대상자에게 반감을 주지 않는 범위에서 재료비를 줄이도록 한다. 그 외에도 Plowhorse 아이템의 위치를 눈에 잘 안 띄는 곳으로 옮기고 마진이 높은 아이템을 눈에 잘 띄는 곳에 두어 급식대상자들이 마진이 더 높은 아이템을 선택하도록 유도하거나, 단가가 싼 다른 몇 개 아이템과 묶어서 패키지 상품으로 판매하면 마진이 증대되는 효과가 있다.

Puzzle 아이템은 공헌마진이 높지만 인기가 낮은 아이템으로 메뉴를 좀 더 눈에 잘 띄도록 하여 급식대상자 수요를 늘리든가 가격을 낮추어 수요를 증가시켜 본다. 이외에도 메뉴 이름을 좀 더 친숙한 이름이나 문구로 바꾸거나 판촉전략을 사용, 특선요리에 포함시키거나 급식대상자에게 권하도록 한다.

Dog 아이템은 품질이나 조리, 재고 누적 등의 문제를 일으킬 수 있으므로 전체 메뉴에서 이에 해당하는 아이템의 수를 제한하도록 해야 한다.

이와 같이 메뉴엔지니어링은 메뉴를 마케팅적 접근에 의해 파악함으로써 메뉴를 그 자체의 고정된 것으로 인식하는 데서 벗어나 급식대상자와 단체급식소 간의 유동적인 상호관계 속에서 평가할 수 있다는 점이 장점이라고 할 수 있다. 메뉴엔지니어링을 급식에 도입함으로써 관리자는 급식 환경변화가 메뉴에 미치는 영향에 대해 보다 적극적이고 유연하게 대처할 수 있다.

4. 급식메뉴관련 정보관리

컴퓨터는 조직사회 및 경영체계의 혁신을 이룩해 놓았으며, 현대의 과학기술 시대의 산물로서 중요한 역할을 담당해 오고 있다. 또한 다량의 정보를 신속·정확하게 처리하여 경영자가 유용하게 활용할 수 있도록 함으로써 조직 경영을 위해 보다 나은 의사결정을 하도록 도와주고, 조직을 통제하는 데 필수적인 역할을 담당하고 있다.

컴퓨터를 활용한 급식관리체계는 급식관리자에게 원가통제 및 노동비 활용 등에 관한 정보를 제공해 줌으로써 의사결정을 효과적으로 수행할 수 있도록 하여 조직 운영의 효과 및 효율성을 제고할 수 있으며, 반복적이고 일상적인 급식업무를 효과적으로 완수할 수 있다.

최근 컴퓨터를 이용한 다양한 급식관리 프로그램이 개발되어 급식소에서 사용되고 있다. 여기에서는 급식소에서 많이 사용되고 있는 그린테크 시스템의 '오토쿡프로그램'을 사용하여 메뉴관리관련 식단 작성, 영양량 산출, 주간식단표 등의 구동장면을 제시하였다 **그림 2-6, 그림 2-7, 그림 2-8**.

작성방법은 '식단계획' 메뉴에서 식단계획 작성을 선택한 후 날짜를 지정한다. 요리명(쌀밥·감자국 등)을 선택하여 입력한 후 식단을 작성하고 식단표를 선택하면 주간식단표 및 영양산출표를 출력할 수 있다.

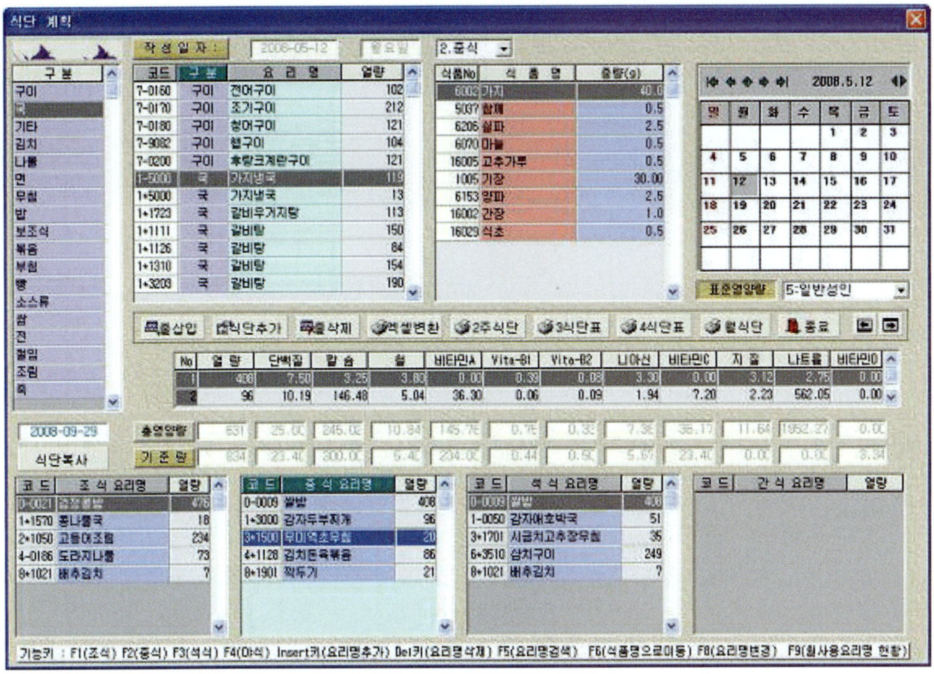

그림 2-6 식단계획

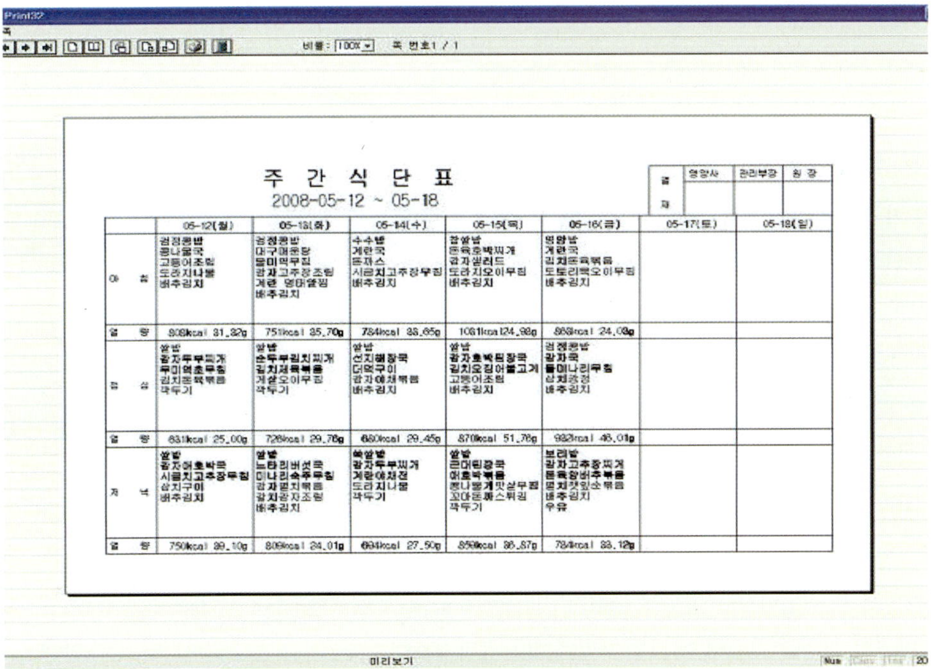

그림 2-7 주간식단표

CHAPTER 02 급식메뉴관리

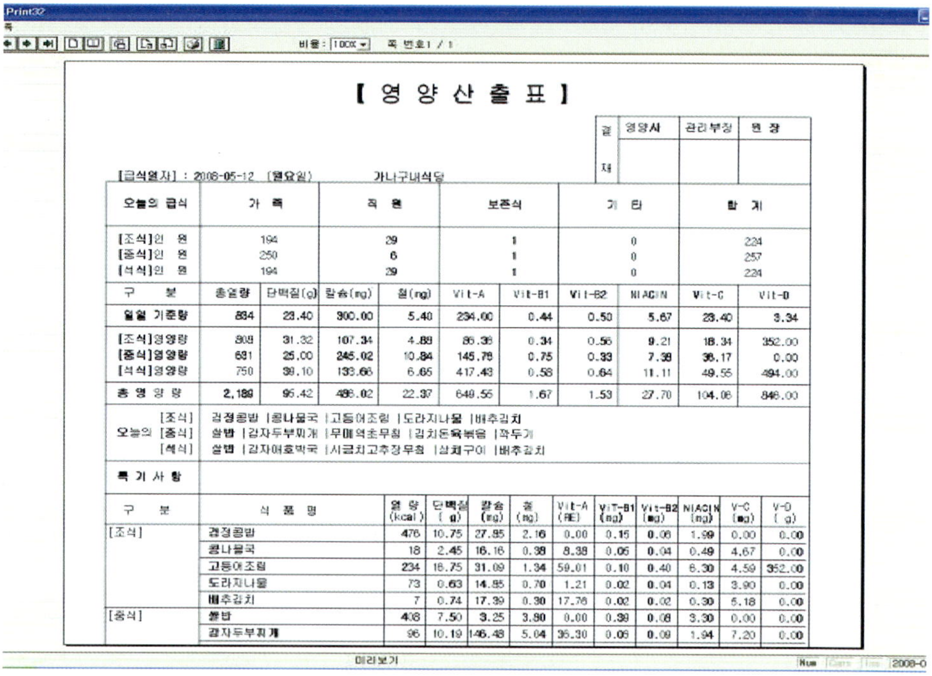

【 영 양 산 출 표 】

결재	영양사	관리부장	원 장

[급식일자] : 2008-05-12 (월요일) 가나구내식당

오늘의 급식	가 족	직 원	보존식	기 타	합 계
[조식]인 원	194	29	1	0	224
[중식]인 원	250	6	1	0	257
[석식]인 원	194	29	1	0	224

구 분	총열량	단백질(g)	칼슘(mg)	철(mg)	Vit-A	Vit-B1	Vit-B2	NIACIN	Vit-C	Vit-D
일일 기준량	834	23.40	300.00	5.40	234.00	0.44	0.50	5.67	23.40	3.34
[조식]영양량	808	31.32	107.34	4.88	86.36	0.34	0.56	9.21	18.34	352.00
[중식]영양량	631	25.00	245.02	10.84	145.76	0.75	0.33	7.38	36.17	0.00
[석식]영양량	750	39.10	133.66	6.65	417.43	0.58	0.64	11.11	49.55	494.00
총 영 양 량	2,189	95.42	486.02	22.37	649.55	1.67	1.53	27.70	104.06	846.00

오늘의 [조식]	검정콩밥 |콩나물국 |고등어조림 |도라지나물 |배추김치
오늘의 [중식]	쌀밥 |감자두부찌개 |무매억초무침 |김치돈육볶음 |깍두기
오늘의 [석식]	쌀밥 |감자애호박국 |시금치고추장무침 |삼치구이 |배추김치
특 기 사 항	

구 분	식 품 명	열 량 (kcal)	단백질 (g)	칼슘 (mg)	철 (mg)	Vit-A (RE)	ViT-B1 (mg)	Vit-B2 (mg)	NIACIN (mg)	V-C (mg)	V-D (g)
[조식]	검정콩밥	476	10.75	27.85	2.16	0.00	0.15	0.06	1.99	0.00	0.00
	콩나물국	18	2.45	16.16	0.38	8.38	0.05	0.04	0.49	4.67	0.00
	고등어조림	234	16.75	31.09	1.34	59.01	0.10	0.40	6.30	4.59	352.00
	도라지나물	73	0.63	14.85	0.70	1.21	0.02	0.04	0.13	3.90	0.00
	배추김치	7	0.74	17.39	0.30	17.76	0.02	0.02	0.30	5.18	0.00
[중식]	쌀밥	408	7.50	3.25	3.80	0.00	0.39	0.08	3.30	0.00	0.00
	감자두부찌개	96	10.19	146.48	5.04	36.30	0.06	0.09	1.94	7.20	0.00

그림 2-8 영양산출표

알아보기 반조리 식품 활용한 메뉴 차별화

WHO 가공육 발암 위험성 경고 뒤… 갈수록 커지는 혼란

현대그린푸드 스마트푸드센터에서는 마라샹궈, 리코타치즈 샐러드 등 레스토랑에서나 판매할 법한 메뉴들이 만들어지고 있었다. 하루에 생산되는 급식 메뉴는 800여 개에 달한다. 현대그린푸드가 1000억원을 투자해 수작업으로 이뤄지던 조리 공정을 자동화한 결과다. 스마트푸드센터는 전처리를 도맡는 공간이다. 과거 각 사업장에서 행해야 했던 단순 반복 작업을 스마트푸드센터의 센트럴 키친(중앙집중식 조리 시스템·CK)이 대신해주고 있다. 당근, 양파 등 채소의 이물질을 세척하고 고기와 양념 수백kg을 섞는 작업, 포장과 최종 이물질 검사 등이 이곳에서 이뤄진다. 조리원이 수작업으로 했던 조리 공정의 40%가량을 설비로 해결하는 것이다. 각 사업장의 작업자들은 반조리된 식품을 가열하거나 그릇에 옮겨 담기만 하면 된다. 현대그린푸드는 스마트푸드센터에서 생산한 반조리 식품을 활용해 메뉴를 차별화했다. 부채살트러플자장면, 모둠그릴파히타, 슈바인학

(계속)

센 등 외식 트렌드를 반영한 메뉴를 개발해 단체급식 사업장에 제공한다. 현대그린푸드가 취급하는 메뉴 중 반조리 식품을 활용한 메뉴는 공장 가동 첫해 5%에 불과했지만 지금은 25%까지 늘어났다. 현대그린푸드 관계자는 "각 사업장의 조리원들은 식재료 조달과 조리 시간, 인력 수급에 대한 걱정 없이 다양한 메뉴를 선보일 수 있다"며 "올해 반조리 식품을 활용한 메뉴 비중을 50%로 높일 계획"이라고 말했다.

출처 : 한국경제, 2023. 7. 10.

알아보기 메뉴부터 저탄소 자동화 시스템 구축

'탄소발자국'이란 제품 및 서비스의 원료 채취, 생산, 수송·유통, 사용, 폐기 등 전 과정에서 발생하는 온실가스 배출량을 이산화탄소(CO_2)로 환산한 것으로 kg으로 표기한다. 단체급식은 제조공정이 동일한 가공식품과 달리 매 끼니마다 메뉴가 달라지고 같은 메뉴도 사업장에 따라 식자재 원산지와 레시피가 달라지는 특성 때문에 메뉴별 탄소발자국을 일일이 산정하는 것이 사실상 불가능했다.

이에 삼성웰스토리는 메뉴가 환경에 미치는 영향을 정량적인 데이터로 측정, 표시하는 메뉴 탄소발자국 자동 산정 시스템 개발을 추진하고, 이를 위해 메뉴엔지니어링그룹 산하에 전담인력을 구성해 지난 1년간 탄소발자국 자동 산정 시스템을 개발해왔다.

삼성웰스토리는 국제 환경영향평가기법에 근거해 메뉴 제공의 전 과정 즉, 식자재의 생산부터 수송, 조리, 보관의 각 단계에서 발생한 탄소배출량 전체를 산정해냈다. 먼저 3만 개의 표준 메뉴에 사용되는 전체 식자재를 700여 개로 표준화해서 각 식자재별로 생산과정에서 발생하는 탄소배출량을 산정했다.

이어 수송단계에서는 국내의 경우 권역별 수송거리를, 해외는 55개국의 항구를 매칭해 국내까지의 표준항해거리를 산출함으로써 식자재 수송단계의 탄소배출량을 확인했다. 조리 단계에서는 표준 레시피의 메뉴 조리 시 사용되는 주방 기기의 전력량과 조리시간을 바탕으로 배출되는 탄소량을 산출했다.

마지막으로 보관 단계는 메뉴를 고객에게 제공하기 전에 냉장·보온할 경우 소요된 전력량을 매칭해 탄소배출량을 측정했다. 이렇게 구축된 탄소발자국 산정 시스템은 구내식당의 메뉴 편성 시스템과 연동돼 영양사가 메뉴를 계획하면 자동으로 탄소발자국이 산정되도록 했다.

이번에 개발한 메뉴 탄소발자국 산정 시스템을 활용해 삼성웰스토리가 운영하는 주요 사업장의 탄소발자국을 측정한 결과, 한 끼 식사에서 평균 1.9kg의 이산화탄소가 발생하고 있음을 확인했다. 삼성웰스토리는 이 데이터를 기준으로 평균보다 10% 이상 탄소발자국이 낮은 메뉴를 저탄소 메뉴로 지정해 제공한다는 계획이다.

삼성웰스토리 관계자는 "이번 시스템 구축은 우리가 매일 먹는 음식이 환경에 미치는 영향을 눈에 보이는 데이터로 제시할 수 있게 됐다는 점에서 의미가 있다"며 "건강을 위해 영양정보를 확인하듯 환경을 위해서도 메뉴 탄소발자국에 관심을 갖는 문화가 단체급식 전반에 확산될 수 있도록 노력을 지속해 나갈 것"이라고 밝혔다.

출처 : 대한급식신문, 2023. 3. 22.

알아보기 외식 프랜차이즈의 구내식당 진출

식자재유통 전문기업 CJ프레시웨이가 고객사인 외식 프랜차이즈와기업의 동반성장 구조 구축에 나섰다.

CJ프레시웨이는 외식 프랜차이즈기업과 단체 급식, 구내식당 등 이종 업계 고객사를 연계했다. 외식물가가 치솟는 가운데, 상대적으로 저렴한 구내식당에서 유명 외식프랜차이즈의 제품을 맛볼 수 있어 소비자의 호평이 이어지고 있다.

CJ프레시웨이 관계자는 "보유한 인프라를 활용해 고객사의 사업 확장을 돕는 '푸드 비즈니스 파트너' 모델의 사업을 확대하고 있다"며 "식자재 공급 외에도 프랜차이즈 지식재산권(IP)을 활용한 상품 출시 등을 요청하는 고객사가 늘어나고 있다"고 말했다. CJ프레시웨이는 프랜차이즈 가맹본부의 대표 메뉴를 단체급식 점포에서 선보이고 있다. 또 학교 급식 상품으로 판매해 프랜차이즈 기업의 매출 확대를 지원했다. CJ프레시웨이 입장에서는 프랜차이즈 기업 고객의 충성도를 높일 수 있다. 이는 CJ프레시웨이가 보유한 △외식·급식업체 등 다양한 공급처 △브랜드·메뉴 컨설팅 △운영 매뉴얼 △외식 솔루션 역량 등 유무형의 인프라 덕분에 가능한 사업모델이다.

CJ프레시웨이가 식자재를 공급하고 있는 외식 가맹점은 지난 1·4분기 기준 1만 869곳에 달한다. 이는 전년 동기 대비 약 27% 늘어난 수치다. 외식 브랜드 수도 436개다.

출처 : 파이낸셜뉴스, 2023. 7. 2.

1. 식단 계획을 위하여 급식대상자의 특성을 파악한 후 필요한 영양소 섭취기준 등을 설정해 보자 (학교급식소·병원급식소·산업체급식소 등).

2. 급식소의 생산 시스템과 서비스 시스템을 결정하고 식단의 특징을 파악해 보자.

3. 식사구성안을 활용하여 급식소의 일주일 식단을 작성해 보자.

		아침	점심	저녁	간식
식단 / 식품군별 권장횟수					
곡류					
고기·생선·달걀·콩류					
채소류					
과일류					
우유·유제품류					

CHAPTER

03

급식구매관리

1. 급식구매관리 개요 | 2. 구매시장 | 3. 구매절차
4. 저장관리 | 5. 급식구매관련 정보관리

CHAPTER 03

단체급식에서의 구매는 계획된 메뉴에 의해서 이루어지며 그 과정은 매우 복잡하고 다양하다.

구매에서 가장 중요한 점은 급식에서 사용되는 식재료나 물품을 필요한 때에, 적절한 품질로, 알맞은 양을 구입하는 데 있다. 특히 급식산업에서의 효율적인 구매관리는 생산성 향상과 급식대상자에게 양질의 음식 제공을 목적으로 하는 경영활동의 첫 번째 관리분야로서 구매업무가 급식경영에 차지하는 비중은 점점 더 커지고 있다. 따라서 본 장에서는 단체급식의 구매업무에 포함되는 구매, 검수, 저장, 재고관리의 기초적 지식과 기술을 다룬다.

학습목표

1. 단체급식에서의 구매관리의 목적, 기본활동을 이해할 수 있다.
2. 구매시장과 식품의 유통경로를 이해할 수 있다.
3. 구매방법과 절차를 알 수 있다.
4. 올바른 검수방법과 절차를 알 수 있다.
5. 식품에 따른 적절한 저장방법과 관리기능을 이해할 수 있다.
6. 구매, 검수, 저장단계에서의 위생관리법을 적용할 수 있다.
7. 재고관리 유형을 이해하고 올바르게 활용할 수 있다.

1. 급식구매관리 개요

1) 구매의 개념

구매란 소비자가 상품 구입을 위해 계약체결 상담을 하고 그 계약에 따라 상품을 인도받고 대금을 지불하는 과정을 말하며, 급식에서의 구매활동은 식품을 선택하고 획득하는 데 집중된다고 할 수 있다.

구매의 의미를 살펴보면 광의의 구매활동에는 재료의 구매뿐만 아니라 토지, 건물, 기계, 비품 등 모든 설비와 노동력의 조달까지도 포함된다. 협의의 구매활동에서는 원재료나 제품의 구매 행위만을 목적으로 한다. 한편, 구매의 개념을 명확히 하기 위해서는 구매purchasing와 조달procurement의 의미를 비교해 볼 필요가 있다.

즉, 구매는 조직 외부의 재화나 용역을 획득하는 것에 국한되는 것에 반해, 조달은 조직 내·외부에서 이루어지고 있는 재화, 용역, 자금, 통제관리, 검사 등 모든 취득행위와 관련된 여러 가지 활동이라고 정의할 수 있으며, 단체급식에서의 구매는 협의의 구매 활동뿐만 아니라 조달의 의미도 포함한다고 할 수 있다.

2) 구매관리의 정의와 목적

구매관리란 급식 경영계획에 따라 급식 생산계획을 달성할 수 있도록, 급식 생산에 필요한 식재료나 특정 물품을 적정 납품업자로부터 최적 품질을 확보하여 필요한 시기에 필요한 수량만큼을 최소의 비용으로 구입하고자 하는 목적으로 실시하며 구매를 계획·실시·통제하는 일련의 관리활동을 의미한다. 특히 단체급식에서는 생산과정과 판매활동이 동시에 수행되므로 구매업무가 급식활동의 기초가 된다.

효율적인 구매관리는 조직의 재정적인 면에 큰 영향을 미쳐 급식의 성패를 좌우하는 주요 관리활동이 된다. 따라서 구매 담당자에게는 식품이 갖는 특수성을 잘 이해하고, 유통구조에 대한 전반적인 지식을 보유하며, 경영기능도 잘 수행할 수 있는 능력이 요구된다. 체계적인 구매관리가 이루어지면 구매관리의 전문성이 향상될 수 있고, 원가절감과 음식의 품질 향상 및 급식대상자 만족 등 효율적인 급식경영관리 효과를 기대할 수 있다.

3) 급식소 식품유통의 변화

제품이 생산자로부터 최종소비자에게로 이동되는 과정에 관련된 중간 상인들의 집합을 유통경로라고 한다. 이러한 제품의 유통경로는 농산물, 수산물, 생산재, 소비재 등 제품의 성질, 품목, 기업의 판매경로, 정책에 따라 다르게 나타나는 것이 일반적이다.

과거에는 생산자, 대리상, 도매상, 소매상을 거쳐 최종소비자에게 오는 복잡한 단계의 유통경로를 따르는 품목이 많았으나, 시장경제의 사회적 환경 변화로 이러한 유통경로도 매우 많은 변화가 있는 실정이다.

예를 들어, 소매업체의 체인화와 규모화가 진행되면서 자체 물류센터의 기능이 강화되었고, 산지 직거래, 뉴미디어를 이용한 마케팅의 등장으로 인터넷마케팅, 전자상거래, 텔레마케팅 등 다양한 유통경로가 출현하게 되었다.

즉, 오늘날은 최종소비와 농업생산 사이의 거리가 멀어지면서 식품의 공급에서 식품산업의 역할이 더 중요해지고 있으며, 특히 식품산업 부문의 기업행위가 푸드시스템 변화를 주도하고 있다. 식품제조업과 농업 간 상호연계 정도를 나타내는 국내 농·축·수산물의 식품가공분야 투입률은 가공원료, 반가공식품의 수입의존도가 갈수록 심화됨에 따라 감소하고 있다. 또한 소매 유통혁명에 따라 대형 할인점이 식품유통시장을 지배하는 구조가 형성되고, 기업형 외식의 급성장, 음식점업의 산업화 현상 등으로 도매시장 유통 중심의 기존 식재료 유통시스템에도 변화가 나타나 산지와의 새로운 관계를 형성하면서 농업부문에 적지 않은 영향을 주고 있다.

그 외 해외조달global sourcing이나 시장 외 유통경로 구축 등 새로운 형태의 유통경로 형성이 시도되고 있다.

그리하여 식재료 유통회사와 같은 전문업체에 의한 식재료 유통방식에서는, 저장성이 있는 농산물은 농가로부터 직접 수매하거나 농협에 위탁 수매하여 저온창고 등에 저장하며, 신선채소류는 물류센터 인근의 시설채소 농가와 계약재배를 통해 수시로 물품을 공급받는 형태를 띠고 있다. 기타 채소와 축산물은 도매시장의 중도매인 또는 중매인을 대상으로 경매를 통해 공급업자를 선정하고, 가공식품의 경우는 제조업자를 대상으로 1~3개월 단위로 경매를 실시하여 공급업자를 선정하는 등 다양한 형태의 유통경로를 따른다.

2. 구매시장

시장market이란 물품이 생산자로부터 소비자에게 인도되고 그 소유권이 이전되는 장소로서 물품이 생산지로부터 소비자에게 이르는 모든 경로를 의미하기도 한다. 단체급식에서 주로 이용하는 식품시장은 크게 산지시장·도매시장·소매시장으로 분류할 수 있으며, 식품의 종류, 가공방법, 판매 장소 등에 따라 여러 형태의 중간상인과 유통경로가 존재한다.

1) 시장의 종류

(1) 산지시장

산지시장은 식품을 직접 재배, 수확, 획득, 저장하는 기능을 가지는 생산지시장을 의미한다. 산지시장은 넓은 의미로는 생산자의 판매시장을 의미하며, 좁은 의미로는 농촌의 농산물시장과 청과물시장, 어촌의 수산물시장 등을 의미한다.

(2) 도매시장

도매시장은 산지시장에서 다량의 물품을 구입하여 소매시장에 배분하기까지의 유통과정을 의미한다. 도매시장은 인구밀도가 높아 많은 소비가 이루어지는 지역에 위치하며 생산자와 도매상, 도매상과 소매상의 매개역할을 한다.

도매시장은 수요자와 공급자 간의 적정가격을 형성하며, 대량 집하 및 분산을 통해 수요·공급을 조절하고 신속한 거래을 촉진시킨다. 또한 대량출하 및 유통경로 단축에 따른 운임 및 기타 경비를 절감하여 유통경비를 절약할 수 있으며, 도매시장 내의 시설이 상법에 의하여 정해져 있기 때문에 거래상의 안전을 보장할 수 있다.

도매시장은 중앙 및 지방정부의 투자에 의해 도시지역에 개설된 공영도매시장(예: 서울가락도매시장, 부산반여농산물도매시장, 대구북부농수산물도매시장 등), 민간이 투자하여 건설 후 기부체납 또는 무상임대계약을 통해 지방자치단체가 개설한 일반법정도매시장(예: 서울노량진수산물도매시장, 대구한약재도매시장 등), 시·도로부터 민간이 개설허가를 받아 운영하는 민영도매시장(예: 군산민영농산물도매시장, 논산민영농산물도매시장 등)이 있다.

단체급식에 식재료를 납품하는 도매상의 형태를 살펴보면 단일 전문품목(과일류, 축

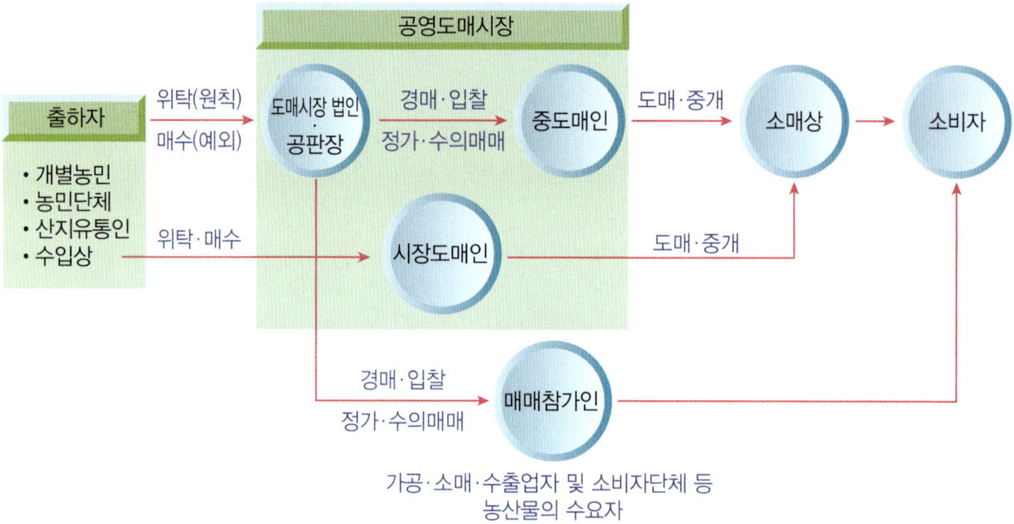

그림 3-1 도매시장의 거래체계도
출처 : 도매시장 통합 홈페이지(2023)

산물류, 잡곡류)만을 취급하는 산업도매상industrial wholesalers과 여러 식재료 품목을 종합적으로 취급하는 도매상인wholesale merchants 등이 있다.

(3) 소매시장

소매는 식품 및 서비스가 최종소비자인 구입자에게 판매되는 활동이다. 소매업은 식품의 경우 최초의 생산자로부터 식품구입자에게 이르는 유통과정 중 최종적인 것이다. 구매활동은 대부분의 경우 소매업자들과 식품구매자 간의 판매 및 구매활동으로 이루어진다. 그런데 제조업자들이나 농민들이 소비자에게 직매하는 경우에는, 도매상이 소비자에게 직매하는 경우와 같이 소매활동이나 소매업자가 아닌 사업단위로 이루어지는 경우도 있다.

소매상은 제품을 소비자의 요구에 맞추어 분산·공급하는 기능을 담당하고 있고, 계속적으로 새로운 형태의 상품과 서비스를 제공함으로써 상품 가격 결정, 촉진 판매 등에 중요한 역할을 한다.

소매상은 규모, 취급상품, 서비스 및 영업 방법, 소유형태, 입지 등에 따라 분류될 수 있다.

(4) 인터넷시장

인터넷시장은 1990년대 말부터 활성화되기 시작하였으며, 현재 급식소에서 이용가능한 인터넷시장으로는 학교급식 전자조달 시스템이나 지자체의 인터넷 직거래 장터, 기업체의 온라인 판매 대리점 등이 있다.

학교급식 전자조달 시스템은 2010년 5개 시·도 시범거래를 시작으로 적용하여 농수산물유통공사가 운영하고 있다 **그림 3-2**. 각 학교의 영양(교)사는 식단 작성 후 입찰등록을 하고 공급업체는 전자투찰을 통해 납품하게 되므로 이 시스템을 적극 활용할 경우 입찰에서 계약까지 3~4일, 시장조사에 3~4일 정도 소요되었던 기존의 구매방식에 비해 인적·물적 비용을 절감할 수 있으며, 식재료 400여 품목에 대한 표준화된 식품 규격이 제공되므로 거래절차가 공정해질 뿐만 아니라 지자체별 농수산물 직거래 활성화도 모색할 수 있다. 한편 이 시스템은 교육행정정보시스템NEIS, 식품의약품안전처와도 전산이 연계되므로 급식관리 업무의 효율이 증대될 수 있다.

그림 3-2 학교급식 전자조달 시스템
출처 : 농수산물사이버거래소 홈페이지(2023)

2) 시장조사

(1) 시장조사의 의의와 목적

시장조사란 과거와 현재의 상황을 조사한 후 분석을 통해 미래를 예측하는 것으로, 구매수립계획의 지침을 제공하는 미래지향적 활동이다. 따라서 시장조사는 구매활동에 필요한 자료를 수집하여 이를 분석·검토하고, 보다 좋은 구매방법을 발견함으로써 그 결과를 구매방침 및 결과에 적용하여 비용 절감과 이익 증대를 도모하기 위한 과학적인 조사기법을 통해 이루어져야 한다.

특히 단체급식에서 구매시장을 조사하는 목적은 식품 품목별에 따른 가격을 비교함으로써 시장상황에 대한 조사·분석을 통하여 위생적이며 신선하고 양질의 식재료를 값싸고 합리적인 가격으로 항상 규칙적으로 공급받는 데 있다. 식품 품목들에 대한 시장조사는 일정 기간 시장에서 거래되는 실제가격을 조사하게 된다.

이때 특정 식품의 가격 등락은 수요와 공급의 관계에 의존하게 된다. 따라서 급식업체는 구매하고자 하는 식품의 시장출하 상황, 물가 동향을 지속적으로 조사하고 분석하여 급식생산에 차질없이 식재료가 공급되도록 하되 원가측면에서도 유리한 방향으로 구매를 할 수 있도록 해야 한다.

(2) 시장조사의 내용

일반적으로 시장조사에서 행해지는 조사내용은 다음과 같으며, 이를 바탕으로 구매계획을 세우고 실행·통제하여야 한다.

- 품목 : 무엇을 구매할 것인가(제조회사, 대체품 등 고려)
- 품질 : 어떠한 품질과 가격의 물품을 구매할 것인가(가치 = 품질/가격으로 보았을 때 물품의 가치를 고려)
- 수량 : 얼마나 구매할 것인가(예비구매와 수량 절감, 보존성 고려)
- 가격 : 얼마에 구매할 것인가(물품의 가치와 거래조건 변경 등에 의한 가격 인하 여부 고려)
- 시기 : 언제 구매할 것인가(구매가격, 사용시기와 시장시세 고려)
- 구매거래처 : 어디서 구매할 것인가(다른 거래처로의 대체 고려)
- 거래조건 : 어떠한 조건으로 구매할 것인가(인수, 지불조건 등 고려)

(3) 시장조사의 종류

시장조사의 종류는 일반적으로 네 가지의 형태로 구분할 수 있다.

① 기본 시장조사

전반적인 경제정세와 관련업체의 동향을 수시로 조사하고 구매정책을 결정하기 위하여 시장조사를 하게 된다. 이 조사는 일반적인 경제동향을 예측하기 위한 것이므로 계속적으로 실시해야 하며 기초식재료의 시가, 납품업체의 수급변동상황, 구입처 대금결제조건 등을 조사한다.

② 품목별 시장조사

현재 구입하고 있는 물품의 수급변동, 가격변동에 대한 조사로 구매가격 산정의 자료나 구매시기, 구매수량 결정을 위한 자료로 활용된다.

③ 거래처 시장조사

현재 거래하고 있는 업자 및 제조원에 대한 경영상황과 장래계획에 대한 조사로서 일반적으로 거래처 개괄적 상황, 특색, 금융상황, 판매상황, 인력상황, 생산상황, 품질관리, 제조원가 등의 업무조사를 실시하여 계속적인 안정거래 가능 여부를 조사하는 것이다.

④ 유통경로 조사

유통경로는 구매가격에 직접적인 영향을 미치므로 어떠한 경로를 거쳐 급식소에서 사용하는 식재료와 물품 등이 유통되는가를 조사한다.

(4) 시장조사의 원칙

시장조사는 예산을 편성한 후 조사일정을 작성하고, 조사에 참여할 인원, 시간 및 비용을 고려해야 하며 다음과 같은 원칙을 바탕으로 조사한다.

① 비용 경제성의 원칙

시장조사에 소요된 비용이 이로부터 얻을 수 있는 이익을 초과하지 않도록 한다는 원칙으로 인력, 시간 등의 비용소요가 최소가 되도록 하여 시장조사의 비용과 효용성 간에 상호 조화가 이루어지도록 한다.

② 조사 적시성의 원칙

시장조사의 목적은 조사 자체에 있는 것이 아니므로 구매업무를 수행하는 소정의 기간 안에 완료되어야 한다. 조사내용이 충실하더라도 구매업무 수행에 이용될 수 없다면 소용이 없게 된다. 조사내용은 충실할수록 좋으나 그에 따라 조사에 드는 시간과 비용이 더 커지게 되므로 이들이 잘 조화되도록 노력하여야 한다.

③ 조사 탄력성의 원칙

시장의 수급 상황이나 가격은 여러 요인에 의해 영향을 받아 수시로 변동하게 되므로 시장조사의 결과분석 후 이미 그 조사가 이용될 수 없는 경우가 있다. 그러므로 시장의 상황 변동과 정책 변화에 탄력적으로 대응할 수 있는 조사가 되어야 한다.

④ 조사 정확성의 원칙

정확한 시장조사는 구매관리뿐만 아니라 원가관리, 경영관리, 생산관리, 품질관리에 많은 영향을 미치므로 시장동향이나 시세 추이 등을 정확하게 조사해야 한다.

⑤ 조사 계획성의 원칙

시장조사 전에는 반드시 계획을 수립하고 시장조사 원칙에 입각한 조사를 실시해야 시행착오를 줄이고 비용 절감이 가능하다.

(5) 시장조사의 관리

시장조사를 실시함에 있어 구매담당자는 조직의 내·외부에서 정보를 수집하는 역할을 하도록 노력하며, 일상업무를 통해서 얻은 정보는 필요에 따라 전달이 가능하도록 하고 기록으로 남겨야 한다.

시장조사가 계획적이고 능률적으로 실시되기 위해서는 기본 시장조사는 스태프staff 조직에 속한 부서나 담당자가 실시하는 것이 적절하다. 반면, 품목별 조사 및 거래처 조사는 내용적으로 깊이 알아야 하고 일상 급식업무를 통해 업자 또는 상사와 접촉함으로써 조사가 가능하므로 스탭 조직보다 라인line 조직에 속한 부서나 담당자가 하는 것이 좋다.

구매부서가 전문적으로 분리되어 있지 않은 직영급식소의 경우에는 영양사 개인이 구매시장조사를 하는 것보다 지역 단위의 영양사가 함께 공동시장조사를 실시하면 효과적이다. 그러나 공동시장조사를 실시하는 경우 조사하는 사람에 따라 식품명 표기 방법이 다르고, 조사규격이 구체화되지 않거나 조사기준이 불분명하여 조사 자체의 신뢰도나 객관성이 결여될 수 있으므로 시장조사 형식을 표준화한 후 공동조사를 실시하는 것이 바람직하다.

시장조사에 이용할 수 있는 일상적 시장정보원은 다음과 같다.

- 대인관계를 통해 입수되는 외부정보
- 카탈로그catalogue, 팸플릿pamphlet, 설명서 등(이러한 정보는 신제품이나 대체품에 대한 정보원으로서 품목·업종·회사별로 파일을 만들어 보존하여 자료로 활용한다.)
- 상공회의소, 업계의 단체에서 발행하는 업자명부나 기존 거래처의 명부(업자명부는 업자의 소재지, 회사규모, 상품명, 재무상황 등을 알 수 있고, 자사의 구매거래처를 선정할 때 중요한 정보원이 된다.)
- 신문, 잡지, 업계소식지, 정부기관 발행의 통계지, 월보 등의 각종 간행물
- 인터넷의 전문 정보사이트
- 도매시장을 중심으로 한 시장조사 및 동종 단체급식소 실제 거래가격 조사

시장조사 결과는 시장조사보고서로 작성하여 공급업체 선정이나 예상 식단가 작성에 활용한다. 또 한 달 단위로 급식소에 실제 납품된 식재료나 공산품의 단위당 단가를 상용거래단위표 표 3-1로 작성해 두면 시장조사보고서와 함께 급식구매관리와 급식

표 3-1 식재료 상용거래단위표의 예

식품명	단위	단위당 단가(원)	비고(품질등급)
닭(가슴살)	kg	5,500	1등급 이상
닭(볶음탕용)	kg	7,000	1등급 이상
돼지고기(뒷다리살)	kg	14,000	2등급 이상
돼지고기(목심)	kg	18,000	2등급 이상
돼지고기(삼겹살)	kg	27,000	2등급 이상
고등어	kg	13,000	상등급 이상
삼치	kg	24,000	상등급 이상
꽁치	kg	5,000	상등급 이상

원가관리 시 유용하게 이용할 수 있다.

실제로 식재료의 가격정보를 수집하고자 할 때는 신뢰할 수 있는 경로를 이용하고, 관련 서류에 수집한 정보의 출처를 반드시 명기한다. 시장조사는 정기적이고 지속적으로 실시하고, 자료의 변동이 있을 때는 즉각 수정하여 실시간 급식운영에 반영될 수 있도록 관리한다.

3) 구매방법과 구매계약

(1) 구매방법

구매방법의 형태는 구매하려고 계획한 물품의 성질, 구매량, 시장조건, 조직의 규모, 입지조건, 구매부문의 업무범위 등에 따라 달라지게 된다. 그러므로 어떠한 유형이 가장 적절한지 잘 선택해야 한다. 일반적으로 많이 이용되고 있는 구매방법의 형태는 다음과 같다.

① 분산구매와 집중구매

분산구매는 현장구매 또는 독립구매라고도 하며, 각 사업소나 조직 내 부문별로 필요한 물품을 분산하여 독립적으로 구매하는 방법이다. 주로 한 조직이 본사와 몇 개의 사업소로 이루어졌을 경우에 이용한다. 특히 시장성 품목, 구매지역에 따라 가격의 차이가 없는 품목, 소량 구입 품목, 사무용 소모품 및 기기 부속품 등의 구매에 유리하다.

표 3-2 집중구매 및 분산구매의 장단점

	분산구매	집중구매
장점	• 구매 절차 간단 • 자주 구매 가능 • 긴급 수요의 경우 유리 • 업자가 근거리에 있을 경우 경비 절감 및 사후 서비스에 유리	• 구매활동의 집중화로 비용 절감 • 일관된 구매방침에 따른 구매활동 수행으로 구매 집중도 향상 • 거래처 및 품질 관리 용이 • 재고관리 용이 • 전문적 구매활동으로 구매기능 향상 • 대량 구매에 따른 구매 가격 인하
단점	• 소량 구매로 인한 구입단가 상승 • 원거리 구매 시 불합리	• 복잡한 구매절차로 긴급 필요시 불리

집중구매는 본사구매, 중앙구매라고도 하며, 조직 전체에서 필요로 하는 물품을 한 개의 업소나 특정 조직 부문(구매부서)에 집중시켜 구매하는 방법으로, 조직의 규모가 큰 경우에 주로 이용한다. 특히, 고가 품목이나 조직 전체에서 공통적으로 사용하는 물품, 구매절차가 복잡한 물품의 구매에 주로 사용된다.

② 일괄위탁구매

일괄위탁구매one stop purchasing or single sourcing란 구매하고자 하는 물품의 양이 소량이면서 종류가 다양한 경우에 특정 업자에게 구입원가를 명백히 책정한 후 일괄위탁하여 구매하는 방식이다.

소규모의 급식업체가 많이 적용하고 있으며, 위탁받은 업체는 급식소에서 필요한 다양한 식재료와 물품을 제공한다. 구매담당자가 모든 구입물품에 대한 내용을 명백히 파악하기 어려울 때 유리하다. 그러나 한 업체와 단독거래를 할 경우, 물품이 급하게 필요할 때 해당업체의 사정으로 빠르게 제공받기 힘든 경우가 발생할 수도 있다.

일괄위탁구매는 공급자의 신뢰성과 효율성이 가장 중요한 요소가 되므로 이 방법으로 구매를 할 경우에는 공급업자의 평가와 긍정적 관계 형성에 신중을 기해야 한다.

③ 공동구매

공동구매는 구매력을 향상시키기 위한 협력구매라고 할 수 있으며, 경영자나 소유주가 서로 다른 조직체들과 공동으로 구매하는 방식이다. 공동구매는 각 급식소가 구매하려는 품목별 명세서에 동의한 후 협동조합이나 협회를 통해 구매가 이루어진다.

공동구매는 구매량이 많아 할인을 받을 수 있으므로 원가절감 효과를 기대할 수 있고, 개별 수매의 경우보다 공신력 있는 공급업체를 선정할 수 있어 공급력이 개선될 수 있다. 최근 우리나라 학교급식소에서도 공동구매 방안이 지역적으로 적극 도입되고 있다.

학교급식에서 구매업무의 공정성과 투명성을 확보하고, 식재료의 효율적인 구매로 양질의 급식을 제공하기 위하여 인근에 위치하거나 급식환경이 유사한 학교 간에 공동 발주·계약을 통한 공동구매제가 점차 확산되고 있다.

④ JIT 구매방법

JIT just-in-time 구매는 특정 기간의 급식생산에 필요한 식품의 양을 정확히 파악하여 필요량만을 구입하는 방법이다. 따라서 납품업자는 급식소에서 식재료가 필요한 시간에 맞추어 자주 배달이 가능해야 한다. JIT 구매는 불필요한 재고를 줄여주고, 공간을 효율적으로 사용할 수 있으며, 이로 인해 원가를 절감할 수 있는 장점을 가지고 있다. JIT 구매가 성공하기 위해서는 납품업자의 협조가 절대적이며, 정확한 수요예측과 생산을 위한 급식관리자와 종사원들의 협조가 중요하다. 급식소의 JIT 구매는 재고가 필요한 품목에 적용되기보다는 특정일에 소량의 품목 구매가 필요할 때 이용되며, 우리나라 학교급식의 경우 당일 입고된 식품의 당일 소비를 원칙으로 운영되고 있으므로 일종의 JIT 구매를 시행한다고 볼 수 있다.

(2) 구매계약

특별한 물품과 물품명세서 수요에 관한 예측을 해온 구매담당자는 다음으로 어떻게 구입할 것인가를 결정해야 한다. 구매계약의 방법은 경쟁입찰방법과 수의계약방법 두 가지가 있다.

① 경쟁입찰방법

경쟁입찰방법에는 일반경쟁입찰, 제한경쟁입찰, 지명경쟁입찰 방식이 있다.

일반경쟁입찰은 신문이나 관보 또는 기타의 게시 등을 이용하여 입찰조건을 제시한 뒤 응모를 받아 선정하는 계약방법이다. 일반경쟁계약의 절차는 입찰공고, 입찰등록, 입찰, 개찰, 낙찰 및 계약체결의 순서로 행해진다 **그림 3-3**.

일반경쟁계약은 공개적으로 행해지므로 그 절차가 공정하며, 희망자 다수를 입찰에 참가시킬 수 있으므로 새로운 업자를 발견하기에 용이하다는 장점을 가지고 있다. 반면 자본이나 신용, 경험이 불충분한 업자가 응찰하기 쉬우며, 긴급을 요할 때 물품 조달 시기를 놓치기 쉽고, 업자의 담합으로 낙찰이 어려울 때가 많으며, 공고일로부터 낙찰까지의 수속이 복잡하다는 단점이 있다.

제한경쟁입찰은 계약을 공고할 때 일정한 자격요건을 구비한 상대방만이 경쟁입찰에 참가할 수 있도록 제한하고, 유자격자만으로 경쟁하게 하여 가장 유리한 상대방을 선정, 계약을 체결하는 방법이다. 이 방법은 구하기 힘든 제품이나 풍부한 자산과 신

그림 3-3 일반경쟁입찰계약 체결의 절차

용을 요하는 제품, 오랜 경험과 실적을 요하는 경우에 적합하다.

제한경쟁입찰의 장점은 불성실한 거래처의 경쟁 참가를 배제할 수 있고, 계약이행의 확실성을 보장할 수 있으며, 절차의 간소화로 경비 절감의 효과와 경쟁에 의해 유리한 가격으로 계약할 수 있다는 것이다. 그러나 일반경쟁입찰 방법보다는 경제성 확보가 어렵고 업자 간의 담합도 우려된다.

② 수의계약

수의계약은 과거의 실적이나 신용, 기타 모든 면에서의 조사를 하여 한 업자를 선택해서 계약하는 방식이다. 구매량이 적거나 특정 품목으로 취급업체가 적을 때, 물가변동이 심해 일정기간 낙찰 가격으로 구매가 불리할 때, 특정 업자와의 계약이 유리하다고 판단될 때 사용한다.

수의계약은 비공식 절차로 특정 업체에서만 받는 단수 견적에 의한 방법과 둘 이상

표 3-3 수의계약의 장단점

장점	단점
• 구매 비용 절감 • 구매절차의 간편성 • 신용거래처 선정 용이 • 거래처의 안정성 및 신속한 거래 가능	• 구매공정성 결여 및 경쟁력 미흡 • 불리한 가격으로 계약될 수 있음 • 유능하고 경제적인 거래처 발굴 어려움

의 업체에서 견적을 받아 비교·검토하는 복수 견적 방법이 있다. 급식에서는 보통 복수 견적 방법을 사용하며, 학교급식의 경우 잡곡류와 축산물 구매 시에는 수의계약을 다수 선택하고 있다. 수의계약으로 구매를 할 경우에는 원하는 품질의 식품을 적정가격으로 적시에 지속적으로 공급받을 수 있는지를 검토한다.

3. 구매절차

구매절차는 구매활동의 시작에서부터 완료될 때까지의 진행과정을 말하며, 조직의 규모나 구매방침, 구매계획, 또는 구매상황(신구매·재구매) 등에 따라 그 절차에 다소 차이가 있기는 하나 대략적인 구매절차는 **그림 3-4**와 같다.

1) 식단 작성 및 물품구매 필요성 인식

급식소에서의 구매절차는 급식소마다 다른 방법으로 진행되겠지만 어느 급식소나 구매의 필요성이 인식되는 식단 작성에서 시작된다고 할 수 있다.

2) 식사 제공에 필요한 물품의 수량 및 품질 결정

식단이 작성되면 급식생산부에서는 구매부서로 구매수량이나 품질 등을 구매요구서에 기록하여 구매담당자에게 제출함으로써 구매활동이 시작되며, 재고량이 재주문 시점에 도달했을 때 구매부서 자체에서 직접 구매를 요청하기도 한다.

구매담당자가 물품의 필요량과 품목을 결정할 때에는 실제 사용부서의 담당자와 충분한 협의를 하고 수요예측(미래 특정일의 식수, 생산해야 할 음식량, 폐기율을 고려한 식재료의 양)을 정확히 해야 한다.

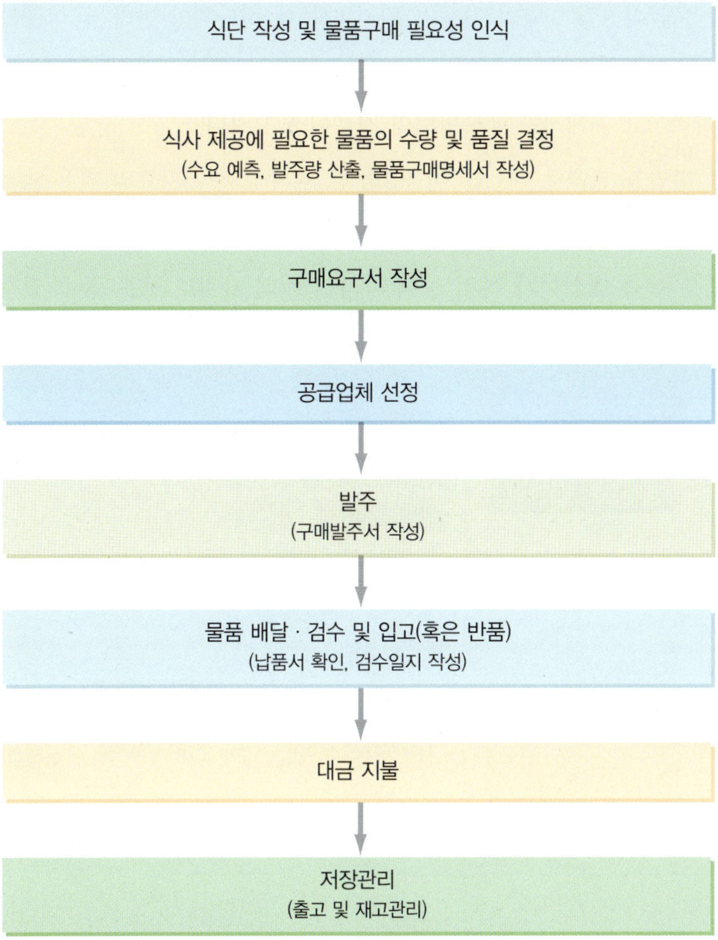

그림 3-4 급식구매관리 절차

(1) 수요예측

① 수요예측 방법

수요예측forecasting은 미래의 시장 수요를 예측하는 일로서, 핵심요인은 판매예측이며 이를 근거로 구매와 생산계획이 수립된다.

잘못된 수요예측으로 과소 또는 과잉생산을 하게 되면 급식소에 크고 작은 손실이 발생된다. 무엇을 구매하고 조리하는가는 식단에서 나타나지만 언제, 얼마만큼을 구매하고 조리하는가는 미래의 수요를 정확히 예측함으로써 결정된다. 그러므로 급식소에서는 미래 특정일의 식수, 1인당 제공량, 총생산량 등을 예측한 후 계획을 수립하게 된다.

수요예측은 급식경영 전략의 기초가 되기 때문에 정확해야 한다. 급식관리자의 직관과 추측에 의한 부정확한 예측은 바람직하지 않다. 따라서 과거의 급식소 운영자료에 근거한 과학적이고 체계적인 예측방법의 적용이 필요하다.

수요예측 방법을 선택할 때에는 비용효율성, 정확성, 과거자료의 활용성, 예측기간의 적합성 등을 고려하여 급식소에 적합한 예측방법을 선택한다.

예측방법은 예측 대상이나 목적 등에 따라서 여러 가지로 구분될 수 있지만 대체로 **그림 3-5**와 같이 나눌 수 있다.

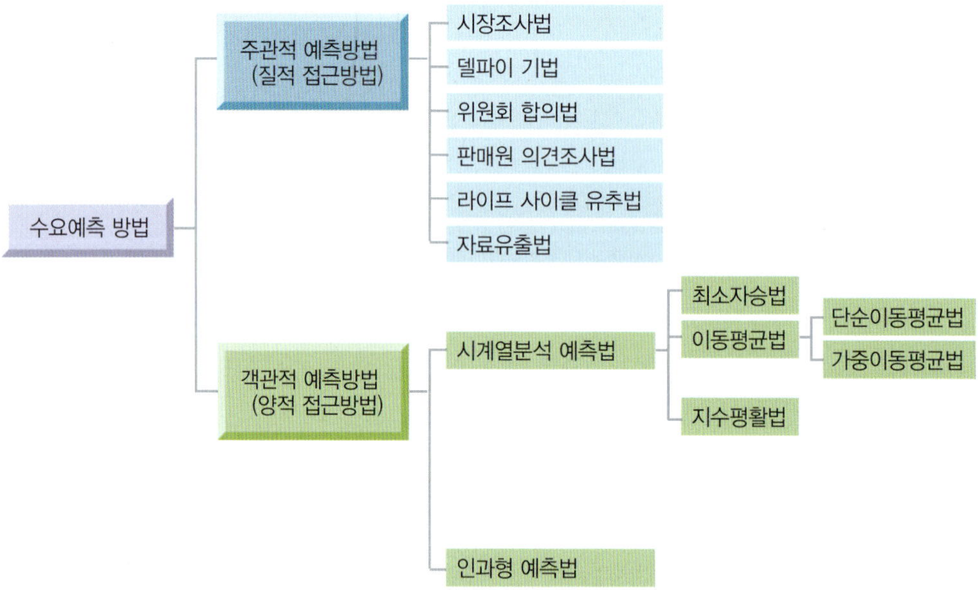

그림 3-5 수요예측 방법의 분류

② 주관적 수요예측 방법

이 중에서 주관적 방법은 양적 접근방법에 대칭되는 질적 접근방법으로서 여기에는 시장(소비자)조사법market research, 델파이 기법Delphi method, 위원회 합의법panel consensus, 판매원 의견조사법, 라이프 사이클 유추법, 자료유출법 등이 있다.

시장조사법은 실제로 시장현황에 관한 가설을 설정하여 도출하고 이것을 체계적이면서 공식적인 방법으로 조사·분석하는 방법이고, 델파이 기법은 전문가에게 의뢰하여 가설을 설정하게 한 다음 기업에서 분석·조정하여 새로운 추정을 계속하는 방법으로 비용과 시간이 많이 소요되므로 급식소 단위에서는 적용하기 힘들다. 위원회 합의법은 전문가집단 구성원 간의 의견과 논의를 거쳐 수요예측에 대한 결론을 도출시키는 방법이다.

주관적 수요예측 방법은 위탁급식전문업체의 신규사업 진출이나 신규업장을 오픈할 때와 같이 기존의 자료가 불충분할 때 주로 이용한다.

③ 객관적 수요예측 방법

객관적 예측방법에는 시계열분석 예측법과 인과형 예측법이 있다. 시계열분석은 시계열을 따라 과거의 자료로부터 그 추세나 경향을 분석하여 장래를 예측하는 것으로 대표적인 기법으로는 최소자승법, 이동평균법, 지수평활법 등의 모델이 있다. 이러한 시계열분석은 수년간의 자료 수집이 용이하며, 변화의 경향이 뚜렷하고 안정적일 때 사용되는 통계적인 예측방법이다. 인과형 예측법에서는 수요는 환경요인이나 기타 다른 어떤 요인과 관계가 있다는 가정하에 수학적으로 인과관계를 나타내는 인과 모델 causal model을 만들어 수요를 예측한다. 이에는 회귀 모델regression model, 계량경제 모델economic model, 투입·산출 모델, 선행지수 모델 등이 있다. 이와 같은 인과관계 모델을 만들기 위해서는 오랜 시간 동안 자료를 수집해야 하지만, 미래의 전환기를 예측하는 데는 최선의 방법으로 알려져 있다.

이동평균법moving average method

단체급식소에서 주로 이용하는 방법으로 과거 일정 기간의 식수 평균을 구해 수요를 예측하는 방법이다. 보통 새로운 기록이 발생하면 가장 오래된 기록을 제외하고 최근 기록의 평균만을 이용하여 수요예측을 한다.

이동평균법에는 단순이동평균법과 가중이동평균법이 있다.

- 단순이동평균법simple moving average method : 과거 여러 기간의 기록에 동일한 가중치를 부여하는 방법으로 보통 최근 3개월간의 자료에 대한 평균산출방법이 많이 사용된다.
- 가중이동평균법weighted moving average method : 과거 기록 중 시기별로 다른 가중치를 적용하여 평균을 산출하는 방법으로 보통 최근 기록에 가장 높은 가중치를 부여한다.

지수평활법exponential smoothing method

과거 기록 중 최근 기록에 가장 높은 가중치를 부여하고 오래된 기록일수록 대수적으로 감소되는 가중치를 적용하여, 최근 기록이 미래 수요예측에 가장 큰 영향을 주도록 하는 방법이다.

전산화에 따른 프로그램에 의해 쉽게 이용할 수 있으며, 계산이 쉽다는 점과 필요 정보의 양이 최소화된다는 장점이 있다. 보다 정교한 예측을 하고자 할 때 많이 사용한다. 지수평활법을 이용한 수요예측 계산법은 다음과 같다.

지수평활법을 이용한 수요예측 계산법

예측량 $= \alpha \times D + (1-\alpha) \times F$

- α : 평활계수(0~1)
  - 0.7~0.9 : 신메뉴 또는 신제품
  - 0.4~0.6 : 불안정한 수요제품
  - 0.1~0.3 : 안정된 수요제품
- D : 가장 최근의 수요량
- F : 가장 최근의 예측량

수요예측 계산의 예

단체급식업체의 월별 식수인원

월	식수(명)
1	12,510
2	12,480
3	12,530
4	12,570
5	12,460
6	12,400

예제 1) 최근 3개월간의 자료를 이용하여 단순이동평균법으로 7월의 예상식수인원을 계산하면?

$$\frac{(12{,}570 + 12{,}460 + 12{,}400)}{3} = 12{,}476.7 \fallingdotseq 12{,}477(\text{명})$$

(계속)

예제 2) 최근 3개월간의 자료를 이용하여 가중이동평균법으로 7월의 예상식수인원을 계산하면?

$$\frac{(12,570\times0.1)+(12,460\times0.2)+(12,400\times0.7)}{1}=\frac{1,257+2,492+8,680}{1}$$

$$=\frac{12,429}{1}=12,429(\text{명})$$

예제 3) 상기 단체급식업체의 식수인원을 토대로 1월의 수요예측량이 12,430명이고 α값이 0.3이라고 가정할 때 2월에서 7월까지의 예상식수인원을 지수평활법에 의해 계산하면?

2월 예상식수 : $(0.3\times12,510)+(0.7\times12,430)=12,454$(명)
3월 예상식수 : $(0.3\times12,480)+(0.7\times12,454)=12,462$(명)
4월 예상식수 : $(0.3\times12,530)+(0.7\times12,462)=12,482$(명)
5월 예상식수 : $(0.3\times12,570)+(0.7\times12,482)=12,508$(명)
6월 예상식수 : $(0.3\times12,460)+(0.7\times12,508)=12,494$(명)
7월 예상식수 : $(0.3\times12,400)+(0.7\times12,494)=12,466$(명)

(2) 수요예측 모델의 결정요인

수요예측은 과학적·통계적·체계적 방법을 통해 합리적이고 경제적인 효율성의 측면을 고려하여 분석하게 된다. 수요는 업종, 업소의 규모, 식재료 특성에 의해 차이가 있으며 일반적으로 **그림 3-6**과 같은 수요변동 양상을 나타낸다.

(3) 발주량 산출

급식생산부서의 물품구매 요청을 받으면 구매담당자는 식단의 표준레시피로부터 식재료의 산출량을 고려하여 발주량을 결정한다. 비저장품인 경우에는 이 양이 곧 구매량이 되고, 저장품인 경우에는 먼저 창고의 재고량을 확인한 후 적정 재고수준으로 유지할 만큼의 부족분만 발주량으로 산출하게 된다. 이러한 적정 재고수준이란 현금이 불필요하게 물건으로 묶여 창고공간을 차지하지 않도록 하면서 급식대상자에게 원하는 음식을 언제든지 제공할 수 있을 정도의 최소한의 재고를 말한다. 그러므로 적정한 발주량과 발주시기의 결정이 중요하다.

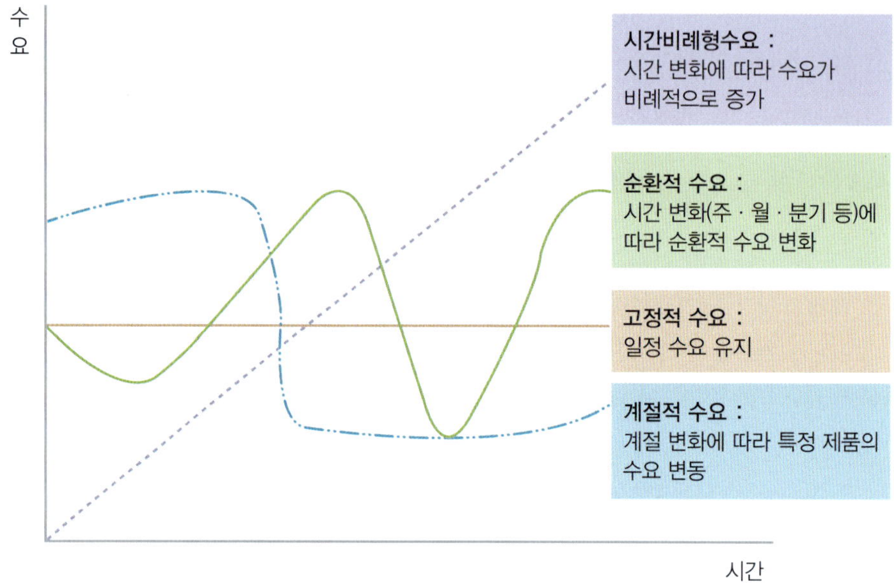

그림 3-6 수요변동의 양상

① 발주량 산출방법

식품의 발주량을 결정할 때에는 여러 가지 방법을 사용할 수 있다. 그러나 제시된 방법이 모든 급식소에 적합한 것은 아니며, 한 가지 방법만 사용하기보다는 몇 가지 방법으로 함께 발주량을 계산해 정확한 발주량 산출이 되도록 한다.

1인 분량에 따른 발주량

급식소에서는 1인분에 들어가는 품목의 양을 이용하여 발주량을 산출하는 것이 가장 단순하고 신속한 방법이다. 이때 식품의 폐기율에 따라 발주량이 달라져야 한다. 폐기부분이 없는 식품은 1인 순사용량에 예상 식수를 곱하여 발주량을 산출하고, 폐기부분이 있는 식품은 1인 순사용량에 예상 식수와 폐기율을 이용하여 계산한 출고계수를 곱하여 발주량을 산출한다. 재고가액이 높거나 소비(유통)기한이 짧은 식품은 재고의 빠른 소진을 위하여 발주량을 산출 후 해당 식품의 재고량 만큼을 제하고 최종 발주한다.

경제적 발주량Economic order quantity, EOQ

경제적 발주량은 저장품목의 저장비용과 주문비용을 고려하여 결정한 발주량이다.

1인 분량을 이용한 발주량 계산의 예

급식인원 500명에게 어묵뭇국을 배식하려고 한다. 어묵과 무의 발주량은? 이때, 어묵의 1인 분량은 20g, 무의 1인 분량은 20g(폐기율 : 4%)으로 한다.

- **폐기부분이 없는 식품의 발주량 = 1인 분량 × 예상 식수**
- **폐기부분이 있는 식품의 발주량 = 1인 분량 × 예상 식수 × 출고계수**
- **출고계수 = 100/(100 - 폐기율)**

- 어묵 발주량 = 20g × 500명 = 10kg
- 무의 발주량
  → 무의 출고계수 = 100/(100 - 4) = 1.04
  → 무의 발주량 = 20g × 500명 × 1.04 = 10,400g = 10.4kg
  ∴ 어묵의 발주량 10kg, 무의 발주량 10.4kg

저장비용은 재고를 보유하기 위해 소요되는 비용의 총합계액이다. 여기에는 저장시설의 유지비, 보험비inventory insurance, 변패로 인한 손실비 등의 비용뿐만 아니라 재고 자체의 보유에 소요되는 비용까지 포함된다.

주문비용은 주로 인건비가 많이 차지하며, 이외에도 주문과 관계된 업무 처리비용이나 교통·통신비, 소모품비 및 검수에 소요되는 비용이 해당된다. 이와 같은 저장비용이나 주문비용은 발주량에 따라서 변하는데 연간 소요되는 비용으로 산출할 때, 1회당 발주량이 적으면 재고 유지에 드는 비용은 줄어드는 반면, 연간 주문비용은 증가한다.

경제적 발주량 계산의 예

급식업체에서 A품목의 사용량이 연간 1,500kg이고 이것을 유지·관리하는 데 소요되는 비용이 재고가치의 15%이며, 단위당 구매가격은 150원이다. 이때 발주에 소요되는 고정비가 100원이라고 하면, 1회 발주에 필요한 경제적 발주량은?

$$\text{경제적 발주량(EOQ)} = \sqrt{\frac{2ab}{cd}}$$

a : 발주비용(발주에 소요되는 고정비) (재고총액 대비 백분율), b : 특정 기간의 사용량, C : 재고총액 대비 백분율, d : 단위당 구매단가

(계속)

$$EOQ = \sqrt{\frac{2 \times 100 \times 1{,}500}{0.15 \times 150}} = \sqrt{\frac{300{,}000}{22.5}} = \sqrt{13{,}333.3} = 115.5(kg)$$

즉, 1회 경제적 발주량은 116(kg)이 된다.

또한 1년간 발주횟수는?

$$1{,}500(kg) \div 116(kg) \fallingdotseq 13(회)$$

즉, 1년간 발주횟수는 13회가 된다.

② 발주량 결정 시 고려사항

발주량을 결정할 때는 경제적인 주문수량 이외에 여러 요건을 고려할 필요가 있다. 단지 산술적으로 정해지는 경제적 주문수량에만 의존해 발주하게 되면, 간혹 창고의 수용 용량에 맞추지 못하는 경우가 생길 수 있다. 그러므로 발주량을 결정할 때에는 가격변동 요인, 수량 할인, 재료의 저장 특성, 계절 요인 등을 함께 고려하는 것이 바람직하다.

③ 발주방식의 결정

발주방식은 발주해야 할 품목에 따라 정기발주방식fixed-order period system과 정량발주방식fixed-order quantity system 중 적합한 것으로 결정한다 **그림 3-7**.

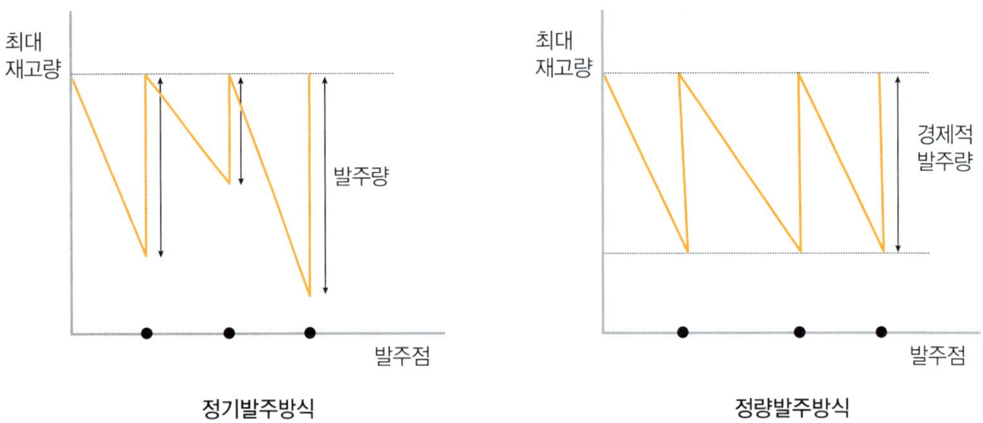

그림 3-7 정기발주방식과 정량발주방식의 비교

정기발주방식

정기발주방식fixed-order period system은 일정한 기간마다 정기적으로 발주를 하는 방식으로 정기실사방식periodic inventory system이라고 하며, 발주주기와 최대재고수준에 의해 영향을 받는다. 이 방식은 고가물품으로 인해 재고부담이 크거나 조달기간lead time이 길고, 수요예측이 가능한 물품의 경우에 적합하다. 또 발주시기는 매일, 주 2회, 주 1회, 월 2회, 월 1회, 분기별 1회 등 시간적 단위를 설정하고 그 시점에서의 소요량(혹은 수요량, 소비량)을 산출하여 발주한다.

정량발주방식

정량발주방식fixed-order quantity system은 재고량이 일정수준(발주점)에 도달하게 되면 경제적 발주량을 통해 발주하는 방식으로, 발주점order point system 혹은 계속실사방식perpetual inventory이라고도 한다. 이 방식은 재고부담이 낮은 저가물품에 적합하고, 항상 수요가 있기 때문에 일정한 재고량을 확보하고 있어야 한다. 정량발주방식은 발주량과 발주점에 의해 결정되는데, 발주점은 발주해서 입고되기까지의 기간인 조달기간 중에 소비되는 재고량과 이 기간에 대비한 안전재고와 합계만큼의 재고량이 있을 때를 의미한다.

따라서 급식소 물품의 재고량이 발주점에 도달했을 때 해당 품목에 대해 미리 정해 놓은 경제적 발주량을 발주하면 된다.

(4) 물품구매명세서 작성

물품구매명세서specification는 구입명세서, 물품명세서, 시방서, 식재료 규격서 등으로 불리며 구매하고자 하는 제품의 품질 및 특성을 기술하는 양식이다. 이는 영양사, 조리실장, 구매담당자 및 회계담당자 등과 협의한 후 구매자와 공급업자가 함께 이해할 수 있는 서식으로 작성해야 한다. 급식소 구매담당자와 공급업자가 제품의 품질과 특성에 대해 동일한 견해를 가져야 항상 일정한 품질의 식재료를 확보할 수 있다.

물품구매명세서 작성 시에는 급식소의 종류와 운영형태, 예산, 조리원의 수와 숙련도, 조리기기의 성능과 종류, 식재료 저장공간 등을 고려해야 하며, 식품 품목별로 식품명, 크기 및 중량, 형태, 부위, 색상, 외관, 소비(유통)기한, 유통온도, 수량, 식품의 규격 및 등급, 포장 단위 및 재질, 원산지명, 가공공정 및 저장방법, 배송 및 지불조건, 반품 기준 등을 포함시킨다. 특히 학교급식소의 경우 학교급식 식재료 품질관리기준 표 3-4과 식재료의 위생 관련 규격 표 3-5에 대한 내용을 포함시켜야 한다.

표 3-4 학교급식 식재료의 품질관리기준(학교급식법 시행규칙 제4조 제1항 관련)

구분		품질관리기준
농산물	일반사항	원산지 표시(표시대상 식재료에 한함)
		유기식품, 무농약, 우수관리인증농산물, 이력추적관리품, 지리적표시등록품, 또는 표준규격(상품가치)이 '상' 등급 이상
	쌀	수확연도가 1년 이내
	전처리 농산물	표시사항〔제품명, 업소명, 제조연월일(전처리작업일 및 포장일), 전처리 전 식재료의 품질(원산지, 품질등급, 생산연도), 내용량, 보관 및 취급방법〕
	수입농산물	대외무역법, 식품위생법 등 관련법령에 적합
축산물	공통사항	식품안전관리인증기준을 적용한 도축장 및 축산물가공장(또는 식육포장처리장)에서 처리
	쇠고기	3등급 이상 한우 및 육우
	돼지고기	2등급 이상
	닭고기	1등급 이상(전면시행 전까지 권장사항)
	달걀	2등급 이상(전면시행 전까지 권장사항)
	오리고기	1등급 이상(전면 시행 전까지 권장사항)
	수입 축산물	대외무역법, 식품위생법, 축산물가공처리법 등 관련법령에 적합
수산물	일반사항	원산지 표시
		품질인증품, 지리적표시품 또는 상품가치가 '상' 이상
	전처리 수산물	식품안전관리인증기준을 이행하는 작업장 또는 적용하는 업소, 냉동수산식품 중 어류·연체류 식품재료·가공업소
		표시사항〔제품명, 업소명, 제조연월일(전처리작업일 및 포장일), 전처리 전 식재료의 품질(원산지, 품질등급, 생산연도), 내용량, 보관 및 취급방법〕
	수입 수산물	대외무역법, 식품위생법 등 관련법령에 적합
가공식품 및 기타		전통식품, 산업표준인증품, 품질인증품, 지리적표시품
		식품안전관리인증기준을 적용하는 업소에서 생산된 가공식품
		식품안전관리인증기준을 적용하는 업소에서 생산된 가공 또는 처리된 축산물 가공품
		축산물가공처리법의 표시기준에 따라 제조업소, 소비(유통)기한 등이 표시된 축산물 가공품
		김치 완제품은 식품안전관리인증기준을 적용하는 업소에서 생산된 제품
		수산 가공식품은 대외무역법, 식품위생법 등 관련법령에 적합

※ 기타 : 위에 명시되지 않은 식품 및 식품첨가물은 식품위생법령에 적합하여야 함

※ 전처리 농·수산물 : 세척, 선별, 박피, 절단 등의 가공을 통해 즉시 조리에 이용할 수 있는 형태로 처리된 식재료

표 3-5 학교급식 식재료의 규격

구분	식재료 규격	비고
농산물	1. 원산지 표시	거래명세서에 표기
	2. 친환경농산물인증품, 농산물표준규격(상 이상), 우수관리인증농산물, 이력추적관리농산물, 지리적표시농산물	
	3. 쌀 : 수확연도가 1년 이내	
축산물	1. 이력번호표시	축산물 유통정보 서비스에 발급번호 입력
	2. 축산물안전관리인증기준	
	3. 등급판정확인서(쇠고기 3등급 이상 한우 및 육우, 돼지고기 2등급 이상, 닭고기 및 오리고기는 1등급 이상 권장)	
	4. 수입육인 경우 수출국에서 발행한 검역증명서 및 수입신고필증	
	5. 원산지 표시	
	6. 냉장·냉동 유통	
난류	1. 세척·코팅과정을 거친 제품 권장(달걀 2등급 이상 권장) ※ 식용란은 가능한 한 0~15℃에, 알가공품은 10℃ 이하(다만, 액란제품은 5℃ 이하)에서 냉장 또는 냉동 보존·유통	
	2. 산란일자 표시	
수산물	1. 원산지 표시	
	2. 품질인증품, 지리적표시수산물	
	3. 냉장·냉동 유통	
전처리 농산물·수산물	1. 제품명, 업소명, 제조연월일, 전처리 전 식재료의 품질(원산지, 품질등급, 생산연도), 내용량, 보관 및 취급방법 등을 표시한 제품	
김치류	1. 식품안전관리인증기준	
	2. 포장상태가 완전한 제품	
양념류	1. 표시기준을 준수한 제품	
기타 가공품	1. 소비(유통)기한	
	2. 포장상태가 완전한 제품	

※ 어육가공품 중 어묵·어육소시지, 기타수산물가공품 중 어류·연체류·조미가공품, 냉동식품 중 피자류·만두류· 면류, 과자, 캔디류, 빵류, 떡류, 빙과, 음료류(다류, 커피류 제외), 레토르트식품, 김치, 초콜릿류, 면류 중 유탕면, 생면, 숙면, 건면, 특수용도식품, 즉석섭취식품, 매출액 100억원 이상인 영업소 제조식품은 식품안전관리인증 의무품목이며, 그 이외의 품목도 식품안전관리인증 제품 구매 권장

※ 김치류 업체 선정 시 상수도 사용하는 생산업체 또는 지하수 살균·소독장치 등을 통해 살균·소독된 물을 사용하는 업체 권장

출처 : 교육부(2021)

그림 3-8 농수산식품 인증 및 농수산물 및 가공식품 품질 인증 표시의 예

표 3-6 물품구매명세서의 예

분류	단위	절단규격(cm)	품질규격
가자미	kg	① 6×7 ② 생선접시용 9×3	선도상태가 양호한 냉동 절단품일 것(내장 제거)
꽁치	kg	4×6~7	선도상태가 양호한 냉동 절단품일 것(내장 제거)
굴비	kg	길이 16	선도상태가 양호한 것(개당 100g) 꼬리·지느러미·비늘 제거
냉대구	kg	5×6~7	선도상태가 양호한 냉동 절단품일 것(내장 제거)
동태	kg	5×6~7	선도상태가 양호한 냉동 절단품일 것(내장 제거)
방어	kg	5×6~7	선도상태가 양호한 냉동 절단품일 것(내장 제거)
백조기	kg	5×6~7	선도상태가 양호한 냉동 절단품일 것(내장 제거)
병어	kg	6×7	선도상태가 양호한 냉동 절단품일 것(내장 제거)
삼치	kg	① 5~6×7 ② 5×12~13 & 할복	선도상태가 양호한 냉동 절단품일 것(내장 제거)
전갱이	kg	5~6×7	선도상태가 양호한 냉동 절단품일 것(내장 제거)
임연수어	kg	① 5~6×7 ② 5×12~13 & 할복	선도상태가 양호한 냉동 절단품일 것(내장 제거)
수입갈치	kg	5×7	선도상태가 양호한 냉동 절단품일 것(내장 제거) 가급적 오만산(產)일 것

출처 : 김형미(2000)

또 품목별로 간단명료하면서도 구체적으로 작성하되 품질 허용범위를 너무 좁게 설정하지 말고 시장에서 통용되는 등급이나 제품명을 사용하여 구매자와 공급자가 상호 수용할 수 있는 범위로 조정해야 한다. 식재료의 계절에 따른 품질 변화를 고려하고 신상품에 대한 다양한 자료에 대해서는 지속적으로 수정·보완하여 작성한다.

물품구매명세서는 구매자가 작성한 후 구매요구서와 함께 공급업자 선정 입찰 시에 제시되며, 공급업자가 선정된 후에는 발주서와 함께 공급업자에게 보낸다. 공급업자는 구매명세서에 적힌 품질에 맞는 식재료를 공급할 수 있도록 준비하고, 구매자는 물품 배달 후 검수 시 구매명세서에 적힌 내용에 부합하는 식품이 공급되었는지를 확인한다.

3) 구매요구서 작성

구매요구서는 실제 물품을 사용할 부서에서 작성하여 구매부서에 송부하는 것으로 구매청구서라고도 한다. 구매요구서에는 청구번호, 필요량, 원하는 품목에 관한 설명, 배달날짜, 예산회계번호, 판매자의 이름과 주소, 가격 등이 기재된다. 또한 급식소에서 필요한 목록을 적은 서식에 필요 품목만을 체크하고 수량만 기입하는 경우도 있다.

구매요구서는 물품구매에 책임을 지고 있는 관리자에 의해 승인을 받아야 하며 승인된 내용은 책임자의 허가 없이 변경될 수 없다.

4) 공급업체 선정

구매업무는 적합한 거래처의 선정과 그 거래처와의 우호관계를 확립하여 장기적으로 안정된 거래를 하는 것이 중요하다.

공급업체는 급식기관의 방침, 규모, 활용가능자금, 물품 배달 주기 등을 고려하여 앞서 설명한 구매계약 방식에 따라 경쟁입찰계약 또는 수의계약에 의해 선정할 수 있다.

식재료 공급업체를 선정할 때는 안전한 식재료를 제공하는 능력이 우선적으로 고려되어야 한다. 공급업체가 모든 식재료를 신뢰할 수 있는 곳에서 확보하였는지, 식재료가 위생품질기준을 충족시킬 수 있는지 등을 평가해야 한다 표 3-7.

표 3-7 학교급식 납품업체 방문평가표

- 점검업체명 : •공급학교수 : ( )개교
- HACCP업체 지정 여부 (지정□, 미지정□)

구분	점검사항	평가		
		우수	보통	미흡
❶ 작업공정 및 환경위생	1. 원재료의 보존상태			
	2. 작업장 청결상태			
	3. 작업된 식품 보관상태			
	4. 작업장의 온도·습도 관리			
	5. 작업장의 방충설비 관리상태			
	6. 작업장의 위치, 조명, 환기 시설의 적절성			
	7. 작업장의 바닥, 벽, 천장 등 파손 여부			
	8. 작업용구(칼, 장갑, 기구류)의 세척, 소독 상태			
	9. 냉장·냉동고의 식재료 보관 및 관리상태(위생 및 소비(유통)기한)			
	10. 냉장·냉동 시설의 적정 용량 확보 및 온도 유지(냉장 5℃, 냉동 -18℃ 이하)			
	11. 작업장 주위시설 위생관리(화장실 및 쓰레기처리)			
	12. 사용용수의 적합성(상수도 또는 지하수 검사성적서)			
	13. 작업장 정기소독 실시 여부			
❷ 개인위생	14. 작업복, 작업모, 작업화 착용 및 청결상태			
	15. 정기건강진단 실시 여부(6개월에 1회 실시)			
	16. 작업장 내 수세시설 및 손소독기 비치 여부			
	17. 작업자 위생교육 실시 여부(위생교육일지 열람)			
❸ 수송위생	18. 제품 수송차량 청결 및 온도유지			
	19. 제품 수송차량 내에 교차오염을 방지할 수 있는 설비 여부			
❹ 기타	20. 배상물 책임보험 가입 여부			
	21. 급식품 제조 또는 운송 시 하청 여부(전체 납품 물량과 작업장 종사자수 및 운반차량의 적정성)			
❺ 서류 비치 (축산물)	22. 축산물 등급 판정서, 도축확인 증명서 비치 여부			
❻ 종합의견 및 참고사항				

점검일자 : 년 월 일
점 검 자(학 교) : 급식소위원회 위원 성명 (서명)
점 검 자(학 교) : 급식소위원회 위원 성명 (서명)
확 인 자(납품업체) : 성명 (서명)

출처 : 교육부(2021)

5) 구매발주서 작성

발주서는 구매표, 주문서, 발주전표라고도 하며 물품 사용부서의 구매요구서에 따라 구매부서에서 작성한다 **그림 3-13 참고**. 구매부서에서 공급자에게 발주서를 발행하게 되면 그 즉시 법률상의 계약이 성립되어 구속을 받게 된다.

발주서는 보통 3부가 작성되어 원본은 판매업자가, 사본 1부는 구매부서에서, 나머지 사본 1부는 물품 납입 후 대금지불 근거로 회계부서에서 보관하게 된다. 발주서는 일반적으로 급식소의 이름과 주소, 공급업체의 이름과 주소, 공급업자에 대한 일반 정보, 구매품목에 대한 자세한 설명, 구매계약 단가, 구매자의 서명 등의 항목이 포함된다.

6) 물품 배달·검수 및 입고

검수란 구매요구서에 의해 주문되어 배달된 물품이 구매하려는 해당 식재료와 일치하는가를 검사하고 받아들이는 데 따른 관리활동이다. 따라서 검수담당자는 무엇보다도 주문상품에 대한 품질요구내용을 숙지하여 배달되어 온 물품의 품질, 수량, 가격 등을 정확하게 검사하고 평가함으로써 입고나 반품 여부를 결정하게 된다.

식재료 검수는 안전하지 못한 식재료가 급식소 조리장으로 들어오지 못하게 하는 마지막 단계라고 할 수 있다. 적절한 검수절차와 지식을 가지고 안전한 식품과 안전하지 못한 식품을 구분할 수 있어야 한다.

(1) 검수방법

① 전수검수법

전수검수법은 납품된 식재료를 전부 검사하는 방법으로 손쉽게 검수할 수 있는 물품이거나 소량의 물품, 고가의 품목에 대해 실시한다. 이 방법은 정확한 검수가 가능하나 시간과 경비가 많이 소요되는 단점이 있다.

② 발췌검수법

납품된 식재료 중 견본을 뽑아 검사하고 그 결과를 판정기준과 대조하여 합격, 불합격을 결정하는 방법이다. 발췌검수법은 다량 구입품으로 어느 정도 불량품이 혼입되어도 무방한 경우, 검수항목이 많은 경우, 검수비용과 시간을 절약해야 할 경우 등에 효과적이다.

(2) 검수절차

① 배달된 물품과 발주서, 구매명세서와의 대조

물품 주문 시 사용한 모두 서류는 배달 시의 검수기준이 된다. 반입되는 모든 품목은 발주서, 구매명세서와 대조하여 각 항목마다 수량, 중량, 포장상태, 식품 온도, 품질과 규격**표 3-4, 표 3-5, 그림 3-8 참조**, 소비(유통)기한, 원산지를 확인한다. 탐침온도계나 적외선 표면온도계**그림 6-6 참조**를 이용하여 냉동 식품은 -18℃ 이하로 녹은 흔적이 없는지, 냉장 식품이나 전처리된 채소류는 10℃ 이하인지 식품의 품온을 체크한다. 당일구

검수일지

아래와 같이 검수합니다.
검수일자 : 년 월 일
검수자 : ________ ㉐ ________ ㉐

학교장 귀하

결재				

No.	식품명	규격(등급)	단위	수량	원산지	포장상태	식품온도(℃)	소비(유통)기한(제조일)	품질상태(○, ×)	업체명	조치사항

한계기준	• 냉장식품 및 전처리 농산물 10℃ 이하, 생선 및 육류 5℃ 이하, 냉동식품은 냉동상태 유지
관리방안	• 냉장 · 냉동 식품의 온도를 측정, 기록지에 기록 • 포장상태, 소비(유통)기한, 품질상태(녹은 흔적, 이물질 혼합 유무, 이취 등) 확인 • 월 1회 이상 운반차량 내부의 청결 상태를 확인
개선조치	• 기준 이탈 재료 반품 및 교환, 부적합 확인서 발급

그림 3-9 검수일지의 예
출처 : 교육부(2021)

매 당일소비를 원칙으로 하는 학교급식소의 경우는 냉동 식재료 구매 시 실제 -18℃ 이하로 운반된 제품을 받으면 당일 사용이 어려우므로 식품위생법 시행규칙 [별표 17] 5항에 근거하여 해당 급식소의 영양사 및 조리사가 해동을 요청할 경우 해동을 위한 별도의 보관 장치를 이용하거나 냉장운반을 할 수 있다. 이 경우 생선과 육류는 검수 시 5℃ 이하인지 확인한다. 부피가 큰 단위로 포장되어 들어오는 식품인 경우, 포장재나 얼음 등을 제거하고 실제 식품의 중량을 저울로 측정하여 발주량에 미달되는 경우가 없는지 확인하고 외포장지를 제거한 후 보관한다.

검수는 검수대 위에서 하고, 식재료를 맨바닥에 놓지 않고 파레트 위에 놓도록 한다 **그림 6-6 참조**. 원활한 검수를 위해 검수구역의 조도는 540룩스lux 이상으로 유지한다. 검수 시에 납품업자로부터 납품서와 함께 운반차량의 자동 온도기록지와 차량 청소일지, 원산지 증명서, 육류의 등급판정확인서(수입육은 검역증명서, 수입신고필증) 등을 제공받아 검수일지와 함께 보관한다.

② 배달물품과 납품서의 대조

납품서(송장·거래명세서)는 납품업자가 어떤 물품을 어떤 가격에 보냈는가를 적은 서류로 배달한 물품의 대금지불청구서로 쓰이므로 배달물품과 항목이 일치하는지를 정확히 확인해야 한다.

③ 물품의 인수 또는 반환

검사 후 배달된 물품에 하자가 없는 경우에는 물품을 인도하고, 그렇지 않고 식품의 온도, 품질, 위생상태 등에 문제가 있는 경우에는 반품 조치한다. 또한 주문하지 않은 물품이나 가격이 일치하지 않는 품목, 배달시기가 다른 품목도 반품한다.

반품할 시간도 없이 즉시 사용해야 할 경우에는 납품업자와 물품의 가격을 낮추는 방향으로 협상한다.

④ 레이블 부착

검수가 끝난 물품을 저장장소로 운반하기 전에 검수날짜, 납품업자, 중량, 수량, 저장장소, 가격 등을 기입한 레이블을 만들어 붙이면 물품 통제에 효과적이다. 레이블은 내구성이 있는 두꺼운 카드에 인쇄하고, 두 부분으로 쉽게 절단할 수 있는 것을 사용하여 한 부분은 물건에 부착하고, 다른 한 부분은 재고관리의 목적으로 이용하도록 한다. 특히 육류 저장 시에는 반드시 레이블meat tag을 부착한다.

⑤ 식품정리 보관 및 저장장소 이동

검수처리가 끝난 물품은 즉시 용도에 따라 조리장이나 건조 창고, 냉장고 등으로 이동 운반한다. 검수 후 조리에 사용하거나 저장 시에는 외포장지를 제거한다.

⑥ 검수에 관한 기록의 기재

기록의 양식이나 유형은 급식소에 따라 다르나 일반적으로 검수일지, 납품서, 검수표, 반품서의 양식을 사용한다.

검수일지는 배달에 관한 정확한 내용(날짜·납품업자·수량·가격 등)을 제공해 주며 검수원이 작성하여 책임자의 결재를 받도록 되어 있다. 검수표는 납품서 없이 물품을 인수할 경우에 작성하는 것으로 회계부서로 보내져 구매요구서나 추후에 보내오는 납품서와 대조하기 위해 사용된다. 검수도장은 납품서나 기타 배달 시 함께 첨부된 업자의 배달표에 확인의 의미로 사용된다. 이 도장은 물품검수에 대한 증명, 계산의 정확성, 대금지불의 승인을 뜻하게 된다.

반품(확인)서는 검수결과, 물품을 반송할 경우가 발생하였을 때 검수담당자가 작성하는 문서이다. 반품서는 대금 환불의 요구나 적절한 물품의 재공급을 지시하게 되며, 일반적으로 3부가 작성되어 원본은 납품서 사본과 함께 업자에게, 1부는 검수원이 보관하며, 나머지 1부는 회계부서에 송부한다.

(3) 검수담당자의 자격조건

올바른 검수를 하기 위해서 검수담당자는 자격을 제대로 갖춰야 한다. 즉, 식품의 품질을 평가하고 감별할 수 있는 지식과 능력이 있어야 하며, 식품의 유통경로와 식품이 갖는 특수성도 파악하고 있어야 한다. 또한 검수업무 절차와 검수일지 작성 및 기록보관 업무를 잘 알고 있어야 한다. 마지막으로 검수담당자에게는 공정성과 신뢰도가 요구된다.

급식소 보관용	반품확인서

No. ______

1. 품목
2. 납품업체명 :
3. 납품일시 :
4. 반품수량 :
5. 반품사유 :

확인자 : ㊞

납품자 : ㊞

------------------------- 절 ----------- 취 ----------- 선 -------------------------

업체 통보용	반품확인서

No. ______

1. 품목
2. 납품업체명 :
3. 납품일시 :
4. 반품수량 :
5. 반품사유 :

확인자 : ㊞

납품자 : ㊞

그림 3-10 반품확인서의 예

4. 저장관리

1) 저장관리

(1) 저장관리의 의의

저장관리란 일반적으로 납품된 식재료를 수요자에게 음식으로 조리하여 공급할 때까지 일정 기간 합리적 방법으로 품질을 유지하도록 보존·관리하는 것을 말한다.

급식소에서의 저장업무는 검수와 조리 업무를 연결하는 역할을 하므로 저장체계는 조리에 사용될 음식의 질에 직접적으로 영향을 미친다. 철저한 검수를 거쳐 양질의 식품을 구매했더라도 적절하게 보관·관리하지 않으면 식재료가 부패하거나 오염이 발생할 수 있다. 품질을 최적으로 유지하며 위생적으로 보관하기 위해서는 올바른 식재료 보관이 필수적이다.

따라서 저장관리의 목적은 적절한 저장시설을 활용하여 납품된 식재료를 품목별, 규격별, 품질특성별로 체계적이고 위생적인 상태로 분류하여 보관하는 것이다. 적절한 저장관리는 물품의 원상태를 최대한 유지하고 낭비와 손실을 최소화하며, 도난이나 부패 위험을 줄여 적정 재고량을 확보하여 원활한 입출고 업무에 도움을 주는 것이다.

(2) 저장관리의 원칙

급식소에서 구입하고 저장하는 식재료는 매우 다양하므로 각 식품의 특성을 고려하여 저장해야 한다. 다음은 대부분의 식재료 관리에 적용되는 일반적인 저장원칙이다.

① 저장품 위치 표식의 원칙

저장물품은 품목별, 규격별, 품질특성별로 분류하여 저장고 내의 일정한 위치에 표식화한 후 적재해야 한다. 물품의 표식화는 물품을 찾을 때 용이하고, 재고조사를 수월하게 하여 저장관리와 관련된 업무 수행에 있어 효율성을 높인다.

② 분류저장의 원칙

저장고에 물품을 적재할 때에는 주로 품목별로 분류한 후 사용빈도, 가나다순, 알파벳순 등을 고려하여 정리정돈을 하며, 대분류·중분류·소분류·세분류·세세분류 등의 분류법을 사용하여 체계적인 저장관리를 한다. 물품 진열 시에는 재고회전stock rotation, 진열 위치fixed location, 사용빈도frequency 등을 고려해야 한다.

③ 품질보존의 원칙

물품은 되도록 납품 당시 원상태 그대로 보존하여 이용 시까지 품질 변화를 최소화해야 한다. 따라서 저장장소의 온도, 습도, 환기 등에 주의하여 관리한다.

④ 선입선출의 원칙

먼저 입고된 물품은 먼저 출고되어야 한다. 이 원칙을 올바르게 지키기 위해서는 물품 적재 시 나중에 입고된 물품은 그 전에 입고된 물품의 뒤쪽에 적재해야 하며, 입고

일을 기록하여 선입선출first in first out, FIFO에 입각한 출고관리가 이루어지도록 해야 한다. 선입선출 원칙의 활용은 물품낭비의 가능성을 줄이고 신선도 유지로 인해 좋은 품질의 급식 생산을 가능하게 한다.

⑤ 공간활용 극대화의 원칙

저장고는 가능한 물품적재, 이동, 보관의 원활한 기능을 수행하기 위해 충분한 공간을 확보해야 하는 반면, 과도한 공간 확보는 전체적 비용 증가를 가져올 수 있으므로 저장에 확보된 공간을 최대한 경제적으로 활용할 수 있는 방안을 마련한다.

(3) 저장시설

급식소에서 사용하는 식재료 저장시설은 냉장(창)고, 냉동(창)고, 건조창고로 분류할 수 있으며, 각 저장시설의 특성에 맞는 온도, 습도 및 기타 위생조건을 만족할 수 있어야 한다.

저장공간은 식재료 저장창고와 화학용품 저장창고로 구분되어야 한다. 저장시설은 검수구역과 조리구역의 중간에 위치하는 것이 좋다.

① 냉장고

냉장고는 채소류, 생선류 등의 일시적인 보관에 사용된다. 냉장보관은 식품 속 미생물의 성장을 억제할 수 있지만 사멸시킬 수는 없다. 따라서 냉장저장 식품은 입고 후 사용 직전까지 냉장고에 계속 보관하여 식품의 품질이나 영양가의 손실을 최소화해야 한다.

냉장고의 종류

냉장고는 물품창고식 대형 냉장고walk-in refrigerator와 편의형 소형 냉장고reach-in refrigerator 두 가지 유형이 있으며, 그 형태는 기둥형up-right type과 상자형chest-type이 있다. 대규모 급식소에서는 물품창고식 대형 냉장고가 일반적이며, 소규모 물품창고식 대형 냉장고는 바닥과 동일한 높이로 하여 이동용 선반이나 손수레가 쉽게 이동할 수 있도록 설계되어야 한다. 또한 안에서 문을 열 수 있거나 경보장치를 설치하여 사람이 안에 갇혔을 경우에 대비해야 한다.

냉장·냉동 공간 결정 계산법 : 건조창고/냉장·냉동고 적용법

① 하루 급식 규모 및 납품 주기 날짜 결정

예: 1일 600인분 배식 & 2주에 한 번씩 배달 받는 경우(600 × 14 = 8,400인분)

② 1인 분량 식사 중 각 창고에 보관되어야 할 식품의 무게 추정

- 준비되는 모든 메뉴 항목을 고려해야 함
- 평균 1인분량 메뉴가 1~1.5lb(454~680g) 정도 됨
- 건조창고에 보관되어야 하는 식품의 1인 분량당 평균무게 : 0.25~0.5lb(113~227g)
- 냉장 또는 냉동 보관되어야 할 식품의 1인 분량당 평균무게 : 0.75~1lb(340~454g)

예: 1인 식사에 필요한 식품 중 건조창고에 보관되어야 할 식품의 무게를 0.5lb(227g)로 추정한다면,
건조창고에 전체 보관되어야 할 양 = 4,200lb(8,400식 × 0.5lb = 1,905kg)

③ 필요한 공간 면적의 산출 = 보관되어야 할 총중량 ÷ 각 저장고의 식재료 밀도

- 건조창고 보관 시 평균 식재료 밀도 : 45lb/ft^3(721kg/m^3)
- 냉장 보관 시 평균 식재료 밀도 : 30lb/ft^3(481kg/m^3)
- 냉동 보관 시 평균 식재료 밀도 : 40lb/ft^3(641kg/m^3)

예: 따라서 각각의 저장고에 4,200lb(1,905kg)이 보관해야 한다면
건조 저장공간 : 4,200lb ÷ 45lb/ft^3 = 93.3ft^3(2.64m^3)
냉장 저장공간 : 4,200lb ÷ 30lb/ft^3 = 140ft^3(3.96m^3)
냉동 저장공간 : 4,200lb ÷ 40lb/ft^3 = 105ft^3(2.97m^3)가 필요함
즉, 이 급식소에서는
건조 저장공간 93.3cubic ft(2.64m^3)
냉장 저장공간 140cubic ft(3.96m^3)
냉동 저장공간 105cubic ft(2.97m^3)이 필요하다는 것을 의미함(통로 불포함).

④ 만약 식재료들이 선반에 보관되어야 할 경우 선반에 보관되어야 할 식재료의 높이를 계산해서 필요한 면적을 산출해야 함

예: 1ft(30.38cm) 높이의 물건을 쌓아둘 경우 : 93.3(93.3 ÷ 1 foot)ft^2(8.67m^2)의 선반 면적이 필요함
예: 1.5ft(45.7cm) 높이의 물건을 쌓아둘 경우 : 62.2(93.3 ÷ 1.5)ft^2(5.78m^2)의 선반 면적이 필요함

⑤ 선반의 길이는 필요 면적을 선반 넓이로 나누어 계산함

※ 냉장고에 보관되어야 할 식재료는 보관기간이 매우 다양하다는 것을 고려해야 함
냉동고의 경우 보관기간이 냉장고에 비해 더욱 길어질 수 있으므로 납품 빈도에 따라 공간을 결정해야 함

※ 경제적 크기 분석은 주문, 구매 경비와 저장 경비의 비교를 통해서 결정할 수 있음

출처 : Kazarian EA(1989)

냉장고의 필요 면적

필요한 냉장고의 종류나 수는 급식소의 유형, 제공하는 메뉴, 식재료 배달 빈도 등에 따라 다르다. 필요 없이 많은 냉장실이나 냉동실은 자본과 운영비를 늘리는 요인이 되고, 재고를 쌓이게 하여 결국은 재정 낭비의 원인이 된다. 냉장·냉동 공간의 면적을 결정하는 방법은 151쪽을 참고한다.

냉장고의 위생

냉장고는 적절한 위생기준에 근거하여 올바르게 관리되어야 한다. 특히 냉장고 청소와 세척은 식품의 손실을 예방할 수 있는 한 가지 방편이기도 하다. 냉장고의 유지관리를 위해 다음 사항을 준수한다.

- 냉장고 안에 음식을 쏟았을 경우에는 즉시 닦아내도록 한다.
- 냉장고에 부착되어 있는 선반 등은 자주 세척·소독해야 한다.
- 성에가 끼었을 경우 즉시 제거하도록 한다.
- 냉장고 외부, 냉장고 문에 부착된 고무 개스킷을 따뜻한 물과 세제를 이용하여 자주 세척한다.
- 냉장고의 개스킷, 파이프 등 주요 부분의 이상 유무를 자주 확인한다.

공기순환, 온도, 습도

냉장실 내부의 공기순환이나 습도의 조절은 냉장고에 보관된 음식의 질을 유지하는데 중요하다. 냉장고에 너무 많은 식품을 한꺼번에 보관하지 말고, 물품 사이사이에 적당한 공간을 두어 냉장 공기가 식품에 고루 접촉할 수 있도록 해야 한다. 한편 수분 함량이 많은 채소나 생선류는 수분 증발로 인해 시들거나 변색, 수축 등의 현상이 일어나 변질되기 쉬우므로 충분한 습도가 유지되어야 한다. 대부분의 식품보관에 적합한 습도 범위는 75~95%이다.

냉장고의 내부에는 한 개 이상의 온도계를 설치해야 한다. 적정온도를 유지하기 위해서 하루에 적어도 2회 이상씩 정기적으로 온도를 점검하고, 온도가 기준 이상으로 상승할 때 경보가 울리는 장치를 설치하거나 냉장고의 개폐를 금하는 표시를 부착하도록 한다. 또한 조리종사원에게 가능한 한 냉장고 문을 여는 횟수를 줄이도록 훈련시켜야 한다.

냉장고의 위치

냉장고를 적절한 장소에 설치하는 것은 노동력을 절약하는 데 도움이 된다. 최근에는 양문개폐형 냉장고를 사용하여 작업동선을 줄이고 공간도 절약하고 있다. 냉장고는 가열조리 기기나 스팀 파이프가 지나가는 근처에는 설치하지 않도록 한다.

② 냉동고

최근 모든 유형의 급식소에서 냉동식품의 이용이 보편화되고 있다. 냉동고는 모든 식품의 장기보관에 유용하게 쓰인다. 그러나 저장기간이 길어질수록 품질이 저하될 가능성이 커지며 특히 냉해freezer burn, 탈수dehydration, 오염contamination 그리고 손실spoilage 등이 생기게 된다.

냉동식품은 냉동상태로 납품되어야 하며 입고 즉시 신속히 냉동고로 옮기고, 냉동고의 온도는 -18℃ 이하로 관리해야 한다. 실제 사용할 수 있는 냉동고의 용량은 냉동고 크기의 50% 정도이다. 뒤에 입고된 냉동식재료는 먼저 입고된 것의 뒤쪽에 두도록 하고 냉동식재료 사이와 밑부분까지 찬 공기가 순환될 수 있도록 배열하도록 한다.

냉동 저장이 적당하지 않은 식재료는 해동했던 생선류, 달걀, 우유 및 유제품, 두부, 묵, 호박, 오이, 죽순, 수박, 바나나, 배 등이다.

③ 건조창고

건조창고는 환기 및 조명시설이 잘 갖춰지고 위생적이어야 하며, 해충의 접근이나 과다한 습도로부터 보호될 수 있는 곳이어야 한다. 건조창고의 온도는 15~24℃가 적합하다. 건조창고의 온도를 정기적으로 점검하기 위해 온도계와 습도계를 비치하는 것이 좋다. 건조저장에 적합한 상대습도 범위는 50~60% 정도이며, 저장품의 품질을 유지하려면 환기상태가 양호해야 한다.

선반은 조립식으로 설치할 수 있는 금속제가 바람직하다. 습기를 방지하기 위해서는 바닥으로부터 약 25cm, 환풍 조절을 위해서는 벽면으로부터 약 5cm 떨어진 곳에 설치하는 것이 이상적이다. 창고의 복도는 운반용 기구가 다닐 수 있도록 설계되어야 한다. 바닥 마감 재료는 미끄럽지 않고 쉽게 청소할 수 있는 재질이 좋다.

건조창고 내부의 물품들을 유형별로 체계적으로 분류하여 진열하고 물품의 정면에 레이블을 붙여두면 재고조사나 출고 시 물품을 찾는 데 드는 시간과 노력을 줄일 수 있다. 또한 식품류와 비식품류를 각각 분류하여 저장하면 비식품이 식품으로 오인되거나 식품 속에 세제류 등의 냄새가 흡수되는 것을 방지할 수 있다.

2) 출고관리

출고issuing는 창고에 수납된 물품을 반출하는 것을 말하며, 출고전표를 작성하여 물품을 수령하게 된다. 입·출고 관리는 전산화가 가능한 분야로 각 식품 종류별, 규격별, 저장기간별 등 요인에 따라 코드화하여 구매활동과 연결되도록 할 필요가 있다. 여기에서는 출고관리를 중심으로 정리하기로 한다.

(1) 급식소에서 사용되는 식품 및 비품의 출고

식품에 따라서는 검수구역에서 직접 출고되는 비저장품의 출고와 건조·냉장 및 냉동저장 상태에 있던 물품이 출고되는 저장품의 출고, 그리고 비품의 출고가 있다.

① 비저장품의 출고

비저장품은 식품수불부상에서 당일 검수된 내용이 당일의 식품원가 항목에 계산되는 물품으로, 검수 직후 곧바로 조리구역으로 보내진다. 이러한 물품은 하루에 필요한 양만큼만 구매하여 신선한 과일류, 채소류, 빵류 및 유제품 등이 이에 속한다.

비저장품들은 운반되는 당일의 식품원가 계산에 포함되므로 검수원이 매일 작성하는 검수일지를 참고하여 단가계산을 하게 된다.

② 저장품의 출고

저장품은 창고에 보유되어 1일 이상 재고로 유지되는 품목을 말하며, 조리나 배식에 필요할 때 창고에서 반출된다. 저장품은 캔이나 병, 박스 형태의 부식류나 쌀, 밀가루 등의 주식류가 대부분이다.

저장품들은 출고되기 전까지는 재고로 간주되어 매일의 식품원가 계산에 포함되지 않으며, 특정일의 저장품의 가치는 출고청구서에 기재된 각각의 액수를 합산하여 정하게 된다.

③ 비품의 출고

엄격한 의미로는 저장품에 들어가나 식품과는 구별되는 문구류나 세제류 등과 같은 물품은 1일 식품원가와는 별도로 계산하게 된다.

(2) 저장품 출고관리의 요건

저장품 출고관리 시에는 창고의 모든 물품을 정당한 승인 없이 반출할 수 없으며, 반드시 조리나 배식에 필요한 양만큼만 반출해야 한다. 따라서 출고절차를 규제하는 것은 출고관리에 중요한 요건이 된다. 음식 조리 책임자가 필요한 물품목록을 청구서에 기재한 후 창고관리 담당자에게 청구서를 제출하면, 창고관리 담당자는 청구한 물품만 청구자에게 제공한다.

규모가 큰 급식소에는 창고 전담 직원이 출고인으로서 출고의 책임을 담당하는데, 소규모 급식소의 경우에는 창고 전담 직원을 확보하기 어려우므로, 급식관리자가 출고의 책임을 맡기도 한다.

(3) 대금 지불 및 구매기록 보관

모든 구매절차가 완료되면 납품업자에게 대금을 지불하고 구매업무 과정에서 사용된 모든 전표를 이용하여 장부를 정리한다. 계약서나 발주서는 법적 효력을 갖는 서류이므로 일정기간 보관하도록 한다.

3) 재고관리

(1) 재고관리의 의의

재고inventory란 물품(재고자산)의 흐름이 어떤 지점에 정체되어 있는 상태를 말한다. 재고관리는 재고를 유지·관리하는 것으로 이와 관련된 비용은 구매단가, 주문비용, 보관 및 유지비용, 재고품절로 인한 손실비용으로 각각의 비용의 합이 총재고비용이 된다.

이와 같이 재고비용을 지출하면서도 재고자산을 보유하는 것은 필요한 시기에, 필요한 수량을, 필요한 곳에 조달하기 위함이다. 즉, 재고관리란 물품의 수요가 발생했을 때 신속하고 경제적으로 적응할 수 있도록 재고를 최적의 상태로 관리하는 절차를 말한다. 급식소에서 재고관리가 중요하게 인식되는 것은 물품 부족으로 인한 생산계획의 차질을 없애고, 적정한 가격으로 최상품질의 물품을 구매하며, 생산부서에서의 요구량과 일치하는 수준에서 재고에 최소한의 투자가 유지되도록 하고, 도난과 부주의 및 부패에 의한 손실을 최소화할 수 있기 때문이다.

(2) 재고관리의 유형

재고관리의 유형은 조사 및 기록 방법에 따라 영구재고시스템과 실사재고시스템 두 가지 방법으로 분류할 수 있으며, 이 두 가지 재고관리시스템을 함께 사용했을 때 상호 보완적으로 이상적인 재고관리를 수행할 수 있다 표 3-8.

표 3-8 영구 및 실사재고 시스템의 장단점

구분	영구재고시스템	실사재고시스템
장점	•적절한 재고량 유지에 관한 정보를 제공 •특정 시점에서의 재고량과 재고자산을 쉽게 파악 •재고관리의 효율적인 통제 용이	•사용한 품목비의 산출에 필요한 정보를 제공(재고자산의 총가치를 평가)
단점	•경비가 많이 소요 •기록 체계의 정확성에 문제 발생 가능(수작업 기록 체계에 의한 부주의)	•많은 시간 소요 •신속하지 못함 •가끔 부정확하게 재고량이 파악될 수 있음

① 영구재고시스템

영구재고시스템perpetual inventory system은 구매하여 입고되는 물품의 수량과 창고에서 출고되는 수량을 계속적으로 기록하여 적정 재고량을 유지하는 방법이다. 일반적으로 재고량이 많은 규모가 큰 급식소에서 건조 및 냉동 저장창고의 물품관리에 이용되며, 소량 사용물품이나 저가품은 제외하고 몇 가지 고가품목과 수시로 사용하는 품목에만 제한시켜 관리하는 경우가 많다. 이를 위해서는 보통 품목별 카드가 이용되는데, 품목별 정보사항을 적어 넣어 각 저장선반에 부착해 놓고 입·출고와 재고량을 표기한다. 영구재고시스템의 장점은 어느 때든지 당시의 재고량과 재고금액을 파악할 수 있어 적절한 재고량을 유지하는 데 필요한 정보제공과 통제를 할 수 있다는 점이다. 그러나 경비가 많이 들고 많은 노동력을 필요로 하며, 수작업으로 진행될 경우 오차가 생길 우려가 높다는 단점이 있다.

따라서 영구재고시스템은 전산화하여 운영하면 효과적이다.

② 실사재고시스템

실사재고시스템Physical inventory system은 주기적으로 창고에 보유하고 있는 물품의 수량과 목록을 기록하는 방법으로 영구재고의 정확성을 점검하기 위해 실시된다.

일반적으로 대형업체에서는 매주 한 번 또는 한 달에 두 번씩, 소형업체에서는 한 달에 한 번 실시하여 실제 재고량과 영구재고시스템의 재고기록 대장을 비교하여 물품의 도난이나 출·입고 대장 기록상의 부정확성 등 문제점을 파악할 수 있다. 실사재고조사를 효율적으로 하기 위해서는 급식소에서 정해둔 조사기준에 따라 실시되어야만 한다. 그러므로 실사 조사 이전에 그 기준(대상 품목의 범위, 저장고, 조리장 내의 식품, 개봉된 식품, 쓰다 남은 물품 등)이 결정되어야 한다.

실사재고조사는 물품이 저장되어 있는 순서대로 조사·기록하여 기록 및 물품을 찾는 데 드는 시간을 절약하도록 한다. 실사재고조사 때 두 사람이 기록과 물품 확인 업무를 나누어 동일한 사람이 동일한 작업을 하게 되면, 혼동 없이 진행할 수 있다. 실제로 조사에 들어가기 전에는 미리 기록지에 각 품목의 가격을 적어두는 것이 좋다. 또한 냉동고에 보관하는 식품은 꼬리표(비용, 무게, 날짜, 형태 등 기재)를 달아 저장하면 조사가 간편하다.

일반적으로 급식소에서는 재고조사를 식재료 관리자와 창고책임자가 공동으로 실시하며, 필요에 따라 관계부서 입회하에 실시하기도 한다. 재고조사 결과는 재고금액을 산출하는 회계자료이므로 임의로 처분해서는 안 된다.

(3) 재고수준

재고수준stock level은 보급수준supply level이라고도 하며, 앞으로의 수요에 대비하기 위해 미리 확보하여 재고로 보유하고 있어야 할 자재의 수량이나 일수로 요약할 수 있다. 재고수준은 수요의 변동, 수송수단, 가용자금, 저장시설, 회전율 등을 충분히 감안하여 너무 많거나 너무 적은 양을 보유하는 일이 없어야 한다.

적정 재고수준이란 수요를 가장 경제적으로 충족시킬 수 있는 재고량으로, 재고의 고갈이 발생하지 않고도 수요를 충족시킬 수 있는 최소한의 재고량을 의미한다.

이 적정 재고수준의 설정이 가장 어려운 문제이며, 획일적으로 설정할 수도 없는 것이다. 적정 재고수준은 계속적인 공급과 경제적인 확보의 원칙이 균형을 이루는 선에서 성립되는 것이 가장 이상적이나 수요의 변동, 자재조달에 소요되는 시간의 다양성, 계획이나 예산의 변동, 저장시설의 능력, 재고회전율, 재고유지방식 등과 같은 여러 제약요인으로 인해 균형을 이루기 어렵게 된다.

① 재고회전율

재고회전율inventory turnover이란 일정 기간 중 재고가 몇 차례나 사용되었는가 또는 판매되었는가를 의미하며, 재고회전율치inventory turnover value의 계산은 실사재고physical inventory가 행해질 때 산출된다.

재고회전율은 급식소의 유형과 규모에 따라 다르며, 또한 그 외에도 재고수준을 유지하기 위해 급식소가 보유하고 있는 현금자산, 식수인원 또는 판매량, 저장창고의 시설설비와 용량, 물품 공급자의 역량과 배달에 관한 정책, 메뉴, 구매 물품의 유형 등 여러 요인에 의해 결정된다.

각 급식소에서는 그 급식소의 상황에 맞도록 표준이 되는 재고회전율을 설정하고 실제 재고회전율과 비교하여 차이를 줄이도록 해야 한다.

보통 급식소에서 재고회전은 한 달에 2~8회 정도이다. 재고회전율이 표준보다 낮을

재고회전율의 계산

- $\text{재고회전율} = \dfrac{\text{총매출원가(식품비)}}{\text{평균재고액}}$
- 총매출원가 = 월초재고[1] + 단기구매 - 월말재고
- $\text{평균재고액} = \dfrac{\text{월초재고} + \text{월말재고}}{2}$
- $\text{재고회전기간} = \dfrac{\text{수요검토기간}^{2)}}{\text{재고회전율}}$

1) 초기재고, 기초재고, 이월재고, 2) 통상 1년간을 기준으로 일수로 환산할 때는 360일로 한다.

예제) A 급식소의 9월초 재고액이 천만 원, 9월말 재고액이 천만 원이었고, 9월 한 달간 소요된 식품비 총액은 오천만 원이었을 때, 9월의 재고회전율은?

재고회전율 = 50,000,000원 ÷ {(10,000,000원 + 10,000,000원) ÷ 2} = 5

때는 재고가 많다는 것으로 심리적으로 조리종사원이 부주의하게 식품을 사용하여 낭비되는 양이 많아지거나 식품의 부정유출 가능성이 생기며, 저장기간이 길어지므로 식품 손실이 커지고 자본이 정체되어 결과적으로 이익이 줄어들게 된다.

반면, 높은 재고회전율은 재고식품의 고갈 위험성과 생산지연을 초래할 수 있으며, 비싼 가격으로 물품을 긴급히 구매해야 하는 경우도 발생하므로 비용이 증가되어 조리종사원의 사기와 급식대상자의 만족도를 저하시킬 수 있다.

(4) 재고관리기법

식품원가관리, 구매량 결정, 적정 재고량 결정을 위하여 여러 가지 재고관리기법이 이용되고 있다.

① ABC 관리방식

ABC 관리방식은 구매 및 재고 물품의 가치에 따라 A, B, C 세 등급으로 분류하여 차등적으로 관리하는 방식이다 **표 3-9**. 재고품의 단가는 재고량과 통제에 영향을 주기 때문에 용도에 맞게 품목을 분류하는 과정이 중요한데 ABC 관리방식에서는 재고가와 총재고량을 기준으로 하는 파레토분석Pareto analysis 곡선을 이용하여 품목들의 우선 순위를 결정하는 데 도움을 준다 **그림 3-11**.

파레토분석(ABC 분석)은 관리력이 일정한 경우 가급적 효과가 높은 부분에 중점적으로 투입하기 위한 분석방법이다. 급식소에서 구매물품의 재고관리 시에 고가이지만 총재고량은 적은 A품목, 반대로 저가이면서 총재고량이 많은 C품목, 그 중간을 B품목

표 3-9 ABC 관리기법의 분류 및 특성

품목	분류	특성
A형 품목	• 고가품목에 적용 • 총재고량의 10~20% 차지(재고액의 70~80% 차지) • 정기발주방식 적용 • 소요량과 보유량을 확인하여 발주량을 정확히 산출해야 함	육류, 해산물, 냉동편의식품 등
B형 품목	• 중가품목에 적용 • 총재고량의 15~30% 차지(재고액의 20~40% 차지) • 일반적인 재고관리시스템 적용	유제품, 식기류 등
C형 품목	• 저가품목 • 총재고량의 40~60% 차지(재고액의 5~10% 차지)	곡류(밀가루·콩류), 설탕 등

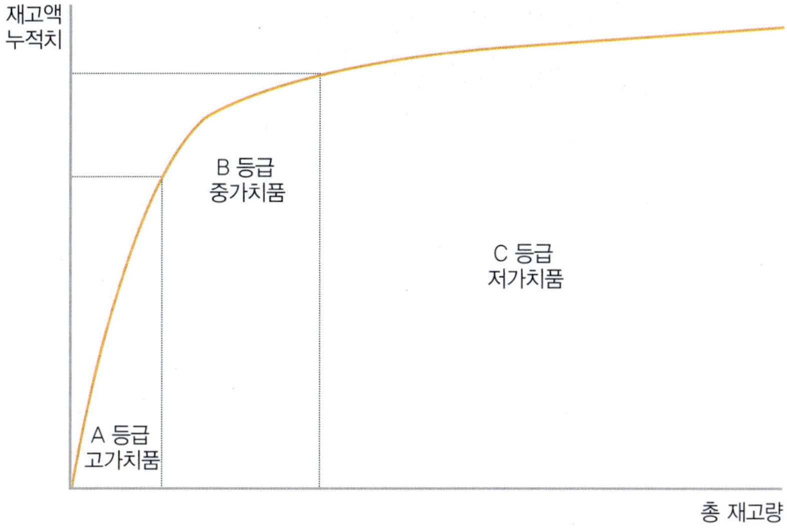

그림 3-11 ABC 분석도표(파레토분석)

으로 총 3개 품목으로 구분하여 A품목에 대해서는 각별한 주의를 기울여 중점적으로 재고관리를 하고 B품목에 대해서는 적당히, C품목에 대해서는 가장 적은 노력을 기울이는 방법이다.

② 최소-최대 관리방식

최소-최대 관리방식은 예기치 못한 상황에 대비하여 안전 재고수준의 재고량을 유지하면서 재고량이 최소재고량에 이르면 적정량을 발주하여 최대의 재고량을 보유하도록 관리하는 방식이다 **그림 3-12**. 따라서 최대재고량은 최소의 안전재고량과 적정발

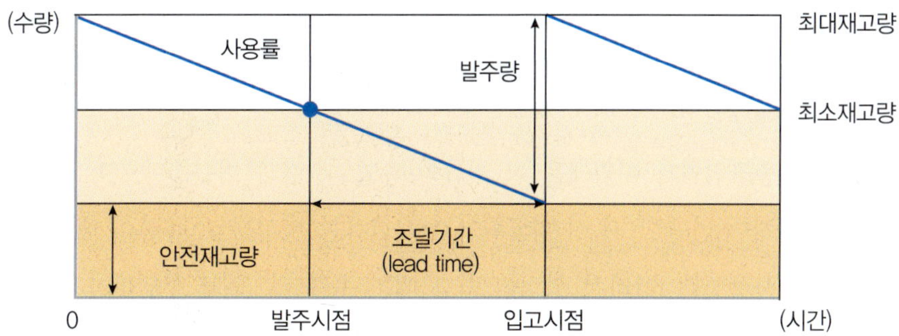

그림 3-12 최소-최대 관리방식

주량의 합에 해당하게 된다. 이 방식을 따르면 매번 발주량은 동일하나 발주시기는 부정기적이 된다.

③ 고정품목 관리방식fixed item inventory

고정품목 재고관리는 ABC 재고관리 방식과 유사하지만 모든 품목에 대한 관리가 아니라 몇 가지 품목을 집중해서 관리하는 것을 말한다. 예를 들어, 입고되는 쇠고기 부위 중 등심 품목에 대해서만 발주량, 사용량 등을 감시하는 것이다.

(5) 재고자산의 평가

급식소의 경영에 있어서 재고는 현재의 자산에 해당한다. 재고품은 재무제표상에 재고자산으로 반영되고 월말, 연말 등 결산 시점마다 손익계산서상에 원가로 반영된다. 보통 실사재고를 결산 시점에 실시하게 되면 이 시점에서 보유하고 있는 재고자산의 가치를 산출할 수가 있다. 그런데 물품의 구입원가가 항상 일정하다면 문제가 없겠지만, 특히 식품의 경우는 구입시기나 구입처에 따라 가격이 달라질 수 있기 때문에 같은 식품이라도 시기에 따라 어떻게 품목단위당 가치를 부여하느냐에 따라 재고자산 가치가 달라지게 된다. 재고자산의 자산적 가치를 계산하는 데는 목적과 상황변수에 따라 다양한 방법이 활용되고 있다.

① 실제구매가법

재고조사를 할 때 남아 있는 물품들을 실제 그 물품을 구입했던 단가로 계산하는 방법으로, 소규모 급식소에서 많이 사용되며 검수 후 창고에 저장할 때 모든 물품에 구입단가를 표시해 두어야 한다. 선입선출의 원칙에 의해 재고회전이 잘 되고 있을 때에는 선입선출법에 의한 결과와 같은 단가와 재고액이 기말에 남게 된다.

② 총평균법gross average method

일정기간의 총구입액과 이월액을 그 기간의 총입고수량과 이월수량으로 나누어 평균단가를 계산하여 반출할 때 이 평균단가로 계산하는 방식으로, 물품이 대량으로 구입, 출고될 때 사용한다. 따라서 평소의 반출 때는 수량만 기입해 두었다가 기말에 평균단가를 계산하여 기록하게 된다.

③ 선입선출법first-in first-out, FIFO method

재고품 중 제일 먼저 들어온 식품부터 반출하고 기록하는 방식으로 기말재고액은 가장 최근에 구입한 식품의 단가가 기입된다. 선입선출법은 시간의 흐름에 따라 가격이 인상될 때, 재고액을 높게 책정하고 싶을 때 사용된다.

④ 후입선출법last-in first-out, LIFO method

재고품 중 가장 최근에 구입한 식품부터 반출하고 기록하는 방식으로 기말재고액은 가장 오래전에 구입한 식품의 단가가 기입된다. 후입선출법은 물가상승 시 소득세를 줄이기 위해 식품비는 최대화하고 재고가치를 최소화하고 싶을 때 사용된다.

⑤ 최종구매가법

재고액을 가장 최근의 단가를 이용하여 산출하는 것으로 간단하고 신속하게 재고액을 계산할 수 있기 때문에 급식소에서 가장 널리 이용된다.

재고자산 평가 방법

B 급식소의 10월 30일 현재의 C 식품에 대한 재고 현황은 다음과 같다.

입고 날짜	구입량(병)	구매 단가(원/병)	현재 재고량(병)
10월 2일	30	1,000	3
10월 17일	20	1,050	4
10월 25일	10	1,100	5

예제 1) 재고자산 평가 방법 중 간단하고 신속하게 재고액을 계산할 수 있어 급식소에서 가장 많이 이용되는 방법으로 B 급식소의 C 식품에 대한 재고가를 산출하시오.

- 최종구매가법
- 재고자산 = 1,100원 × 12병 = 13,200원

예제 2) 물가가 인상되는 상황에서 재고가를 높게 책정하고자 할 때 활용하는 재고자산 평가방법으로 B 급식소의 C 식품에 대한 재고가를 산출하시오.

- 선입선출법
- 재고자산 = (1,100원 × 10병) + (1,050원 × 2병) = 13,100원

⑥ 이동평균법

식품을 구매할 때마다 재고수량과 단가를 합산하여 평균단가를 계산하고 반출할 때는 이 평균단가로 기입하는 방식이다.

이상 여섯 가지 방법 중 어떠한 방법을 사용하느냐에 따라서 재고자산의 가치는 모두 다르게 산출될 수 있다. 그러나 어떠한 산출방법을 사용할 것인가는 급식소의 상황에 따라 회계사의 자문을 받아 결정하면 된다.

5. 급식구매관련 정보관리

최근 급식소에서도 구매의 전 과정에서 전산화가 이루어진 것을 쉽게 볼 수 있다. **그림 3-13~그림 3-18**은 급식관리 프로그램상의 급식구매관련 발주와 재고관리 작성일지의 구동장면이다.

발주관리 시에는 식단 작성 후 해당 메뉴정보를 불러온 후 필요없는 식재료는 삭제하거나 추가할 식재료를 등록하고 프로그램상에서 수량, 식품의 종류, 매출가 등의 수정이 가능하다. 발주가 끝나면 발주한 목록이 작성된 검수서를 인쇄하여 검수 시 사용한다. 또한 식품별 발주내역은 1개월간의 누적통계도 확인할 수 있다 **그림 3-16**.

재고관리를 전산화하면 물품이 사용되는 시점의 정보와 창고정보의 연결이 가능하므로 전산상에서 영구재고관리가 자동적으로 이루어질 수 있다. 또한 물품의 출고 시에 발주가 필요하다고 자동적으로 알려주는 시스템도 있으며 최근에는 발주 필요 물품이 있을 때 자동적으로 발주서가 인쇄되도록 고안된 프로그램도 사용되고 있다.

이와 같은 구매관리의 전산화는 발주, 입고, 출고, 재고 등 구매업무에 대한 인력과 시간을 단축시켜 주며, 구매관리 현황 정보를 실시간 파악할 수 있고 보고용 자료작성도 쉽게 할 수 있다.

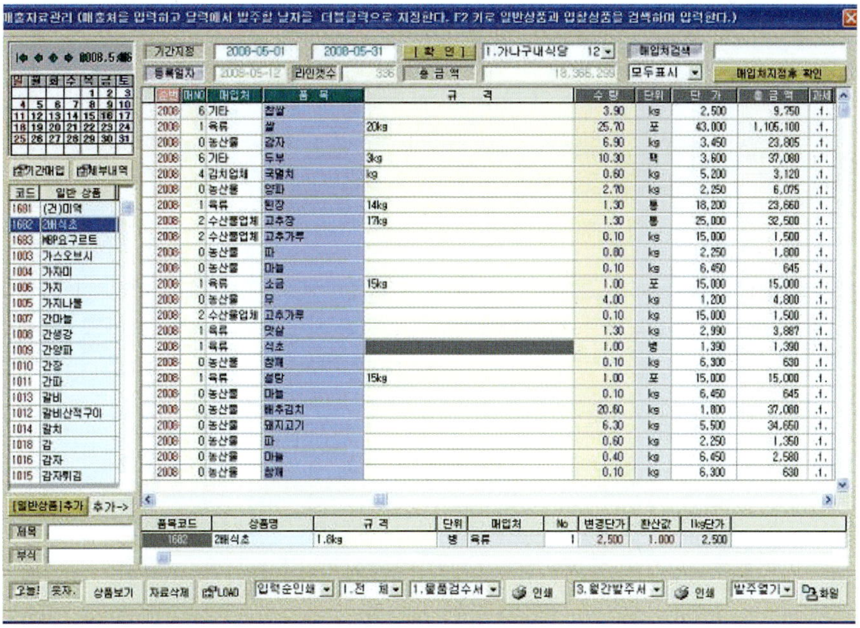

그림 3-13 매출자료관리

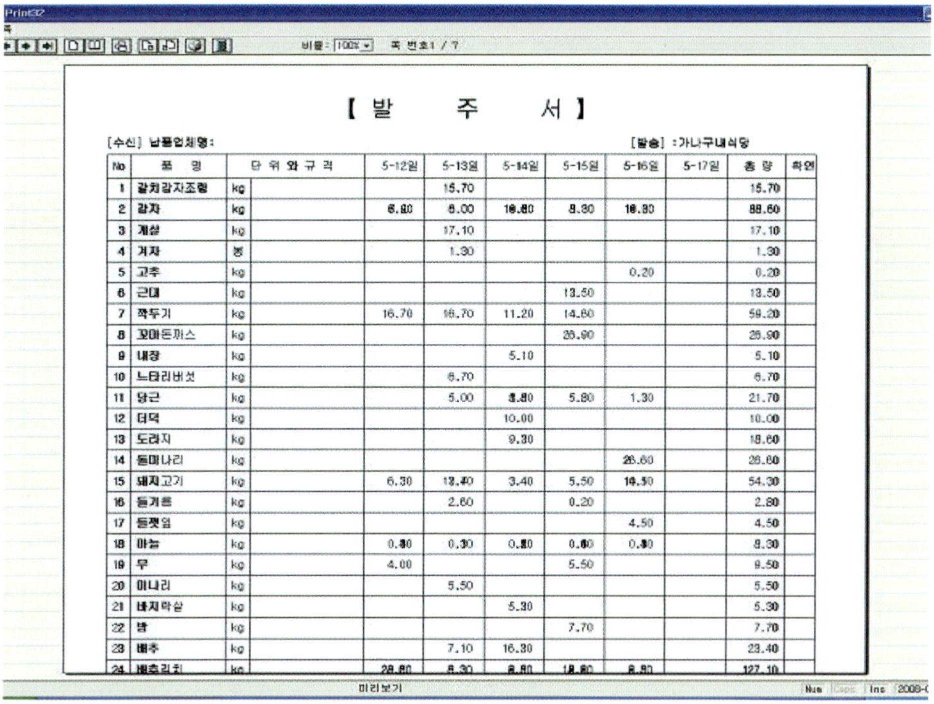

【 발 주 서 】

[수신] 납품업체명: [발송] :가나구내식당

No	품 명	단 위 와 규 격		5-12일	5-13일	5-14일	5-15일	5-16일	5-17일	총 량	확인
1	갈치감자조림	kg			15.70					15.70	
2	감자	kg		6.80	8.00	18.80	8.30	18.30		88.60	
3	게살	kg			17.10					17.10	
4	겨자	봉			1.30					1.30	
5	고추	kg						0.20		0.20	
6	근대	kg					13.50			13.50	
7	깍두기	kg		16.70	16.70	11.20	14.60			59.20	
8	꼬마돈까스	kg					26.90			26.90	
9	내장	kg				5.10				5.10	
10	느타리버섯	kg			6.70					6.70	
11	당근	kg			5.00	8.80	5.80	1.30		21.70	
12	더덕	kg				10.00				10.00	
13	도라지	kg				9.30				18.60	
14	돌미나리	kg						26.60		26.60	
15	돼지고기	kg		6.30	18.40	3.40	5.50	19.50		54.30	
16	들기름	kg			2.60		0.20			2.80	
17	들깻잎	kg						4.50		4.50	
18	마늘	kg		0.80	0.30	0.80	0.60	0.80		8.30	
19	무	kg		4.00			5.50			9.50	
20	미나리	kg			5.50					5.50	
21	바지락살	kg				5.30				5.30	
22	배	kg					7.70			7.70	
23	배추	kg			7.10	16.30				23.40	
24	배추김치	kg		28.80	8.30	8.80	18.80	8.80		127.10	

그림 3-14 발주서

【 급식품 산출내역서 】

[페 이 지] : 1

[산출기간] : 2008-05-12 ~ 2008-05-16　　가나구내식당　　직: 영양사　　성명 : 영양사

No	품 명	단 위	규 격	예정소요량	예정단가	예정총금액	비고
1	(애)호박	kg		4.6	0	0	
2	갈치감자조림	kg		15.7	0	0	
3	게살	kg		17.1	0	0	
4	근대	kg		13.5	4,500	60,750	
5	김치	kg		41.1	2,450	100,695	
6	깍두기	kg		59.2	2,450	145,040	
7	깨	kg		1.1	6,300	6,930	
8	꼬마돈까스	kg		28.9	0	0	
9	내장	kg		5.1	0	0	
10	느타리버섯	kg		6.7	9,000	60,300	
11	당근	kg		22.1	2,250	49,725	
12	대구	kg		28.9	0	0	
13	더덕	kg		10.0	0	0	
14	도라지	kg		28.0	5,250	147,000	
15	돌미나리	kg		26.6	3,000	79,800	
16	돼지고기	kg		54.2	5,500	298,100	
17	들기름	kg		3.1	0	0	
18	들깻잎	kg		4.5	10,000	45,000	
19	명태알	kg		1.6	0	0	
20	무	kg		23.7	1,200	28,440	

미리보기

그림 3-15 급식품 산출내역서

[페이지]: 1　　수신처: 농산물　　**【 부 식 납 품 발 주 량 내 역 서 】**　　[기간] 2008-05-01 ~ 2008-05-31

NO	재료명	규 격	단위	01	02	03	04	05	06	07	08	09	10	11	12	13	14	15	16	17	18	19	20	21	22	23	24	25	26
1	갈치감자조림		kg													15.7													
2	감자		kg												8.5	6.6	18.6	3.3	16.6										
3	게살		kg													17.1													
4	겨자		통													1.5													
5	고추		kg																0.2										
6	근대		kg															13.5											
7	깍두기		kg												16.7	10.7	18.2	14.6											
8	꼬마돈까스		kg															28.9											
9	내장		kg														5.1												
10	느타리버섯		kg													6.7													
11	당근		kg													5.0	9.5	5.8	1.8										
12	더덕		kg														10.0												
13	도라지		kg														9.5												
14	돌미나리		kg																28.6										
15	돼지고기		kg												6.3	13.3	8.4	5.5	10.5										
16	들기름		kg													2.6		0.2											
17	들깻잎		kg																4.5										
18	마늘		kg												0.5	0.5	0.3	0.6	0.4										
19	무		kg												4.0			5.5											
20	미나리		kg													5.5													
21	바지락살		kg														5.3												
22	밤		kg															7.7											
23	배추		kg													7.1	16.3												
24	배추김치		kg												28.6	8.3	6.5	18.6	6.5										
25	보리쌀		kg													2.2													
26	붉은고추		kg															0.2	0.1										
27	생강		kg														0.1	0.3											
28	선지		kg														7.7												

미리보기

그림 3-16 부식납품 발주량 내역서

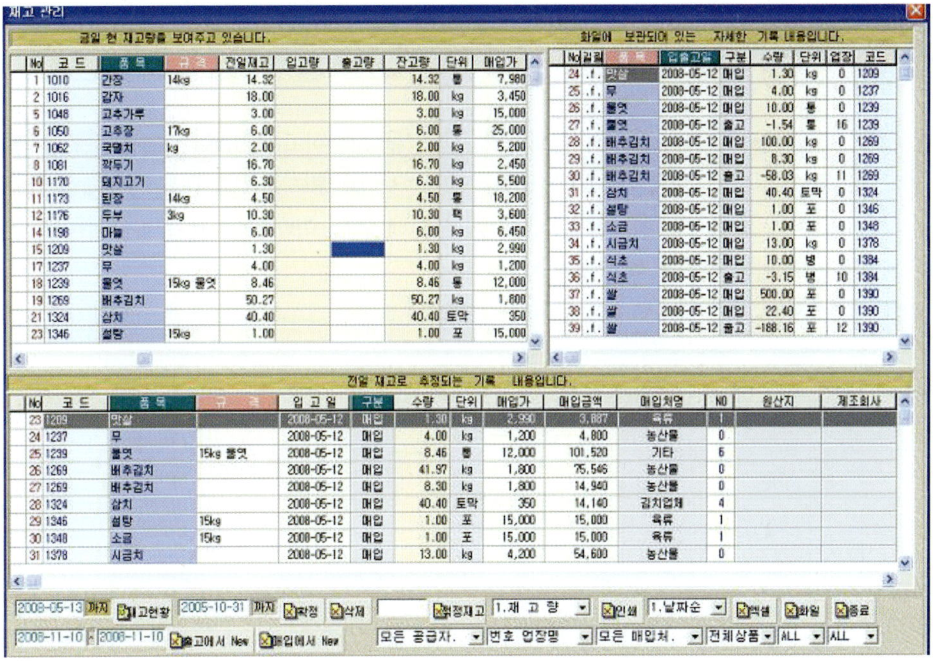

그림 3-17 재고관리일지

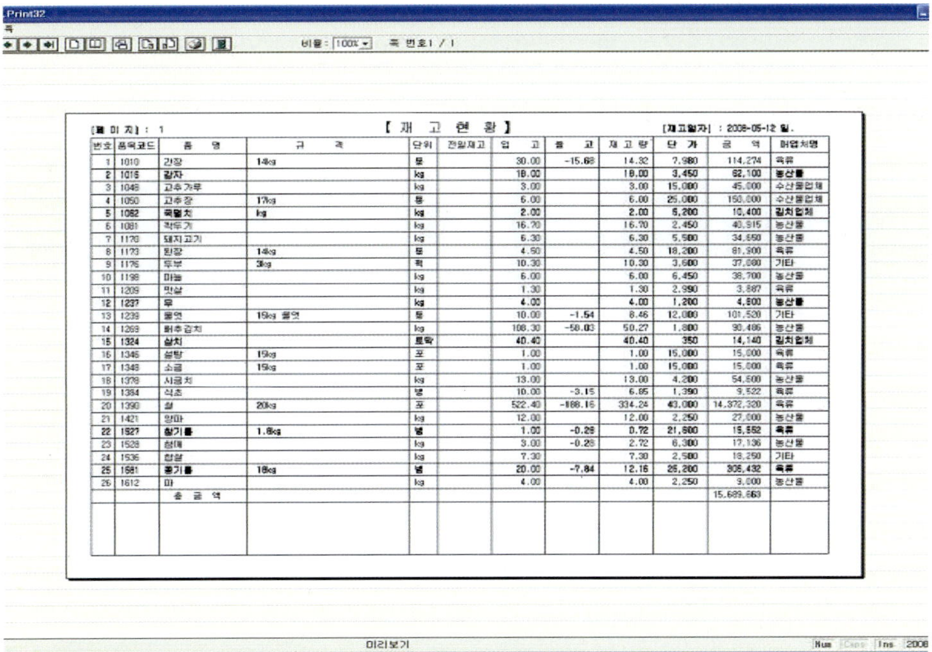
[페 이 지] : 1 【 재 고 현 황 】 [재고일자] : 2008-05-12 일.

번호	품목코드	품 명	규 격	단위	전일재고	입 고	출 고	재 고 량	단 가	금 액	매입처명
1	1010	간장	14kg	통		30.00	-15.68	14.32	7,980	114,274	육류
2	1016	감자		kg		18.00		18.00	3,450	62,100	농산물
3	1048	고추가루		kg		3.00		3.00	15,000	45,000	수산물업체
4	1050	고추장	17kg	통		6.00		6.00	25,000	150,000	수산물업체
5	1062	국멸치	kg	kg		2.00		2.00	5,200	10,400	김치업체
6	1081	깍두기		kg		16.70		16.70	2,450	40,915	농산물
7	1170	돼지고기		kg		6.30		6.30	5,500	34,650	농산물
8	1173	된장	14kg	통		4.50		4.50	18,200	81,900	육류
9	1176	두부	3kg	판		10.30		10.30	3,600	37,080	기타
10	1198	마늘		kg		6.00		6.00	6,450	38,700	농산물
11	1209	맛살		kg		1.30		1.30	2,990	3,887	육류
12	1237	무		kg		4.00		4.00	1,200	4,800	농산물
13	1239	물엿	15kg 물엿	통		10.00	-1.54	8.46	12,000	101,520	기타
14	1269	배추김치		kg		108.30	-58.03	50.27	1,800	90,486	농산물
15	1324	삼치		토막		40.40		40.40	350	14,140	김치업체
16	1346	설탕	15kg	포		1.00		1.00	15,000	15,000	육류
17	1348	소금	15kg	포		1.00		1.00	15,000	15,000	육류
18	1378	시금치		kg		13.00		13.00	4,200	54,600	농산물
19	1384	식초		병		10.00	-3.15	6.85	1,390	9,522	육류
20	1390	쌀	20kg	포		522.40	-188.16	334.24	43,000	14,372,320	육류
21	1421	양파		kg		12.00		12.00	2,250	27,000	농산물
22	1527	참기름	1.8kg	병		1.00	-0.28	0.72	21,600	15,552	육류
23	1528	청매		kg		3.00	-0.28	2.72	6,300	17,136	농산물
24	1536	찹쌀		kg		7.30		7.30	2,500	18,250	기타
25	1581	콩기름	18kg	병		20.00	-7.84	12.16	25,200	306,432	육류
26	1612	마		kg		4.00		4.00	2,250	9,000	농산물
		총 금 액								15,689,663	

그림 3-18 재고현황표

Activity

급식소에서 닭찜 200인분을 조리할 경우 각 식재료의 구매량을 산출하고(폐기율이 있는 식품은 폐기율 고려 : 감자 10%, 채소류 15% 적용), 도매시장 가격(표 2-4 인터넷 사이트 정보 활용)과 대형 할인매장 가격(직접 시장조사 실시 후 작성)을 비교하여 닭찜의 식단가를 산출해 보자. 이때 각 식재료의 품질등급, 원산지, 포장단위에 따른 단가의 변화를 비교해 보자.

식품명	단위	1인 분량(g)	구매량(kg)	예상단가(원)	예상금액(원)
닭(찜용)	kg	160			
감자	kg	40			
양파	kg	15			
당근	kg	15			
대파	kg	5			
다진 마늘	kg	2			
고춧가루	kg	0.5			
콩기름	L	2			
진간장	L	12			
백설탕	kg	5			
물엿	L	3			
참기름	L	1			
후춧가루	kg	0.03			
총합계					
1인 단가					

CHAPTER

04

급식생산관리

1. 급식생산관리의 의의 | 2. 급식생산성 | 3. 작업연구
4. 생산관리 절차 | 5. 급식생산관련 정보관리

CHAPTER

04

단체급식의 가장 기본적인 목표는 물적자원 및 인적자원을 효과적으로 투입하여 질적·양적으로 우수한 음식생산, 급식대상자의 만족도 향상, 조리종사원의 직무만족도 향상 등 최대의 결과물을 산출해 내는 것이다. 최대의 결과물을 산출하기 위해서는 급식에서의 최종제품인 음식을 준비하는 단계부터 생산되기까지의 모든 단계를 합리적으로 관리하여 생산성을 높일 수 있도록 해야 한다. 단체급식에서의 생산과정은 대량생산으로 이루어지므로 가정에서의 소량조리나 레스토랑에서의 조리과정과는 다른 특징을 갖는다. 본 장에서는 급식생산관리의 의의, 급식생산성, 작업연구, 생산관리절차에 대해 알아본다. 급식생산관리의 의의에서는 급식생산 계획단계를 살펴보고, 급식생산 계획을 위한 도구인 조직도, 업무분담표, 직무기술서, 작업계획서, 작업공정표, 작업일정표, 작업과정표 등을 살펴본다.

급식생산성에서는 생산성의 개념을 살펴보고 급식생산성 지표 중 노동생산성 지수인 작업시간당 급식수, 1식당 소요된 작업시간, 제공된 식사당 인건비의 계산방법을 알아본다. 작업연구에서는 공정연구, 시간연구, 동작연구 방법을 살펴본다. 생산관리절차에서는 급식업무에서의 생산관리 절차인 조리작업관리, 배식작업관리, 퇴식작업관리 등 각 단계에서 생산성을 향상시킬 수 있는 대책을 논의한다.

학습목표

1. 급식생산관리의 의의를 이해할 수 있다.
2. 급식생산 계획을 위해 필요한 도구들을 파악할 수 있다.
3. 생산성의 개념을 이해하고 급식생산성 지표를 설명할 수 있다.
4. 공정연구, 작업시간연구, 동작연구의 내용을 설명할 수 있다.
5. 조리작업관리, 배식작업관리, 퇴식작업관리 등 생산관리 절차를 파악할 수 있다.

1. 급식생산관리의 의의

생산관리란 좋은 품질의 상품을 생산하기 위하여 준비단계부터 최종제품이 생산되기까지의 모든 공정을 합리적으로 관리하는 것으로 공정관리, 품질관리, 작업관리, 설비관리 등으로 구성된다.

공정관리란 기계, 재료, 설비, 노동력을 가장 효율적으로 활용하여 제품을 생산할 수 있도록 생산 전 과정의 요건을 계획·실시·통제하는 방법이다. 품질관리란 통계학을 응용한 품질향상을 위한 관리기술을 의미하며, 경영 전체 과정에 회사의 각 조직이 협력하여 합리적 경영이 될 수 있도록 하는 과정이다. 또한 작업관리란 작업을 능률적이고 효과적으로 수행하기 위한 제반관리 업무이며, 설비관리란 제품을 생산할 때 이용하는 설비의 효율적인 관리과정을 의미한다.

급식업무에서의 생산관리란 주어진 시간에 음식 생산을 완료하여 배식에 차질이 없도록 하기 위해 시간활용을 적절히 조절하여 너무 빨리 음식이 완성되어 발생할 수 있는 품질 저하를 방지하고, 보유하고 있는 인적자원과 시설설비자원을 효과적으로 사용하여 생산성의 효율을 높일 수 있도록 하기 위한 일련의 관리과정이라고 할 수 있다.

1) 급식생산 계획

급식생산의 기본지침은 가급적 계획된 메뉴에서 벗어나지 않아야 하고, 식품의 신선도와 영양가가 최대한 유지되도록 하며, 완성에서 배식까지의 시간을 최소화하고, 급식대상자의 기대에 부합하도록 노력해야 하는 것이다.

급식생산 계획 시에는 생산될 음식에 대한 정보 및 지식, 메뉴 생산계획을 위한 인적·기기 자원에 대한 조직 구성력, 메뉴 생산을 위한 기준 및 규칙 개발 능력, 메뉴 생산에 필요한 기술 결정 능력, 생산에 필요한 각종 기기들의 작동방법 인지 등이 필요하다.

급식생산 계획은 계획단계와 실행단계로 구분할 수 있는데, 계획단계에서는 실제 생산해야 할 음식의 양을 결정하며, 이때 모든 생산계획은 표준조리법을 기본으로 한다. 실행단계에서는 각 음식을 조리하기 위한 조리종사원, 시작시간과 완료시간을 결정하며, 이때 작업계획서가 중요하게 쓰인다.

이와 같은 생산계획을 수립할 때는 메뉴 및 표준레시피, 급식종사원 구성에 따른 작업계획, 보유기기 및 설비, 시간 제약, 수요 예측 등이 반드시 고려되어야 한다.

2) 급식생산 계획을 위한 도구

효과적인 급식생산을 위해서는 업무에 대한 정확한 분석과 적정인원의 계획 및 배치, 올바른 작업지도 등의 과정이 필요하다.

즉, 효율적인 급식생산을 위해서는 조리종사원 업무의 효율적인 배분, 책임한계 등을 나타내는 도구인 조직도, 업무분담표, 직무기술서, 작업계획서, 작업공정표, 작업일정표, 작업과정표 등을 작성하여 사용한다.

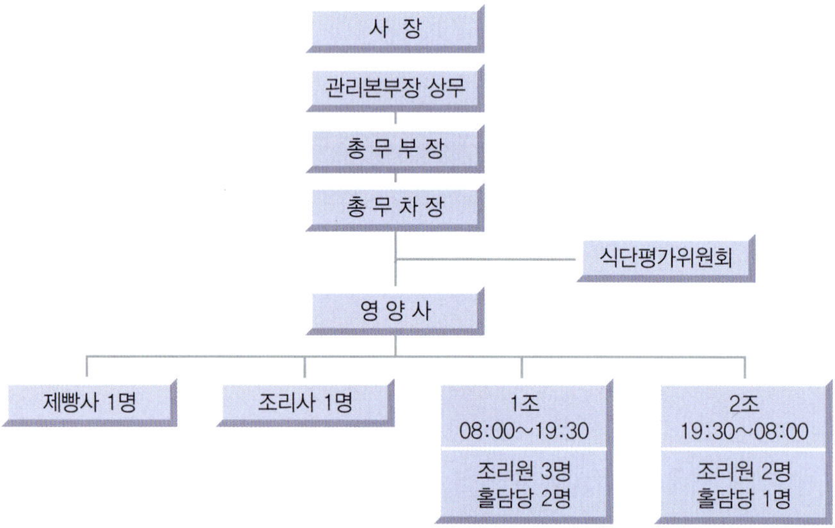

제빵사(1명)	조리사(1명)	조리원(5명)	홀담당(3명)
• 간식빵 반죽 • 1인분 소분 • 빵 성형 • 빵 굽기 • 빵 포장	• 식품 검수 • 조리 지도 · 감독 • 청소 지도 · 감독 • 잔반량 기록 • 위생점검일지 작성	• 식재료 전처리 • 조리 • 식기 세척 · 소독 • 밥, 반찬 배식 • 자율배식대 청소 유지	• 식당홀 청소 • 쓰레기 분리수거 • 식탁, 양념통 청결 유지 • 자율배식대, 퇴식구 청결 유지 • 화분 가꾸기 • 국 배식 • 채소 전처리 • 식음료 준비

그림 4-1 사업체 급식소 조직도의 예

출처 : 대한영양사회(2007)

(1) 조직도

직책과 기능의 관계를 나타낸 도표로 업무 진행상 결재 라인이 되므로 중요하다.

(2) 업무분담표

직책과 기능에 따른 각자의 업무를 명시한 표이다.

(3) 직무기술서

특정 직책에 요구되는 기술과 책임을 나타낸 것으로 책임한계를 분명히 한다.

표 4-1 조리종사원 업무분담표의 예

홀담당(12명)	조리보조(3명)	조리원(7명)	조리사(1명)	조리실장(1명)
• 식탁 및 양념장 청결 유지 • 김치 통에 담기 • 밥 푸고 밥솥 닦기 • 국 배식 • 행주, 칼 관리 • 자율배식대, 퇴식구 청결 • 채소 다듬기 및 세척, 썰기	• 수저 열탕소독 • 밥짓기 • 보리차 끓이기 • 국 준비 • 자율배식 준비 • 조리장 바닥 청소 • 잔반발효기 청소 • 잔반통 수거 기록 • 발효기용 음식물 쓰레기 무게 측정 • 식품 썰기, 다듬기, 세척	• 세척기 그릇 받기 • 밥 푸고 밥솥 닦기 • 수저 세척 • 다과 준비 • 채소 및 생선, 고기 손질 및 썰기 • 튀김 및 부침 • 무침	• 식품 검수 • 조리지시서에 의한 지시 및 감독 • 식품 양 나누기 • 조리 지도 • 위생점검일지 작성 • 청소지시 및 감독 • 배식 시 잔반검사 • 잔반량 기록 • 잔반발효기 관리 • 다과 준비	• 조리사의 업무분담과 동일 • 가스점검일지 기록 • 사내 행사음식 총괄 관리 • 조리장 내 사내규칙 준수 감독 • 팀워크 조성 • 특근 시 근무인원 선정

출처 : 모토로라코리아

표 4-2 직무기술서의 예

직명	일반식 영양사
직무개요	환자식·일반식 식단 작성 및 식품재료 주문, 부식 검수, 조리지도 및 배식 점검, 환자 방문, 영양가 분석, 소관업무 장부 정리 및 통계
직무수행요건	• 책임 : 환자일반식 영양관리 및 작업·위생관리 • 직무지식 : 영양학 및 단체급식관리의 기본지식과 식품재료 규격 및 검사법 • 정확도 : 식단계획 시 식품재료 분량 결정과 통계처리에 정확성을 기해야 함 • 감독 : 영양과장의 감독하에 있음
자격	영양학을 전공하여 영양사 면허증을 소지한 자로 병원이나 단체급식소에서 3개월 이상 현장실습을 한 경험자가 바람직함

출처 : 고대부속 구로병원 영양과

(4) 작업계획서

작업일정을 나타낸 표로서 생산될 메뉴와 총배식량, 필요한 batch 크기 및 개수, 작업책임자, 준비시간, 필요한 기구 등을 내용으로 한다 표 4-3. 작업계획서는 급식생산에 대한 급식관리자와 조리종사원 간의 의사소통 방법이 되고 생산작업을 효과적으로 수행하는 데 유용하게 쓰인다.

표 4-3 작업계획서

_________년 _________월 _________일

각 메뉴의 총준비량 : 300인분
배식시각 : 11시 30분

메뉴	총 배식량	필요한 batch[1] 크기 및 개수	1인 배식량	작업책임자		준비시간		필요한 기구
				지위	이름	총필요시간	시작시간	
흰쌀밥	63kg	3개/100인분 (21kg)	210g	조리보조		2시간	9:20	스팀다단식 취사기
쇠고기뭇국	75kg	3개/100인분 (25kg)	250g	조리원		1시간 40분	9:40	가스회전식 국솥
버섯볶음	21kg	3개/100인분 (7kg)	70g	조리원		1시간 20분	10:00	가스회전식 국솥
두부알찜	45kg	3개/100인분 (15kg)	150g	조리장		2시간	9:20	스팀다단식 취사기

[1] 배치쿠킹(batch cooking) : 생산되어야 할 각 메뉴를 적당한 분량으로 나누어 준비해 두었다가 필요한 만큼씩만 조리하는 형태를 말하는 것으로(예를 들어, 500인분이 필요한 메뉴는 50인분씩 10개로 나누어 준비한다) 배치쿠킹을 이용하면 한 번에 많은 분량을 조리하여 발생할 수 있는 품질 저하를 방지하며 급식대상자에게 양질의 음식을 제공할 수 있다.

(5) 작업공정표Gantt chart

작업진도 도표로 작업계획과 실제의 작업량을 작업일정이나 시간으로 견주어 평행선으로 표시하여, 계획과 통제 기능을 동시에 수행할 수 있도록 설계된 막대도표를 말한다.

(6) 작업일정표

명시한 절차와 시간에 맞게 개인 업무를 수행하기 위한 작업개요로 관리자와 조리종사원 간의 의사소통 수단이다 표 4-4.

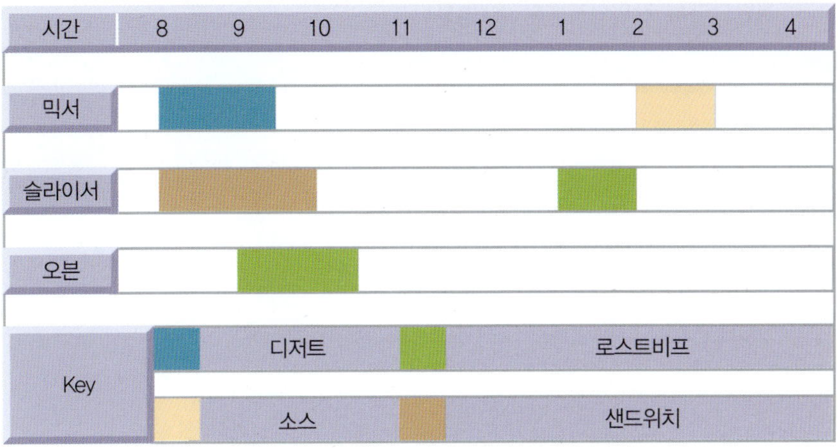

그림 4-2 작업공정표를 이용한 기기 활용 계획

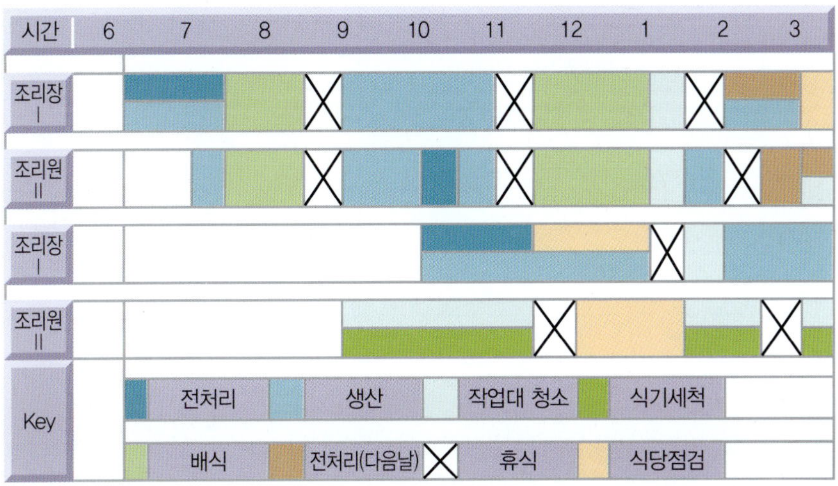

그림 4-3 작업공정표를 이용한 인적자원 활용 계획

(7) 작업과정표

작업과정을 나타내며 개인의 작업과정을 쉽게 평가하고 분석한다 표 4-5.

표 4-4 취반담당자 작업일정표의 예(병원)

시간	오전(5:30~13:30)	오후(11:40~19:40)
5:30 6:00		-
7:00 8:00	아침밥, 죽하기 당뇨밥 퍼놓기 미음 안치기	
8:30	아침 배선 및 배식	
9:00	휴식	
9:30	점심 쌀 출고 및 쌀 씻기 점심 취반 준비	
9:50 11:00	미음 거르기	
11:40	취반기 가동(1차, 2차)	취반기 가동(3차)
12:00 12:15	취반구역 정리	저녁, 익일 아침 쌀 출고 및 쌀 씻기
13:00	점심 배선 및 배식	
13:30	뒷정리	
14:00 15:00	-	저녁, 익일 아침 취반 준비 (오후 3~4시 : 야식 도시락 반찬담기 보조)
16:00	-	취반기 가동
17:00 17:30	-	저녁 배선 및 배식
18:00 19:00 19:30	-	밥솥 닦기 및 뒷정리

출처 : 대한영양사회(2007)

장부와 전표

장부는 일정한 장소에 비치하고 사용하는 것으로 계속적, 반복적으로 기입한다. 한 권의 형태로 연속적으로 기록하는 고정성과 각 기록이 누적되어 집약되는 집합성이 있으므로 급식업무의 현황과 변화를 파악할 수 있다. 급식소 장부의 종류로는 식단표, 발주서, 표준레시피, 급식일지, 위생점검표, 작업일정표, 급식월말보고서 등이 있다. 전표는 업무상 의사전달이 필요할 때마다 작성되어 담당자에게 전달되는 서식으로 업무가 발생하면 동시에 전표도 만들어져 업무와 함께 전달되는 이동성이 있으며, 한 가지 사항에 대해 1매의 전표가 이용되는 분리성이 있다. 전표는 급식정보전달의 기초자료가 된다.

표 4-5 작업과정표의 예

과정표				번호	면번호		면수			
과정				요약						
□ 인원 또는 자재					현재		제안		차	
시작		종결			횟수	시간	횟수	시간	횟수	시간
				○ 조작						
작성자		일자		→ 운반						
				□ 검사						
직장				(°) 검사						
				▽ 저장						

번호	내용설명 □ 현재 □ 제안	조운검지저 작반사연장		수량	시간	무엇	어디서	언제	누가	어떻게	적요	배제	결합	순서	장소	인원	개선
		○ → □ ° ▽															
		○ → □ ° ▽															
		○ → □ ° ▽															
		○ → □ ° ▽															

출처 : 대한영양사회(2007)

2. 급식생산성

생산성의 개념 및 중요성 등은 오래전부터 널리 인식되어 왔으나, 근래에 들어 경제사회가 완전고용 수준으로 접근하기 시작하면서 이론적·실증적인 방법을 토대로 생산성을 체계적으로 이해하려는 노력이 시작되었다.

생산성은 시대에 따라 그 개념이 다소 변화되어 왔고 학자에 따라 표현방식이 다르기는 하지만 '생산요소의 투입input과 투입된 생산요소를 사용하여 생산활동을 한 결과 나타난 산출output 간의 비율'이라고 정의할 수 있다.

이와 같이 생산성이 생산을 위하여 투입된 투입량에 대한 산출량의 비율이라면 산출량과 투입요소에 대한 명확한 정의가 필요하다.

투입된 생산요소를 개별적으로 볼 것인가, 이질적 요소를 일정기준으로 환산하여 종합적으로 파악할 것인가에 따라 요소별 생산성과 종합생산성으로 구분되며, 부분생산성은 개별적인 요소에 따라 노동생산성·토지생산성·자본생산성·총노동생산성으로 구분된다. 또한 투입량과 산출량을 물량으로 표시하느냐, 화폐가치로 표시하느냐에 따라 물량생산성과 가치생산성으로 구분된다.

이와 같은 생산성의 분류는 실제 생산성을 측정할 경우 측정목적에 알맞게 구체적인 종류가 결정되지만, 생산성이란 용어가 특별한 제한 없이 사용될 때는 노동생산성을 의미하는 경우가 많다.

급식생산성을 증대시킬 수 있는 방안으로는 작업자의 교육훈련 실시와 동기부여의 방법이 있다. 급식소의 작업원칙과 작업의 단순화 과정을 통해 작업자의 능률을 향상시켜 생산성을 높일 수 있다. 또한 급식소의 운영 특성과 작업과정에 따라 세부업무를 분류하고 인건비의 경우 비중이 높은 조리업무, 세정업무, 전처리업무에 대하여 보다 면밀한 작업분석을 통해 생산성을 향상시킬 수 있다. 임금 상승, 숙련된 기술 부족, 노동시간 절약 등의 문제를 해결하기 위해 가공식품이나 전처리식품의 이용률을 높이고 자동화 기계를 이용함으로써 생산성을 증가시킬 수 있다.

급식산업 분야에서는 급식업무의 생산성이 매우 낮고 최저임금수준이 점점 높아짐에 따라 상대적으로 노동비 비율이 전체 급식소 예산의 큰 비중을 차지하므로 급식관리자가 노동생산성 증가에 초점을 두어야 한다.

일반적으로 급식산업에서 많이 사용하는 생산성 지표인 노동생산성 지수는 제공되는 식사수와 제공되는 서비스를 산출물로 보고 생산에 소요되는 노동시간의 비율로 측정하는데, 작업시간당 급식수(식), 1식당 소요된 작업시간(분), 제공된 식사당 인건비(원) 등이 주로 사용된다.

작업시간당 급식수

$$\frac{\text{일정 기간 제공된 총식수(total meals served)}}{\text{일정 기간의 노동시간(labor hours)}}$$

1식당 소요된 작업시간

$$\frac{\text{일정 기간의 노동시간(total labor minutes)}}{\text{일정 기간 제공된 총식수(total meals served)}}$$

제공된 식사당 인건비

$$\frac{\text{일정 기간 총인건비(total labor cost)}}{\text{일정 기간 제공된 총식수(total meals served)}}$$

작업시간당 식수 및 작업시간 산출 예제

1일 식수는 600식이고, 5명의 조리종사원이 1일 8시간씩 근무하는 급식소의 작업 시간당 식수와 1식당 작업 시간은?

① 작업 시간당 식수 600식 ÷ (5명 × 8시간) = 20식

② 1식당 작업 시간 5명 × 480분 ÷ 600식 = 4분/식

노동시간당 식당량

$$\frac{\text{일정 기간 제공한 총 식당량}}{\text{일정 기간 제공한 총 노동시간}}$$

노동시간당 식당량 산출 예제

일주일간 식사류 판매량이 3,000식, 면류 판매량이 1,000식인 학교급식소의 일주일 총 노동시간이 500시간인 경우 이 급식소의 노동시간 당 식당량을 계산하시오. (면류의 1식은 1/2 식당량)

(2000식 + 1000식 ÷ 2) / 500시간 = 5식당량/시간

노동생산성지수 산출 예제

다음 급식소의 작업시간당 급식수, 1식당 소요된 작업시간, 제공된 식사당 인건비는?

- 1,200명 20일 중식 급식
- 종사원 8명이 1일 8시간 근무
- 인건비 200만 원 × 8명 = 1,600만 원

① 작업시간당 급식수 1,200식 ÷ 64시간 = 18.75식

② 1식당 소요된 작업시간 64시간 ÷ 1,200식 = 3,840분 ÷ 1,200식 = 3.2분

③ 제공된 식사당 인건비 16,000,000/(1,200식 × 20일) =666.37원

3. 작업연구

작업연구란 작업을 하고 있는 사람을 중심으로 설비, 공구, 재료, 에너지, 정보, 환경 등에 의해 구성되는 작업 및 물질이 완성품으로 되어가는 과정을 연구하여 생산성 향상 및 원가절감을 이루기 위한 기술 활동이다.

이러한 작업연구의 방법으로는 공정연구, 시간연구, 동작연구가 있다.

표 4-6 **작업연구의 주요 방법**

방법	작업연구의 내용
공정연구(분석)	기본적인 현상분석 수법의 하나로 재료가 가공, 변형, 변질되는 과정을 대상으로 한다. 생산공정과 작업방법의 내용을 가공, 운반, 검사, 저장 4가지로 분류한 후 순서에 따라 표시하여 각 공정의 조건을 분석·조사하는 방법으로 생산공정과 작업방법의 개선, 설계 및 공정관리제도와 레이아웃(layout)의 개선, 설계에 도움이 되는 것을 목표로 한다.
시간연구(분석)	주로 스톱워치(stopwatch)를 이용하여 한 작업을 요소작업으로 분석하고 그것들의 시간을 관측 기록하여 작업방법, 사용재료, 제품, 기계, 기구, 공구, 환경 등을 분석·검토하는 방법으로 그 목적은 작업방법의 개선과 표준화, 재료, 제품, 기계, 기구, 환경 등의 개선과 표준화, 표준시간의 설정, 인원 및 기계설비 대수의 결정, 생산성 측정, 효과적인 원가관리 및 원가견적 등의 기초자료를 얻기 위한 것이다.
동작연구(분석)	작업자의 작업동작을 자세히 분석·검토하여 동작 그 자체의 개선과 동작계획을 하기 위한 방법이다.

1) 공정연구

작업의 현상분석으로 재료가 상품으로 변형되는 과정을 가공·운반·검사·저장 4가지로 분류하여 분석하는 방법으로서 단순공정분석, 제품공정분석, 작업자공정분석 등이 있다.

(1) 단순공정분석

현상을 파악하고 전체의 개요를 단시간에 조사하여 개선이 필요한 중점을 발견하거나 상세한 분석을 위한 사전조사에 이용한다.

(2) 제품공정분석

원료, 부품 또는 제품을 주체로 하여 공정이 어떻게 흐르는가를 분석·조사하는 방법으로 단일형, 조립형, 분해형 3가지가 있다.

(3) 작업자공정분석

작업자를 주체로 하여 그 작업동작을 일어나는 순서대로 기록하고 작업점의 레이아웃layout, 작업순서, 작업동작을 개선하기 위해 이용한다.

2) 작업측정 기법

작업자가 주어진 작업조건하에서 표준작업방법에 의해 작업을 수행할 때의 표준시간을 산정하기 위한 연구로 작업측정이라고도 한다.

즉, 작업측정이란 대상 작업의 내용을 표준화된 측정조건하에서 시간의 양으로 결정하는 일련의 절차로 제품과 서비스를 생산하는 워크시스템work system을 과학적으로 계획·관리하기 위해 사용하는 기법이다.

레오나르도 다빈치의 삽작업에 관한 시간측정을 작업측정의 효시라고 할 수 있으며, 테일러Taylor는 스톱워치stopwatch를 설정하여 작업이 과학화되어야 하는 필요성을 입증하였다. 그 후 메리히Merrich, 스티지머튼Stegemerten, 메이나드Maynard 등의 연구에 의해 더욱 진보되어 작업측정 기법이 체계를 갖추게 되었다.

작업측정의 기법은 직접법과 간접법으로 나누며, 직접법은 생활활동의 시간적 경과를 실제로 관측하는 방법으로 시간연구법, 워크 샘플링법 등이 있고, 간접법은 요소별 기본 시간자료 또는 과거의 경험치 등을 합성하여 시간치를 설정하는 방법으로 PTS법, 실적기록법 등이 있다.

(1) 시간연구

시간연구time study란 대상활동의 시간적 경과를 관측기구와 기록장치 등을 사용하여 직접 관측하는 방법으로 가장 널리 행해지는 기본적인 측정방법이다. 스톱워치에 의한 시간연구법과 영상기록법에 의한 시간연구법으로 대별할 수 있다.

스톱워치에 의한 시간연구는 테일러가 처음 시도한 시간 측정의 가장 보편적인 방법으로 작업대상을 요소작업으로 분해하고 관측자가 스톱워치를 사용하여 각 요소작업의 시작과 끝나는 시간을 측정하여 평균을 내고 여유시간을 첨가하여 표준시간을 설정하는 방법이다.

영상기록법은 기록된 영상을 재생하여 보면서 작업을 분석하는 방법으로 편의에 따라 순서 및 속도를 변경할 수 있다.

(2) 워크 샘플링법

워크 샘플링법work sampling은 통계적인 샘플링 방법을 이용하여 작업자의 활동, 기계의 활동, 제품 재료의 시간적 추이 등의 상황을 통계적·계수적으로 파악하기 위하여 사용되는 방법으로, 이항분포에 따른 확률법칙에 기초를 두는 방법이다. 이 기법은 설비비용 결정, 작업자의 가동시간 비율 결정, 작업표준의 확립 등 많은 문제에 적용되어 산업생산, 사무직업 등 여러 분야의 관리기능에 매우 다양하게 적용되었고, 그 범위가 넓다는 것을 인식한 연구자가 워크 샘플링이라는 새로운 이름을 붙였으며, 그 이후 워크 샘플링 기법으로 통칭하게 되었다.

큰 집단 중에서 표본을 추출하여 표본의 경향으로부터 집단 전체의 상태가 어떠한가를 추정할 수 있는데 이 표본을 샘플sample, 큰 집단을 모집단population이라 하며 이런 기법을 샘플링sampling이라 한다.

표 4-7 워크 샘플링법의 예

date [illegible]

WORK FUNCTION CATEGORY			
No.	Times Recorded	Total	Percent
1	卌 卌 卌 卌 卌 卌 卌 卌 ////	44	16.60
2	卌 卌 卌 卌 ////	24	9.06
3	卌 卌 卌 卌 ///	23	8.68
4	卌 ////	9	3.40
5	卌 ///	8	3.02
6	卌 卌	10	3.77
7	卌 卌	10	3.77
8	卌 卌	10	3.77
9	卌 卌 卌 卌 卌 /	26	9.81
10	卌 卌 //	12	4.53
11	///	3	1.13
DIRECT WORK TOTAL (1-11)		179	67.55
12	卌	5	1.89
13	卌	5	1.89
14	////	4	1.51
15	卌 ///	8	3.02
INDIRECT WORK TOTAL (12-15)		22	8.30
16	///	3	1.13
17	卌 卌 卌 卌 卌 卌 卌 卌 卌 /	46	17.36
18	卌 卌 卌	15	5.66
DELAY TOTAL (16-18)		64	24.15
GRAND TOTAL OF READINGS (All Activities)			
TOTAL NUMBER OF OBSERVATIONS		265	100

date [illegible]

WORK FUNCTION CATEGORY							
No.	일(days)					Total	Percent
	1st	2nd	3rd	4th	5th		
1	44	48	42	46	41	221	16.49
2	24	23	25	24	21	117	8.73
3	23	24	23	26	24	120	8.96
4	9	8	9	9	10	45	3.36
5	8	10	8	9	9	44	3.28
6	10	11	12	11	11	55	4.10
7	10	10	11	11	10	52	3.88
8	10	11	11	11	10	52	3.88
9	26	28	24	25	26	129	9.63
10	12	13	14	13	10	62	4.63
11	3	4	4	4	3	18	1.34
DIRECT WORK TOTAL (1-11)						915	68.28
12	5	6	5	4	6	26	1.94
13	5	5	4	6	6	26	1.94
14	4	4	5	5	4	22	1.64
15	8	8	9	9	9	43	3.21
INDIRECT WORK TOTAL (12-15)						117	8.73
16	3	2	1	3	3	12	0.90
17	46	42	44	45	47	224	16.72
18	15	16	14	14	13	72	5.37
DELAY TOTAL (16-18)						308	22.99
GRAND TOTAL OF READINGS (All Activities)							
TOTAL NUMBER OF OBSERVATIONS						1340	100.00

(계속)

			관측횟수(회)	구성비율(%)	1식당 소요시간 (min/meal)	정규노동 인원(FTE)
직접작업기능	조리	1. 전처리	221	16.49	1.58	0.82
		2. 주조리	117	8.73	0.83	0.43
		•조리 소계(1~2)	338	25.22	2.41	1.26
	배식	3. 배식	120	8.96	0.86	0.45
	운반	4. 식품·음식 운반	45	3.36	0.32	0.17
		5. 기구·식기·물품 운반	44	3.28	0.31	0.16
		6. 빈손 이동	55	4.10	0.39	0.20
		•운반 소계(4~6)	144	10.73	1.02	0.53
	사무	7. 일상적인 사무	52	3.88	0.37	0.19
	세척	8. 조리기구 세척	52	3.88	0.37	0.19
		9. 식기 세척	129	9.63	0.92	0.48
		10. 기기 세척 청소 및 뒷정리	62	4.63	0.44	0.23
		•세척 소계(8~10)	243	18.11	1.73	0.90
	점수	11. 점수 및 보관	18	1.34	0.13	0.07
직접작업기능 합계(1~11)			915	68.28	6.52	3.40
간접작업기능		12. 지시 및 교육	26	1.94	0.19	0.10
		13. 감독 및 평가	26	1.94	0.19	0.10
		14. 회의 및 면담	22	1.64	0.16	0.08
		15. 위임할 수 없는 사무	43	3.21	0.31	0.16
간접작업기능 합계(12~15)			117	8.73	0.83	0.43
지연		16. 불가피한 지연	12	0.90	0.09	0.05
	기타 지연	17. 인정할 수 있는 지연	224	16.72	1.60	0.83
		18. 인정할 수 없는 지연	72	5.37	0.51	0.27
		•기타 지연 소계(17~18)	296	22.06	2.11	1.10
지연 합계(16~18)			308	22.99	2.20	1.10
			1,340	100.00	9.55	4.97
연구기간 중 총작업시간	199시간					
연구기간 중 총제공식수	1,250식					

출처 : 주나미(1996)

이러한 워크 샘플링법을 사용할 때는 독립적이고, 무작위로 그리고 순간적으로 관측해야 가치 있는 연구결과를 기대할 수 있다. 따라서 관측결과에 통계적 확실성을 확보하기 위해서는 개개 샘플이 채택될 기회가 균등해야 한다. 즉, 아무런 작위 없는 임의 선택이 되어야 한다. 다시 말해 워크 샘플링 기법은 확률법칙에 기초를 두는 방법이다. 즉, 모집단으로부터 무작위로 추출한 샘플은 거의 동일한 분포를 이루는 경향이 있으므로, 만일 그 샘플이 충분히 크다면 그 특성의 분포형은 모집단 특성의 분포형과 거의 일치한다. 따라서 이러한 확률법칙을 기초로 하여 인간의 제활동이나 기계의 가동상황 등을 순간적으로 그리고 무작위로 관측하여 그 결과를 계수적으로 파악하고, 각 관측항목의 시간구성이나 그 추이상황 등을 측정하고자 하는 것이다.

(3) PTS법

PTS법predetermined time standard(예정동작 시간법)은 사람이 할 수 있는 모든 작업을 그 작업을 구성하는 기본동작으로 분해하고, 각 기본동작에 대해서 그 동작의 성질과 조건에 따라 미리 정해 놓은 시간치를 적용하여 작업동작의 시간치를 구한 다음, 이를 집계하여 작업의 정미시간을 구하는 기법이다.

(4) 실적기록법

실적기록법이란 어떤 기간 내의 작업에 대한 실적자료를 이용하여 이를 통계적으로 처리하고 임의로 정한 작업단위상의 기준시간을 산정한 다음 이 값을 표준으로 삼는 방법이다. 다종소량생산의 경우, 일반적으로 공장에서 시간연구법이나 PTS법에 의한 세밀한 기술적 표준시간의 설정법을 사용하려면 시간도 많이 걸리고 비경제적이며 표준자료의 정비가 미비한 경향이 있다. 따라서 실적자료를 기초로 한 기준치를 잠정적인 표준으로 하여 사용하는 경우가 많다.

3) 동작연구

길브레스F.B. Gilbreth는 벽돌 쌓는 작업의 능률 향상에서 일반에게 적용할 수 있는 미세동작 분석까지 발전시켜 그 방법으로 therblig(서블리그)를 제안하였다. 이 서블리그라는 명칭은 자기 이름인 Gilbreth를 거꾸로 나열한 것이다.

어떤 작업이라도 그것을 할 때의 동작을 세밀하게 나누면 표 4-8에 제시한 것과 같이 18가지의 동작요소로 성립되며 이것들이 조합되어 있는 것을 길브레스가 정리하여 그 명칭, 기초, 내용 등을 정하였다.

서블리그의 분석에 의해 작업의 개선방법을 찾을 때 우선 중요한 것은 서블리그의 성질을 Ⅰ, Ⅱ, Ⅲ의 세 그룹으로 분류하는 일이다.

Ⅰ그룹에 속하는 서블리그는 대개 작업을 진행시키는 데 필요한 것이지만, 합리적 순서와 조합을 고려해 보다 쉽고 빨리 작업할 수 있도록 개선하고 연구할 필요가 있다. Ⅱ그룹에 속하는 서블리그는 주의나 판단 또는 망설임을 요하는 동작이므로, 이들이 있으면 작업을 지연시킨다. 따라서 가급적 이들은 생각하는 동작 외에는 제거하는 것이 유리하다. Ⅲ그룹에 속하는 서블리그는 작업수행에 거의 역할이 없는 것으로, 작업개선시 이들 부류를 제거하는 것이 가장 효과적이다.

표 4-8 Therblig 기호 설명

기호	영어 명칭	명칭	설명	Group
	Search	찾음	눈을 돌려 찾음	II
	Find	발견	찾아서 발견	II
	Select	선택	목적물을 지시	I
	Grasp	쥐다	쥐고자 하는 동작	I
	Transport Loaded	손에 쥐고 움직임	물건을 가진 손을 이동	I
	Position	위치를 바로잡음	정해진 위치에 놓음	II
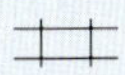	Assemble	조립	몇 개의 물건을 하나로 함	I
	Use	사용	도구를 사용	I
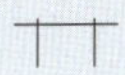	Disassemble	분해	조립된 물건을 흐트림	I
	Inspect	검사	렌즈로 조사	I
	Preposition	준비함	주동작 'p'의 준비 동작	II
	Release Lord	쥐고 있는 것을 놓음	쥐고 있는 물건을 놓음	I
	Transport Empty	빈손을 움직임	빈손을 이동함	II
	Hold	유지하다	쥔 동작	III
	Rest	피로회복을 위한 휴식	사람이 의자에 허리를 걸치고 쉼	III
	Unavoidable Delay	불가피한 지연	사람이 걸려 넘어짐	III
	Avoidable Delay	피할 수 있는 지연	사람이 자기 의사대로 함	III
	Plan	계획, 생각	사람이 머리에 손을 대고 생각	III

출처 : 곽동경(2020)

4. 생산관리 절차

생산관리란 완성하기를 원하는 것이 정확히 무엇what인가를 결정하고, 어떻게how, 언제when, 왜why 그렇게 해야 하며, 어느 곳where에서 누가who 하는가 등을 기록하고, 실천하기 전에 미리 생각한 후 과정마다 명시하여 식단이나 작업의 결과를 예측·관리하는 것으로 급식업무에서의 생산관리는 조리작업, 배식작업, 퇴식작업의 절차를 포함한다.

1) 조리작업관리

조리하는 데 있어서 소량, 다량이라는 것을 어떠한 기준으로 구별하느냐 하는 문제는 쉬운 일이 아니다. 대부분의 식품표준이나 조리원리, 조리기술 등은 원칙적으로 양에 관계없이 일정하다. 그러나 일반적으로 다량조리라 함은 적어도 50명분 이상의 많은 음식을 동시에 공급할 수 있도록 특정한 시설이나 조리기구 등을 사용하는 전문적인 조직에서의 조리과정이라고 정의할 수 있다.

다량조리는 효율적인 조리기기를 활용하여 한정된 시간 내에 많은 양의 음식을 완성해야 하고 음식의 맛과 질감의 저하가 급속히 진행되므로 조리법에 많은 제약이 따른다. 또한 음식의 관능적·미생물적 품질관리를 위해 조리시간과 온도 통제가 필수적이며 작업 일정에 따른 계획적인 생산통제가 필요한 과정이라고 할 수 있다.

급식업무에서의 조리작업은 전처리, 조리과정이 주된 작업 기능이다. 검수, 운반, 지연 등도 이 과정에서 일어날 수 있는 작업기능에 포함된다.

작업에 소요되는 작업시간은 급식수, 조리원의 숙련 정도, 조리시설의 배치, 조리기기의 기계화 정도와 성능 등에 따라 달라진다. 또한 식사 내용의 질적인 향상과 다양화를 도모할 때에도 조리작업에 소요되는 시간은 달라진다.

조리작업은 특히 조리종사원 개개인의 경험과 직관에 의해 이루어지고, 같은 음식을 조리할 때도 작업 수행시간과 품질 등에 차이가 생기는 경우가 많으므로 조리작업을 표준화시켜야 한다.

조리작업의 표준화는 작업공정과 작업동작의 실태를 조사·분석·검토하여 합리적이고 과학적인 작업 방법과 작업 시간을 정하는 것을 말한다.

작업 내용이 변화하는 특수성을 갖는 조리작업 관리에 대해서는 특히 면밀한 계획을 세워 조리의 종류, 조리의 작업량, 각각의 조리시간 등에 따라 시간과 노력을 배분하는 것이 필요하다. 또 능률적인 담기, 카운터 처리, 운반 등을 충분히 검토한 후 일정한 시간 내에 예정대로 배식하는 계획도 세워야 한다.

(1) 다량조리의 실례

메뉴별 다량조리의 원리 및 현장에서 사용하는 다량조리의 실례를 살펴보면 다음과 같다.

① 주식류

- 다량조리 시 맛있는 밥을 짓기 위해 쌀을 미리 씻어 물에 불린 다음 체에 건져 물기를 빼고 젖은 행주나 보로 1시간 정도 덮어 두면 쌀 자체에 적당한 수분이 함유되어 맛있는 밥을 지을 수 있다(멥쌀 30분, 찹쌀 50분 정도 침지).
- Batch cooking 실행 시 온도가 높을수록 수분 흡수가 빠르므로 뜨거운 물을 불린 쌀에 부어 밥을 지으면 호화가 빨리 된다.
- 다량조리 시 잡곡밥을 할 때는 잡곡의 호화온도가 모두 다르므로 잡곡을 따로 삶아 나중에 밥과 섞는다.
- 쌀의 미질이 나쁘거나 묵은 쌀일 경우 윤기를 주기 위해 식용유를 1큰술(50인분 기준) 정도 넣으면 밥맛이 좋게 느껴진다. 또한 다시마물이나 육수를 밥물로 사용하면 감칠맛이 난다. 식초를 1~2방울 넣어 밥을 지으면 산에 의해 전분분자의 일부가 가수분해되어 팽윤이 촉진되고 점도가 저하되어 질감이 연해지므로 밥알의 입자감이 훨씬 부드러워진다.
- 쌀, 보리, 콩, 팥의 호화 팽화율은 1.3~1.7배로 거의 비슷하나 잡곡을 10%씩 섞을 때는 팽화율이 2배로 된다. 즉, 다량조리 시 혼식일 때의 물의 양은 흰밥을 지을 때보다 많아진다.
- 수수밥을 지을 때는 빨간 물이 나오지 않을 때까지 수수를 여러 번 문질러 씻어야 떫은맛이 완전히 없어진다. 조는 잘 일어서 약 1시간 정도 물에 불린 후 밥물이 보글보글 끓어오를 때 넣는다. 그리고 다른 잡곡과 섞을 때도 가장 나중에 넣어야 뭉그러지지 않는다.

- 검은콩은 약 1%의 소금물에서 5~7시간 불리면 대두단백질인 글리시닌이 염수에 가용성이므로 연화된 콩을 얻을 수 있다.

실제 예 : 콩나물밥

소량조리의 경우 콩나물 삶은 물을 냄비에 붓고 쌀을 안쳐 밥을 짓다가 끓으면 삶은 콩나물과 쇠고기를 얹어 뜸 들인다. 뜸이 들면 고루 섞어 그릇에 담고 양념장과 함께 낸다. 그러나 다량조리의 경우 콩나물을 미리 넣으면 콩나물이 질겨지고 색이 변색될 수 있으므로 뜸 들인 밥을 담고 그 위에 콩나물을 올려 놓아 배식하는 방법을 취한다. 양념장은 밥 위에 말지 않고 기호에 맞게 넣을 수 있도록 테이블에 따로 세팅한다.

② 국, 탕, 찌개류

- 토장국을 끓일 때 전분을 풀어 넣는다거나 쌀뜨물로 끓이면 오랫동안 식지 않은 상태에서 배식이 가능하다. 전분을 넣음으로써 국물의 끓는 온도가 높아지고 전분이 들어간 교질용액은 산포물질이 브라운운동Brownian motion을 하면서 입자끼리 합쳐지는 것을 방해하기 때문에 입자크기가 커지지 못하므로 부유상태를 이루기 어려워 국을 그릇에 퍼 놓아도 그릇 안에서 대류작용이 일어나지 않아 잘 식지 않는다. 또한 쌀뜨물 속의 효소가 채소를 부드럽게 해주며, 쌀뜨물 속의 영양소(비타민 B_2, 전분 등이 용해되어 있음)를 함께 이용할 수 있다.
- 인스턴트 수프 가루를 처음부터 뜨거운 물에 넣으면 전분의 표면이 단시간에 호화되어 한 덩어리로 뭉쳐질 수 있다. 그러므로 수프를 찬물에 풀어 수화를 충분히 시킨 후 열을 가해야 전분이 팽윤과 호화를 거쳐 균일한 질감의 수프를 만들 수 있다.
- 생선찌개를 끓일 때 처음에는 뚜껑을 열고 끓여 비린내를 휘발시킨 후 뚜껑을 닫고 끓이는 것이 좋다. 다량조리에서 끓는 물에 생선을 넣을 때 한꺼번에 많이 넣어 온도가 갑자기 떨어지면, 생선비린내의 주성분인 수용성 트리메틸아민이 근육 및 표피의 점액에 용해되어 있다가 수용성 단백질 및 지미성분과 함께 매우 쉽게 용출되어 비린내가 심해질 수 있으므로, 국물이 끓을 때 조금씩 나누어 넣어 주는 것이 좋다.

- 김치찌개를 끓일 때 신김치에 많은 산acid 성분이 섬유질의 질감을 단단하게 하므로 돼지고기를 넣으면 돼지고기의 지방이 김치조직을 부드럽게 만들어주며 아미노산, 핵산과 같은 고기추출물로 인하여 맛의 상승효과를 기대할 수 있다.
- 국을 끓일 때 푸른잎 채소는 데쳐서 사용해야 국물의 색과 채소의 색이 고정되고, 고기와 표고 버섯 같은 재료는 밑간을 해서 사용하면 맛있는 국을 끓일 수 있다.

실제 예 : 멸치볶음

소량조리의 경우 멸치의 비린내를 제거하기 위해 팬에 기름을 두르고 멸치를 먼저 볶지만, 대량조리의 경우 달궈진 기름에 살짝 튀긴다. 또한 설탕의 결정화를 막기 위해서는 양념장을 만들어 끓인 후 튀긴 멸치를 넣고 살짝 버무려 주는 것이 좋다.

③ 전, 볶음, 튀김류

- 볶음요리는 단시간에 볶아야 하므로 잘게 썰어 조리해야 하며, 익기 어려운 재료는 먼저 삶은 후에 볶거나 다른 재료보다 먼저 볶는다. 육류나 어패류의 경우 볶기 전에 파, 생강, 마늘 등을 먼저 넣고 볶으면 누린내나 비린내가 감소된다.
- 튀김은 각 재료의 특성에 적합한 튀김온도를 일정하게 유지시켜 주는 것이 중요하며, 일반적으로 2번 튀기는 것이 좋다. 한 번 튀기면 잉여 기름이 없어 덜 느끼하기는 하나 튀김옷의 변성 등으로 인해 기름의 열전달이 제대로 되지 않아 수분이 남아 있어 튀김이 눅눅해지므로 두 번 튀겨 여분의 수분을 휘발시키면 바삭한 튀김을 만들 수 있다. 그러나 너무 오래 튀기면 수분증발이 심해져 질감과 색이 변한다. 또한 음식을 한 곳에 많이 겹쳐 놓으면 뜨거운 열이 증기가 되어 튀긴 음식 특유의 아삭한 질감을 잃어버리고 눅눅해지므로 주의해야 한다.
- 간장, 식초, 설탕을 같은 비율로 배합하여 초간장을 만들 때 용해도의 성질을 이용하면 맛있는 초간장을 만들 수 있다. 간장과 식초를 섞은 후 설탕을 넣으면 설탕이 잘 녹지 않고 가라앉게 되어 떫은맛이 느껴지나, 식초에 설탕을 넣어 완전히 용해시킨 후 간장을 넣으면 초간장의 맛이 좋아진다. 식초에 설탕을 먼저 녹이는

것은 설탕 사이의 인력보다 설탕과 식초 분자 사이의 인력이 크기 때문에 설탕이 식초에 잘 용해된다.

- 볶는 도중에 조미하면 식품 표면에 기름이 둘러싸여 있어 대부분의 조미성분이 식품 속으로 침투되지 못하고 표면에 붙어 있게 된다. 따라서 식품의 맛이 강하게 느껴질 수 있으므로 간을 약하게 하거나 또는 볶기 전에 미리 밑간을 하는 것이 바람직하다.

실제 예 : 감자채볶음

다량조리의 경우 감자를 채 썰어 소금물에 살짝 데치거나 기름에 튀겨서 하면 부서지지 않고 시간도 절약할 수 있다.

④ 구이류

- 다량조리 시 생선을 구울 때는 먼저 생선 껍질을 바닥으로 하여 구우면 생선의 수분과 기름의 용출이 적고 찌꺼기가 덜 생겨 생선이 비교적 깨끗하게 구워진다.

실제 예 : 두부구이

두부에 전분가루를 살짝 뿌려주고 팬에 기름을 넉넉히 두르고 구우면 두부가 잘 부서지지 않는다. 구울 때 한쪽 면이 노릇노릇한 색이 날 때까지 두었다가 한 번만 뒤집는다.

실제 예 : 햄버그스테이크

주재료와 양념을 모두 넣고 치대어 모양 틀에 넣고 모양을 만든 후, 냉동실에서 2~3시간 동안 살짝 얼렸다가 컨벡션 오븐을 이용하여 굽는다.

실제 예 : 꽁치레몬구이

단백질의 응고를 촉진시키기 위해 굽기 1시간 전에 소금을 뿌린 후 오븐에 구워 낸다. 특히 다량조리의 경우, 생선을 소금물(3~5%)에 몇 분 절인 후 소금을 뿌리면 생선에 골고루 간이 밴다.

- 재료가 채 익기 전에 뒤집거나 어느 정도 익었다고 해서 여러 번 자주 뒤집게 되면 모양이 흐트러지기 쉽다.
- 고기나 생선에 소금을 뿌려서 구우면 표면이 먼저 응고되어 굳어지기 때문에 속에서 맛있는 성분이 밖으로 용출되는 것을 방지한다. 이때 적정한 소금의 양은 재료 무게의 2~3% 정도이다.
- 질긴 고기를 다량으로 처리해야 할 경우 파인애플, 키위, 생강즙, 배, 정종과 같은 연육효과가 있는 재료를 적절히 이용함으로써 조리시간의 단축 및 질감 향상의 효과를 볼 수 있다.

⑤ 조림, 찜류

- 다량조리 시 조림요리의 맛은 조림국물의 양이 좌우하므로 재료량의 35~45%의 조림국물을 이용한다. 수·조육류는 결체조직이 많으므로 재료가 잠길 만큼 물을 넣어 조리고, 마른 생선은 물에 불려 부드럽게 한 후 양념장을 넣어 조린다.
- 재료만을 일차로 삶거나 볶거나 지져서 익힌 후 양념장을 넣고 조리며, 처음에는

실제 예 : 돈육메추리알장조림

소량조리의 경우 고기를 물에 담가 핏물을 빼고 양념에 재운 후 끓인다. 하지만 다량조리일 때는 미리 양념장을 넣고 끓이면 고기가 질겨지고 단단해지므로 먼저 삶아 무르도록 익힌 후 양념장을 넣고 은근히 조려야 고기의 육즙과 조림국물이 조화를 이루어 연하게 조려진다.

실제 예 : 멸치꽈리고추조림

처음부터 멸치에 조림장을 넣고 조리면 멸치의 살이 풀어지므로, 먼저 기름에 볶아 낸 후 끓인 조림장에 넣고 조린다.

실제 예 : 감자조림

다량조리의 경우 감자에 처음부터 양념을 넣고 조리면 시간이 오래 걸리고 양이 많아 뒤적이는 과정에서 부서질 수 있으므로, 감자를 기름에 볶아 어느 정도 익힌 후 양념을 넣고 조린다.

센 불로 한번 끓인 후 약한 불에서 은근히 조린다. 주재료가 익기 전에 양념을 하면 간장의 염분이 삼투압에 의해 재료의 세포 속에 침투되어 탈수를 일으켜 음식이 마르고 부드럽지 않게 된다.

- 양념은 각각 넣지 않고 양념장을 만들어서 넣어야 모든 양념이 골고루 밴다.

알아보기 저탄소 'ESG 메뉴' 급식 도입

세계 각지에서는 지구 온난화와 기후변화로 인한 심각한 환경문제들이 연이어 발생함과 동시에, 복잡·다양화된 현대사회에서는 구성원 간의 불평등, 빈곤, 인권유린과 같은 문제들이 점차 심각한 문제로 대두되기 시작했다. 이에, 그동안 무차별적인 개발로 환경 오염을 야기하고, 값싼 노동력을 착취해 이윤을 창출하던 기업들에 재무적 성과만을 추구할 것이 아니라 그들이 야기한 환경·사회 문제들을 직접 해결토록 하고, 친환경 생산, 판매, 경영을 통해 지속 가능한 사회를 위해 앞장서며, 경영 전반에 투명성을 강화하게 하는 등 기업의 사회적 책임을 요구하는 ESG(환경·사회·지배구조)가 기업 경영의 필수로 자리 잡고 있다. ESG경영은 국내 급식업계에도 도입되어 메뉴관리, 구매관리, 생산관리, 안전관리 등 단체급식의 모든 과정에 적용하려는 시도가 이루어지고 있다.

신세계푸드에서는 ESG메뉴를 개발하여 대안육 베러미트(Better Meat)를 포함해 다양한 대안 식품을 활용한 제품과 메뉴를 선보였다. 또한 CJ프레시웨이는 단체급식 채널에 다양한 저탄소 메뉴를 제안하는 '그린 저니'(Green Journey) 캠페인을 실시하였으며 학교와 군대급식에도 채식 메뉴가 시범 운영되는 등 외식업계뿐 아니라 단체급식산업에도 ESG경영이 필수적으로 요구되고 있다.

출처 : 뉴스웨이, 2023. 4. 20.

(2) 조리작업 시의 위생관리

① 저장단계

건조한 식품을 보관하는 창고는 내부가 건조하고, 작업에 지장이 없도록 알맞은 조명시설이 있고, 식품의 품질 저하를 방지할 수 있도록 환기가 잘 되어야 한다. 창고의 실내온도는 보통 10~13℃가 유지되어야 통조림과 같은 저장식품을 안전하게 보관할 수 있다.

식품을 보관하는 방법은 상품에 따라서 정리하는데 대개는 재고품 정리에 편리하도록 식품명의 가나다순으로 진열하여 상자나 통의 크기에 따라서 상하의 위치를 결정한다. 새로 입고된 식품은 오래된 것보다 뒤에 놓아first in first out 먼저 들어온 식품이 먼저 사용되도록 한다. 예를 들면, 통조림 물품을 보관할 때는 2~3층으로 쌓을 수 있도록 하고 통의 크기와 선반의 넓이에 따라서 정리한다. 상자들은 통풍을 위해서 쌓아 놓을 때는 엇갈리도록 쌓아야 하며 품명을 알 수 있도록 레이블label이 앞으로 놓이게 한다. 포대에 포장된 물품, 즉 감자·양파와 같이 망사자루나 종이로 포장된 것도 쌓아 놓을 때는 통풍이 되도록 쌓고, 밀가루나 설탕 등은 이동가능한 금속통에 저장한다.

차게 저장해야 할 식품은 알맞은 온도로 냉장고에 보관해야 한다. 일반적으로 냉장고의 온도는 3~4℃, 습도는 70~90%가 되도록 하며, 어떤 것이든지 온도계가 부착되

식품위생법 시행규칙 [별표 1]

식품등의 위생적인 취급에 관한 기준(제2조 관련) 〈개정 2022. 7. 28.〉

1. 식품 또는 식품첨가물을 제조·가공·사용·조리·저장·소분·운반 또는 진열할 때에는 이물이 혼입되거나 병원성 미생물 등으로 오염되지 않도록 위생적으로 취급해야 한다.
2. 식품등을 취급하는 원료보관실·제조가공실·조리실·포장실 등의 내부는 항상 청결하게 관리하여야 한다.
3. 식품등의 원료 및 제품 중 부패·변질이 되기 쉬운 것은 냉동·냉장시설에 보관·관리하여야 한다.
4. 식품등의 보관·운반·진열시에는 식품등의 기준 및 규격이 정하고 있는 보존 및 유통기준에 적합하도록 관리하여야 하고, 이 경우 냉동·냉장시설 및 운반시설은 항상 정상적으로 작동시켜야 한다.
5. 식품등의 제조·가공·조리 또는 포장에 직접 종사하는 사람은 위생모 및 마스크를 착용하는 등 개인위생관리를 철저히 하여야 한다.
6. 제조·가공(수입품을 포함한다)하여 최소판매 단위로 포장(위생상 위해가 발생할 우려가 없도록 포장되고, 제품의 용기·포장에 「식품 등의 표시·광고에 관한 법률」 제4조제1항에 적합한 표시가 되어 있는 것을 말한다)된 식품 또는 식품첨가물을 허가를 받지 아니하거나 신고를 하지 아니하고 판매의 목적으로 포장을 뜯어 분할하여 판매하여서는 아니 된다. 다만, 컵라면, 일회용 다류, 그 밖의 음식류에 뜨거운 물을 부어주거나, 호빵 등을 따뜻하게 데워 판매하기 위하여 분할하는 경우는 제외한다.
7. 식품등의 제조·가공·조리에 직접 사용되는 기계·기구 및 음식기는 사용 후에 세척·살균하는 등 항상 청결하게 유지·관리하여야 하며, 어류·육류·채소류를 취급하는 칼·도마는 각각 구분하여 사용하여야 한다.
8. 소비기한이 경과된 식품 등을 판매하거나 판매의 목적으로 진열·보관하여서는 아니 된다.

출처 : 법제처 국가법령정보센터, 식품위생법 시행규칙

어 있고 공기의 순환이 잘 되어 냉장고 내의 온도가 고루 유지되고 식품 냄새가 나지 않도록 해야 한다. 이때 냉장고의 냄새를 제거하는 특수상품을 이용하는 것도 좋다. 조리를 하고 배식하는 동안을 제외하고는 냉장고에 저장해야 할 음식의 온도는 5℃ 이하가 되도록 한다.

냉장고를 이용할 경우 주의할 점은 냉장고의 내부온도를 일정하게 유지하는 것이다. 이를 위해서는 식품을 넣고 꺼낼 때 냉장고의 문을 오래 열어 두어서는 안 되며, 뜨거운 식품은 식혀서 넣어야 한다. 그리고 심한 냄새가 나는 식품은 비닐봉지로 잘 싸서 넣고, 용기를 이용할 경우에는 뚜껑을 단단히 닫아야 한다.

특히 대형 냉장고walk-in refrigerator의 경우에는 사람이 안에서 작업하는 동안 문이 바깥에서 잠기지 않고, 만약 잠기더라도 안에서 열 수 있는 안전장치를 부착하도록 한다. 문에 작은 유리를 부착하여 안을 들여다 볼 수 있게 하는 것도 고려해 볼 만하다.

창고의 청결과 재고조사, 출고의 정확 등을 확실히 하고 매일 같은 시간에 온도의 확인, 조리종사원의 규칙적인 작업완료 확인 등도 이 단계에서 중요한 일이다.

② 전처리단계

전처리단계의 위생관리 시에는 특히 가열을 하지 않고 제공되는 채소류 및 과일류의 세척 및 소독, 냉동상태로 입고된 육류·어패류·가금류의 해동과정을 중요하게 관리해야 한다. 또한 원재료의 위해요소가 조리기기나 작업자의 손에 의해 최종 조리음식으로 전이되지 않도록 주의 깊게 관리해야 한다.

그림 4-4 급식소 전처리실의 예

입고된 식재료는 외포장지를 검수구역에서 제거한 후 저장시설에 저장하거나 전처리작업이 이루어지는 곳으로 운반한다. 식재료의 전처리작업은 바닥에서 하지 않아야 하며, 전처리작업 시 맨손으로 취급하지 말고 전처리용 고무장갑을 사용한다. 또한 전처리전용 칼과 도마를 사용하고, 전처리구역과 조리구역이 공간적으로 구분되지 않은 경우 전처리작업 후 작업공간을 세척·소독한 후 조리작업을 실시한다.

세척

육류 및 어패류는 위생해충, 이물 혼입, 부패, 이취 등이 없는지 점검한 후 충분히 씻고 갈비, 사골, 잡뼈 등은 핏물을 충분히 뺀다. 생선류는 내장부분을 제거한 후 흐르는 물에 깨끗이 씻어준다. 조개류는 애벌세척 후, 소금물에 담가 해감을 토하게 한 후 소금물로 씻는다.

채소류와 과일류는 소독 전에 위생해충, 이물혼입 등이 없는지 확인한 후 흐르는 물로 충분히 세척한다. 세척을 충분히 해야 이물질이 제거되고 농약 성분을 줄일 수 있다. 두부는 조리 전 반드시 흐르는 물에 깨끗이 씻은 후 조리한다.

해동

냉동 식재료를 이용하여 조리할 경우 적절한 해동방법을 적용하여 식재료에 미생물이 증식하거나 작업공간을 오염시키지 않도록 관리해야 한다. 여러 회 사용 분량을 일시에 구매한 경우 냉동 전 필요한 분량씩 구분하여 냉동 후 필요한 만큼만 해동하여 사용한다.

해동 시에는 냉장해동(5℃ 이하), 흐르는 찬물(21℃ 이하)에서 해동하거나 전자레인지를 이용한다. 냉장해동 시에는 24시간 이상 소요되므로 냉동 식재료를 구입하여 냉동

냉장해동 | 유수해동

5℃ 이하 냉장고에서 72시간 이내 | 흐르는 물에 2시간 이내

그림 4-5 식재료의 적절한 해동방법

고에 보관하였다가 사용하기 하루 전 냉장고로 옮겨서 해동시킨다. 21℃ 이하의 흐르는 물에서 해동 시에는 냉동식품이 녹을 때 떨어지는 물로 인해 다른 식품이나 작업대의 접촉면이 오염되지 않도록 해야 하며, 식품을 녹인 후 사용한 모든 용기나 기구는 청소하고 소독해야 한다.

해동된 식품의 온도는 5℃ 이하를 유지해야 한다. 냉동채소나 냉동가공식품(돈가스, 햄버거 패티 등)은 별도의 해동과정을 거치지 않고 저장시설에서 꺼낸 후 바로 가열조리하도록 한다. 해동된 식품은 즉시 조리에 사용하고 재동결하지 않는다.

소독

세척 실시 후 소독과정은 채소류 및 과일류의 재배, 수확, 유통 중 표면에 오염된 미생물을 감소시키기 위한 중요한 관리사항이다.

소독액은 매일 작업시작 전 적정농도로 제조하여 사용한다. 소독방법은 100ppm 농도의 염소수에 5분간 침지한 후 냄새가 나지 않을 때까지 먹는 물로 헹구는 방법이 주로 적용되고 있다. 농도는 테스트 페이퍼test paper로 확인하고, 시간은 타이머로 확인한다.

육안검사 결과, 세척 후 청결상태가 불량한 경우는 재세척을 실시한다. 급식관리자나 담당 조리종사원은 생채소류와 과일류의 세척 및 소독 후 확인기록지에 기록한다.

소독 전 애벌세척 | 염소소독액 100ppm 10분 침지 | 흐르는 물에 3회 이상 헹굼

그림 4-6 채소류 소독과정

손씻기

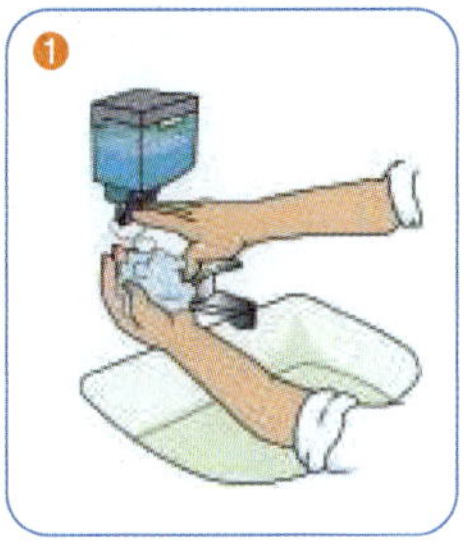

물비누로 거품 내어
손 문지르기

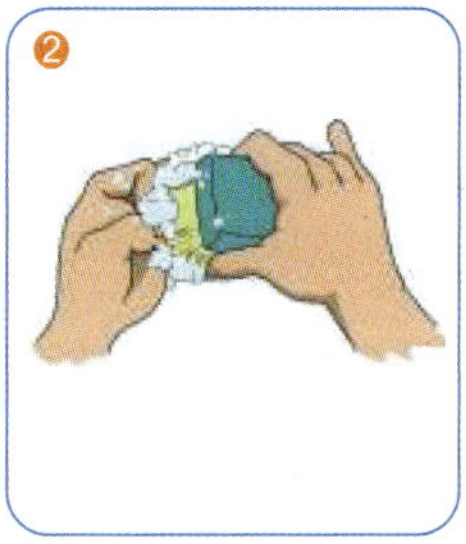

브러시로 20초 싹싹

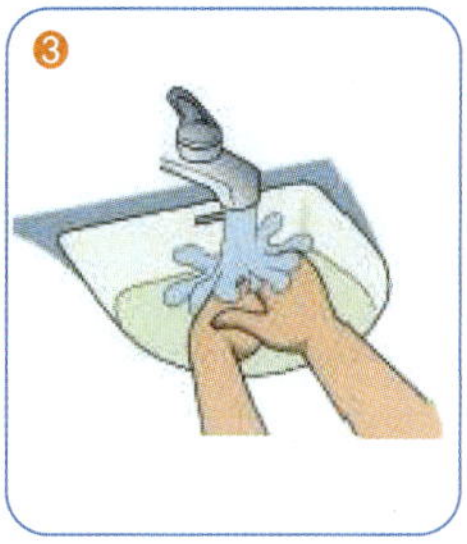

흐르는 온수에 헹굼

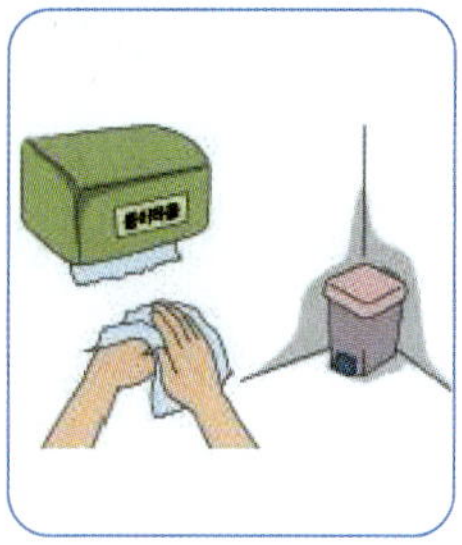

종이수건으로 물기 제거

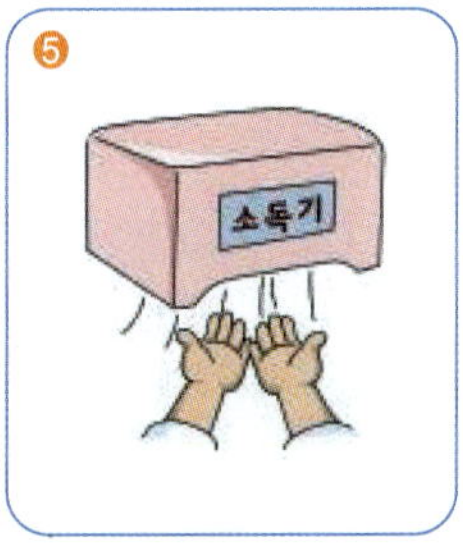

알코올 자동분무 소독

고무장갑소독

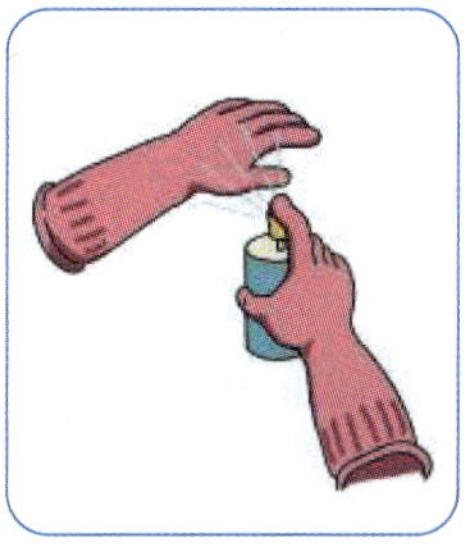

알코올 뿌려 소독

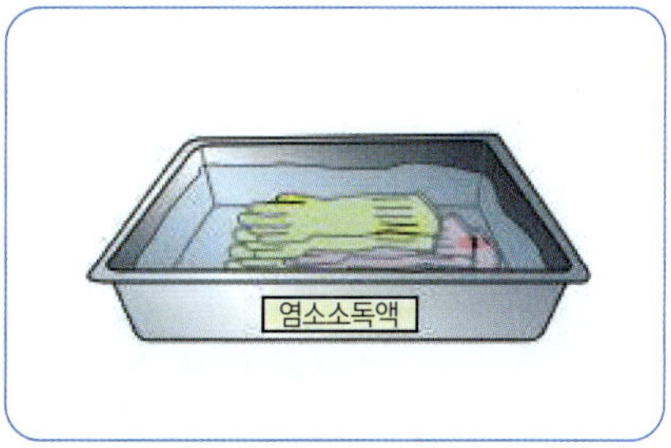

염소 소독액 200ppm, 15분 내외 침지 후 헹굼

그림 4-7 손씻기와 고무장갑 소독의 예

유효잔류 염소농도 100ppm 만들기

$$\text{희석농도(ppm)} = \frac{\text{소독액의 양(mL)}}{\text{물의 양(mL)}} \times \text{유효잔류 염소농도(\%)}$$

예제: 샐러드용 생채소 및 과일을 소독하기 위하여 100ppm의 차아염소산나트륨 소독액 2L를 만들 때 필요한 차아염소산나트륨 용액(유효염소 4%)의 양은?

$$100\text{ppm} = x \div 2{,}000\text{mL} \times 4 \times 10{,}000\text{ppm}$$

$$x = 5\text{mL}$$

따라서, 1%(10,000ppm)의 소독액을 만들기 위해서는 차아염소산나트륨 용액 5mL가 필요하다.

③ 조리단계

식품을 안전하게 구입하고 저장했다 하더라도 음식의 조리과정에서 오염되어 유해 미생물이 문제를 일으킬 정도로 증식될 수 있다. 여러 종류의 식재료에는 다양한 식중독균이 존재하므로 문제를 일으킬 수 있는 식중독균을 완전히 사멸시키거나 안전한 수준 이하로 관리하기 위해서는 적절한 가열온도로 조리한다. 또한 조리 후 문제가 발생되지 않도록 서빙 직전까지 위험한 온도범위(5~60℃)에 노출되지 않도록 관리해야 한다. 조리 시에는 반드시 소독된 용기와 조리기구를 사용해야 하며, 식품을 맨손으로 만지지 말고 고무장갑을 용도별로 구분하여 사용하거나 1회용 위생장갑을 사용한다.

가열조리 후 바로 급식대상자에게 제공되는 음식(예: 국·찌개·탕·구이·조림·볶음 등)은 조리 시 온도계를 사용하여 중심부가 74℃ 이상에서 15초 이상 충분히 가열되었는지 확인하도록 한다 **표 4-9**. 조리 도중 식품의 중심온도를 세 군데 이상 측정하여 그

그림 4-8 가열조리음식의 중심온도 측정

표 4-9 식품별 최저 내부 중심온도

식품항목	최저 내부 중심온도
• 가금류(닭·칠면조·오리 등) • 달걀, 굴 또는 기타 잠재적 위해식품으로 만든 속재료 • 속재료를 넣은 육류, 생선, 가금류, 파스타 요리	74℃에서 15초
• 다진 쇠고기나 돼지고기 • 양념육 • 달걀요리(일정 시간 보관하는 경우)	71℃에서 15초
• 돼지고기, 쇠고기, 양고기 스테이크 • 다지거나 작게 썰은 생선 • 달걀요리(즉시 배식하는 경우)	63℃에서 15초
• 햄, 조리된 음식 데울 때	60℃에서 15초

출처 : USDA(2017)

중심온도가 가열온도 기준 이상인지 확인하고 각각의 중심온도를 가열조리공정일지에 기록 관리한다. 가열조리 온도 측정 시 기준에 도달하지 않았을 때는 계속 가열하여 기준 이상이 된 후에 조리를 완료한다.

잡채, 치킨샐러드, 달걀샐러드처럼 가열조리한 식품과 가열조리하지 않은 식품을 혼합하는 메뉴는 급식대상자에게 제공 직전에 혼합하여 제공하도록 한다.

가열조리를 거치지 않은 메뉴의 경우(예: 샐러드·생채·샌드위치 등) 식재료를 위생적으로 전처리한 후 급식대상자에게 제공하기 직전까지 5℃ 이하의 온도에서 보관하였다가 배식하기 직전에 재료를 혼합하여 제공한다.

식품에 사용하거나 식품을 냉각하는 데 사용할 얼음은 반드시 마시는 물을 이용한다. 얼음 제조 후 다른 용기로 옮길 때에는 소독한 용기와 조리기구를 사용한다.

검식

검식하기 전 검식담당자는 위생복과 손을 청결히 하고, 전용 용기에 담아 검식을 실시한 후 남은 음식은 즉시 폐기한다. 검식은 조리완료 전 일차적으로 실시하며, 이때 조리 상태, 맛, 온도, 질감, 색깔, 농도, 이물질 혼입 여부 등을 확인하여 계획대로 생산되었는지 확인한다. 이때 문제가 있다고 판단되면 즉시 개선하거나 폐기하고 시간이나 재료가 충분하다면 다시 만들고, 그렇지 못하면 대체음식을 준비하도록 한다.

배식 전 검식 시 온도점검은 중심온도계를 사용하며, 뜨거운 음식은 60℃ 이상, 차가운 음식은 5℃ 이하인지 확인 후 가열조리상태가 완전하지 않을 경우 재가열후 배식한다. 모든 사항은 검식일지에 기록한다.

2) 배식작업관리

배식작업은 완성된 음식을 식기에 담아 급식대상자에게 전달하는 작업이다. 다수인을 위한 급식에서 어떻게 하면 가장 신속하고 경제적인 방법으로 조리장에서부터 식탁까지 전달할 수 있는가, 급식대상자가 어떤 곳에서 식사를 하며 식사를 운반하는 기구들은 어떤 것이며, 작업에 종사하는 조리종사원의 사정은 어떠한가를 관리하는 것이 배식작업관리라고 할 수 있으며, 이는 근본적으로 급식소의 건물구조와 시설에 따라 달라진다고 할 수 있다.

(1) 배식방법

① 중앙집중식 배식방법

중앙집중식 배식방법centralized service은 조리장이나 기타 어느 일정한 장소에 트레이tray와 음식을 준비해 놓고, 이곳에서 그릇에 음식을 옮겨 담아 손수레cart나 컨베이어conveyer를 통해 급식대상자에게 배식하는 것이다. 따라서 음식과 배식기기가 공동관리하에 놓이게 된다.

예를 들어 병원급식의 경우, 각 병동이나 층마다 조리장을 두지 않고 한 곳main kitchen에서 음식을 준비하여 개인용 그릇에 담아 운반차에 안전하게 실어서 복도나 승강기를 거쳐 운반된다. 운반 시에는 더운 음식은 식지 않도록 하며, 찬 음식은 차게 유지되도록 한다. 특히 배달이 곤란하거나 장거리 운반을 해야 할 때는 온도 유지에 각별한 노력이 필요하다. 식사가 끝난 그릇은 본조리장에 속한 그릇 닦는 곳까지 운반차에 실어 옮긴다.

② 분산식 배식방법

분산식 배식방법decentralized service은 많은 양의 음식을 한 곳에서 만들어 여러 곳에 정해진 수량만큼 배분하고, 그곳에서 급식대상자에게 배식하는 것이다. 분산식 배식은 건물구조가 낮고 넓을 때 적절하다. 병원급식에서 이 배식방법을 채택할 경우 냉동차나 보온차로 음식을 각 병동으로 옮기고 병동마다 작은 공간이 있는 조리장에서 트레이에 담아 환자에게 배식하는 형태로 급식을 감독하는 영양사가 조리장마다 배치되어 있다. 그릇을 닦는 일은 본조리장에서 하거나 각 층이나 병동에서 처리하게 된다. 분산식 배식에서는 중앙집중식 배식에서보다 식기저장소와 조리종사원의 수도 많아야 한다. 또한 음식이 운반·배식될 때 감독자가 이곳저곳으로 신속히 움직일 수 없는 경우 많은 수의 감독자가 필요하지만, 더운 음식을 공급해야 하는 경우에는 유리하다.

③ 그 밖의 배식방법

모노레일monorail을 이용한 자동수레 이동식automated cart transport system 배식방법이 있다. 이는 자체의 통로monorail를 이용하므로 일반적인 소통을 방해받지 않고 배식하므로 신속하고 안전하나, 건축설계 단계에서 시설이 설치되어야 하므로 과다한 건설비가 요구되는 단점이 있다. 이 방법은 대단위 병원이나 여러 동의 건물에 배식할 때 적절하다.

이 밖에도 오늘날 어느 곳에나 설치할 수 있는 자동음식판매기와 필요한 식당이나 카페테리아로 옮길 수 있는 음식상자의 설치 등도 누구나 이용할 수 있는 배식방법 중 하나이다.

(2) 배식 시 분배 조절

1인분 표준공급량을 결정한다는 것은 과잉생산에 의한 낭비를 막고 급식비의 지출을 절감하는 기초가 될 뿐 아니라 급식대상자의 만족을 위해서 필요하다. 지불한 가격만큼 1인분량이 만족스럽지 못하다면 어떠한 급식대상자도 만족하지 못한다.

음식의 맛이 급식대상자을 만족시켰다고 해도 너무 적은 양이라면 제대로 대접받고 있지 않다고 느끼기 때문이다.

배식 시 분배 조절을 잘하려면, 구매하는 단계부터 통제가 이루어져야 한다. 식품 구매자는 주문할 때 무게를 정확히 명시한 상태에서 개수로 주문한다. 그 다음 단계는 표준조리법을 사용하는 것이다. 즉, 정확한 온도와 시간을 지키며 적당한 크기의 팬, 접시와 알맞은 기구를 사용해야 한다. 또한 음식의 생산에서 무게 조절은 필수적이므로 여러 종류의 저울을 사용하여 정확한 양이 되도록 한다.

음식분배를 위해 쓰일 국자, 주걱, 컵, 집게, 스푼 등은 일정한 크기를 정하여 누구에게나 같은 양이 적정량 공급될 수 있도록 하고, 분배방법의 훈련을 통해 숙련되도록 한다. 예를 들면, 음식의 종류에 따라 배식해야 하는 국자의 크기를 표준화하여 사용해야 한다 **표 4-10**.

이처럼 1인 분량 조절은 정확한 구매, 표준조리법의 사용, 적당한 기구 및 기술 이용

표 4-10 분배 조절을 위한 기구인 스쿱(scoop)의 사용 예

무게	양	사용 예
1 oz	1/8 cup	소스, 샐러드 드레싱
2 oz	1/4 cup	그레이비
4 oz	1/2 cup	스튜, 크림요리
6 oz	3/4 cup	스튜, 크림요리
8 oz	1 cup	수프

출처 : Spears(2016). Foodservice organization

을 통해 이루어진다.

(3) 배식 시 온도관리

먹을 때의 온도인 서빙온도를 알맞게 조절하는 것은 짠맛, 단맛 등의 미각에 영향을 미치므로 매우 중요한 일이다. 또한 음식을 만들면서부터 서빙할 때까지의 온도가 세균 번식을 억제하는 온도대에서 보관온도를 유지하는 것은 위생관리상 중요하다.

급식에서 적절한 온도로 서빙하기 위해서는 각각의 음식이 만들어졌을 때의 온도, 배식할 때의 온도 변화, 음식의 품온, 온도 유지에 따른 맛의 품질 저하, 식기에 담은 후 기간 경과에 따른 온도 등에 대한 정보를 알고, 보관기기나 식기 선정, 보관온도의 조정 등 배식작업방법에 대한 대책을 세워야 한다.

표 4-11 **완성되었을 때의 온도와 용기에 옮겼을 때의 온도**

음식명	완성온도(℃)	용기에 옮겼을 때의 온도(℃)	음식명	완성온도(℃)	용기에 옮겼을 때의 온도(℃)
된장국	97	87~90	포크커틀릿	95	85~87
맑은장국	98	87~90	닭튀김	95	83~85
콘수프	95	87~90	크로켓	80	60~65
돼지고기조림	90	87~90	햄버거	85	75~78
스튜	95	87~90	닭양념구이	80	70~72

표 4-12 **음식이 가장 맛있을 때의 온도**

음식명	적온(℃)	음식명	적온(℃)
빵	30	수프	60~80
밥	60~75	생채, 샐러드	20, 25
국수장국	60~70	녹차, 홍차	65
된장국	60~80	생선조림	45~55
김치 또는 절임음식	20~25	두부찌개	80~90

(4) 배식 시 위생관리

급식 배식과정은 급식대상자가 만족할 수 있도록 편이성과 신속성을 도모하고, 위생적이고 안전한 식사를 공급하는 데 초점을 두고 관리해야 한다. 조리장에서 급식장소까지의 운반은 반드시 뚜껑을 덮은 채 안전하게 이루어져야 한다. 또한 배식대에 음식을 보관할 때는 음식을 자주 저어 전체의 온도가 균일하게 유지되도록 한다. 조리가 완료된 식품은 적온(찬 음식 10℃ 이하, 더운 음식 57℃ 이상)이 유지되도록 하고, 세척·소독된 용기에 덮개를 덮어 보관하여 다른 식품이나 조리사 등에 의한 2차 오염을 방지하되, 조리완료 후 2시간 이내에 배식이 되도록 한다.

음식뿐만 아니라 배식기구, 개인식기도 뚜껑이 있고 소독된 용기에 담아 급식장소까지 운반하며, 식기의 입에 닿는 부분은 절대로 손으로 잡지 않도록 한다. 수저류 및 양념류를 진열하는 방법은 편리하고 위생적인지를 확인하고, 특히 수저류는 고온에서 잘 견디는 수저통을 사용하는 것이 좋다. 배식원은 단정한 복장을 착용하고 깨끗한 위생모, 앞치마, 위생장갑을 착용하며 급식소 상황에 따라 마스크 착용을 권장한다.

급식대상자가 직접 덜어 먹거나 배식할 때에는 손잡이가 긴 국자나 집게를 사용하고, 음식물을 담은 용기 안에 배식용 기구를 넣었을 때는 손잡이가 용기 밖으로 나와 있어야 한다.

조리 완료 후 보온·보냉 이외의 장소에서 보관 시에는 2시간 이내 배식이 완료되도록 한다.

배식에 사용되는 대형 용기에 뜨거운 국 등을 부을 경우 안전사고가 발생하지 않도

그림 4-9 자율배식과 대면배식

록 유의하고, 조리·배식 작업 종료 시 바닥면의 잔반과 기름기를 제거하여 미끄러움을 예방해야 하며, 신발의 미끄러움을 예방하기 위해 신발바닥의 재질을 개선하는 등의 배식시 안전관리에 유의한다.

배식용 운반기구(배식차·승강기) 등에 의한 교차오염이 발생하지 않도록 배식차 등은 사용 후 바로 세척하여 관리하고, 식품 운반용 승강기는 1일 1회 이상 내부를 청소하여 청결상태를 유지하도록 하며, 식기·수저·컵 등은 세척·소독 후 별도의 보관함에 보관 후 사용하고, 외부에 비치될 경우에는 별도의 덮개를 사용하여 배식 전까지 보관한다.

식품을 운반하는 동안에는 먼지와 다른 오염물질이 들어가지 않도록 보호하고, 운반 도중 적온이 유지되도록 보온·보냉용기를 이용하며, 운반차량 이용 시에는 식품의 오염이나 차량 내 식품이 쏟아지는 것을 방지하기 위하여 용기가 밀폐되어야 한다. 운반차량은 매일 1회 이상 내부를 청소하여 청결상태를 유지하도록 하고, 운전자는 개인위생 준수 및 청결한 복장을 갖추어야 한다.

배식에 사용하는 행주는 열탕 소독 또는 200ppm 차아염소산나트륨(염소소독액)에 15분간 담가 소독한 후 건조시킨 것을 사용한다. 배식 후에는 곧바로 쓰레기통 및 잔반통을 깨끗이 치우고 위생복을 세탁하고 배식대 및 조리장 내부 청소를 실시한다. 이때 청소관리 프로그램의 항목을 점검하도록 한다. 배수로 덮개, 창문, 방충·방서시설을 점검하는 등 최종적으로 세부적인 위생·안전점검을 실시한다.

배식 종료 전에 보존식을 준비한다. 보존식은 식중독 사고가 발생할 때 그 원인을 명확하게 하고 적절한 대응책을 강구하기 위해서 실시하는 것이다. 당일 조리·제공한 식품의 매회 1인분 분량(150g)을 살균처리된 보존식 전용용기 또는 멸균 비닐봉지에 담아 -18℃ 이하에서 144시간 이상(6일) 보관 후 보관시간 동안 문제가 없을 때 폐기하도록 한다.

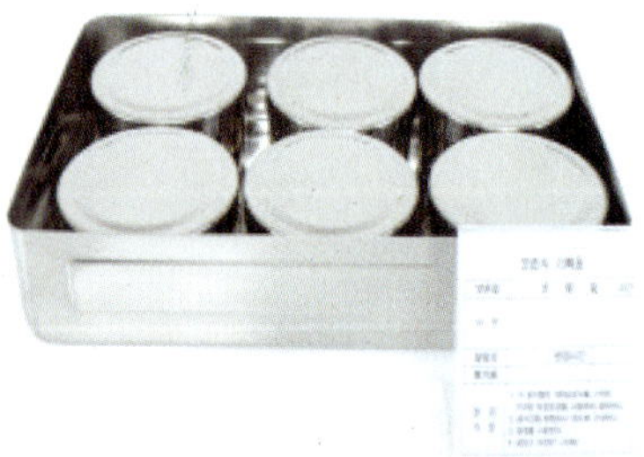

그림 4-10 보존식 보관 모습

부패되거나 변질된 음식은 별도의 지시를 받아 즉시 버리도록 하며, 음식을 보관하였던 용기나 주변은 깨끗이 세척·소독한다. 급식소에서 당일 생산한 것을 당일 전량 소비하지 못했을 때 잔식은 전량 폐기한다.

3) 퇴식작업관리

퇴식작업이란 좁은 의미로는 식사 후 퇴식된 식기의 잔반을 처리하여 세정·소독·건조 후 식기장에 넣는 과정을 의미하며, 넓은 의미로는 조리기기의 세척·소독 및 조리장·식당의 청소과정을 모두 포함한다.

(1) 잔반 처리

잔반이 있다는 것은 영양적·경제적으로 손실을 가져오므로 원인을 규명해서 잔반을 줄이도록 개선하고 보다 만족스러운 식사가 되도록 해야 한다. 잔반의 원인으로는 식사를 하는 사람의 성별, 연령, 기호, 당일의 기후나 지역성 등을 생각할 수 있다. 또 식단의 부적절, 조미(맛들이기)의 실패나 조리의 잘못이 원인이 될 수도 있다. 식사한 사람이 섭취한 영양량을 파악하기 위해서는 매일 잔반조사를 실시할 필요가 있다.

잔반조사방법에는 측량법, 질문지법, 관찰법 등이 있다. 잔반조사를 통해 급식대상자의 영양량뿐 아니라 급식대상자의 음식 기호를 파악할 수 있다. 또한 잔반조사 결과를 식단 작성이나 조리법을 검토하는 자료로 사용하거나, 영양교육의 효과를 판정하는 데 사용할 수 있다.

① 측량법

배식량, 조리 후 폐기량을 고려한 부분을 제거하고 남은 잔반량을 계측한다. 이것을 측량법에 의하여 계산한다.

측량법은 잔반조사 중 가장 정확한 방법이지만 원인까지는 알 수 없으므로 정기적으로 기호조사를 겸한 설문조사를 실시하는 것이 좋다.

잔반율

$$\frac{\text{잔반량}}{\text{배식량}-\text{용기 중량}} \times 100$$

표 4-13 잔반량과 잔반율 구하는 법

용어	구하는 법
식단 구성별 잔반량의 집합총량(g)	측량하고 계측하는 절차를 위해 연구 팀이 필요하며, 식사 후의 잔반을 식단 구성 품목별로(예: 밥·국·찬·후식 등) 계측하여 기록한다.
식단 구성별 잔반량의 집합총량의 합계(g)	품목별 집합총량을 모두 합산한다. 이와 같은 절차를 통하여 평균 잔반율(%)을 다음 공식에 의하여 산출한다.
식단 구성 품목별 1인분에 대한 평균 잔반율(%)	$\frac{\text{식단 구성 품목별 잔반량 집합총량}}{\text{식단 구성 품목별 평균 배식량}} \times \frac{1}{\text{참여 인원수}} \times 100$
1인 1식에 대한 평균 잔반율(%)	$\frac{\text{식단 구성 품목별 잔반량 집합총량의 합계}}{\text{1식에 대한 평균 배식량}} \times \frac{1}{\text{참여 인원수}} \times 100$

출처 : 대한영양사회(2007)

② 관찰법

잔반량 조사표

① 업소명 :

② 일시 : (요일)

음식명 : 음식명 : 음식명 :

남자		여자	
No.	총잔반량(g)	No.	총잔반량(g)
평균	(g)	평균	(g)

③ 질문지법

잔반량 조사를 위한 자기기록방법 척도의 예

얼마나 섭취하셨습니까? (각각의 음식에 대해 해당되는 척도에 ✓로 표시해 주십시오)						
음식명	먹지 않았다	맛만 보았다	조금 먹었다	절반 먹었다	많이 먹었다	전부 먹었다
1.						
2.						
3.						

④ 잔반조사 결과 평가

잔반량은 대상자별로 개인별 잔반량을 파악할 수 있고 잔반결과를 평가하여 잔반에 대한 원인을 파악할 수 있다.

표 4-14 잔반조사결과 평가에 따른 잔반의 원인

결과 판정	잔반율↓, 잔반자율↓	양과 질이 적절함
	잔반율↑, 잔반자율↑	급식대상자가 많이 남긴 경우 식사 내용이 전체적으로 수응도가 낮은 상태임
		급식량이 전체적으로 많거나 맛에 문제가 있을 수 있음
원인 검토	급식제공자 측의 문제	양적, 질적으로 부적절함
		조리방법의 부적절함
		급식방법의 부적절함
		급식환경의 부적절함
	급식대상자 측의 문제	신체적 문제(체질, 질병 유무)
		활동량(피로, 과로)
		식사습관(편식)
		계절

출처 : 정복미 외(2006)

(2) 쓰레기 처리

최근 음식물 쓰레기에 대한 처리가 사회적 문제로 크게 대두되면서 정부는 2005년부터 음식물 쓰레기의 매립을 법으로 금지시켰다. 분리배출된 음식물쓰레기의 재활용률은 97% 수준이며, 재활용 방식은 사료화 및 퇴비화가 주를 이루고 최근 바이오가스화 비중이 14%까지 증가하였다.

음식물 쓰레기 처리에 있어서 최선의 방법은 최대 감량 후 최대 자원화하는 것이다. 따라서 단체급식소에서도 급식관리 단계마다 음식물 쓰레기를 감량하도록 해야 한다. 단체급식소에서의 음식물 쓰레기 감량화 과정은 다음과 같은 단계를 거친다.

① 식단계획 단계

잔반량이 많은 음식은 원인을 분석하여 식단 계획에 반영한다. 전혀 먹지 않는 반찬은 식단 작성에서 제외하고 많이 남는 반찬은 조리법을 개선하며 조금씩 남는 반찬은 1인 분량을 재조정한다.

② 식품발주 단계

정확한 식수 인원 파악과 표준조리법을 활용하여 적정 식품재료량을 산출하고 식품 규격과 품질, 구매시기와 구매형태를 명시하여 발주한다. 식품발주량은 폐기량을 고려하여 산출하며 정확한 수요예측이 필수적이다.

③ 식품구매 단계

식품별 정확한 검수관리를 실시하며 구매해야 할 식품 내용이 정확하게 기술된 식품규격서에 따라 적합한지 확인한다. 또한 배송 직후에 검수하여 실온에 방치하는 시간을 최소화함으로써 선도가 저하되지 않도록 한다.

④ 전처리 단계

전처리된 식재료 중 온도관리가 필요한 것은 조리할 때까지 냉장고에 보관하고 전처리하지 않은 식품과 전처리된 식품은 분리하여 취급한다.

⑤ 조리 단계

음식의 색이나 모양 등 외관을 좋게 하여 시각적으로 식욕을 촉진하되 음식물 쓰레기가 되는 불필요한 장식은 피하고 국이나 찌개의 국물량을 너무 많이 잡지 않는다.

⑥ 배식 단계

정량배식보다는 잔반량을 줄일 수 있는 자율배식 또는 부분자율배식을 한다. 밥, 김치, 채소찬 한두 가지 정도는 테이블마다 비치하여 각 테이블에서 자율배식할 수 있도록 하는 방법도 잔반량 감소에 효과적이다.

⑦ 퇴식 단계

퇴식구에서 잔반줄이기 운동을 지도 및 홍보하고, 잔반량을 매일 체크하여 1인당 잔반량 및 잔반비용을 환산한 후 제시하며 급식생산 계획에 참고한다. 일주일에 한 번 정도는 잔반통 없는 날을 정하여 잔반을 남기지 않도록 유도하기도 한다.

⑧ 남은 음식물처리 및 재사용 단계

잔식은 푸드뱅크food bank와 같은 곳에 위생적으로 안전한 시간 범위 내에서 기탁하고, 잔반은 이물질이 혼합되지 않도록 배출한 다음 사료화·퇴비화하여 이용될 수 있도록 한다.

⑨ 음식물 쓰레기 배출단계

음식물 쓰레기는 가급적 수분을 줄이고 이물질을 제거하여 배출하도록 한다. 음식

알아보기 AI기반 '푸드 스캐너'를 통한 잔반관리

2021년 유엔환경계획(UNEP)에 따르면 전 세계적으로 매년 음식물쓰레기가 약 10억 톤 발생했으며, 한국은 음식물쓰레기를 가구당 81kg(세계 평균 71kg) 배출했다. 이에따라 인공지능(AI)과 빅데이터를 활용해 음식물쓰레기를 줄일 수 있는 푸드스캐너가 개발되었다. AI 푸드스캐너는 비접촉 스캐닝을 활용해 실시간으로 음식의 종류와 양을 분석한 후 섭취량과 잔반량을 파악해 데이터베이스(DB)에 정보를 남긴다. 이러한 정보는 한데 모여 빅데이터로 활용할 수 있다. 급식소에서는 급식 정보를 바탕으로 선호·비선호 음식을 파악해 재료나 조리법을 보완해 음식물쓰레기 배출량을 줄일 수 있다. 실제로 AI 푸드스캐너를 도입한 뒤 음식물쓰레기가 평균 30%가량 줄었으며 한 고등학교는 AI 푸드스캐너 도입 후 음식물쓰레기가 55% 감소했다. 이에따라 학교급식, 군대급식에 AI 푸드스캐너를 시범운행하고 있으며 이를 통해 급식메뉴 구성시 소비자의 기호도를 반영하고 반복적인 음식물쓰레기 발생 가능성을 감소시킬 것으로 기대된다.

출처 : 정책주간지 K-공감, 2023. 2. 7.

물 쓰레기 감량의무 사업장은 스스로 또는 위탁하여 재활용하거나 감량화 처리를 한 후 배출한다. 전처리 후 생긴 쓰레기는 물기가 닿지 않도록 수거하여 배출하고, 잔반은 체나 망사형 자루 등에 수집하여 자연 탈수하거나 간단한 기기·기구를 이용하여 물기를 제거한 후 배출한다.

(3) 식기 및 조리기기의 세정·소독

식기류 세정작업은 1회 식사의 식기 사용 수에 비례하고, 그 방법은 식기의 재질과 형태에 따라 각각 다르다.

세정작업의 절차를 흐름에 따라 살펴보면 다음과 같다. 식기 세정작업은 식사가 끝나고 식기를 회수하는 작업에서부터 시작된다. 회수방법에 따라 세정작업 담당자의 배치, 작업시간, 인원수가 달라진다. 사용한 식기를 급식대상자가 퇴식구까지 운반하는 경우, 퇴식구에서 잔반을 버리고 세정 코너와 연결된 컨베이어에 얹는 경우, 혹은 조리종사원이 회수하여 정리, 운반하는 경우 등이 있는데, 이는 급식시설의 특징과 배식 형태에 따라 달라진다. 그러나 일반 급식의 경우 가능한 한 급식대상자의 협력체제를 활용하는 것이 바람직하다.

회수된 식기는 손으로 닦기, 기계 세척, 재질, 내용물 등에 따라서 애벌씻기 정도를 결정한다. 음식찌꺼기의 세정을 위해서는 일반적으로 40℃ 정도의 온탕에 담갔다가, 40~50℃의 온탕에서 세제나 물리적 압력으로 오물을 제거하고, 온탕으로 헹구어 잔류 세제를 없애도록 한다. 세정 후에는 여러 가지 소독방법에 의해 식기를 살균한 후 종류별로 분류하여 보관고에 정리·수납한다.

그림 4-11 식기세척기가 있는 세척실

조리기기류의 기능이 정상적으로 보수되어 있는지의 여부는 작업관리의 필수조건이다. 각 기기에 대해서 사용상 유의사항, 세척 및 소독 상황, 보수 점검에 관한 항목 등을 매뉴얼화하는 것이 바람직하다. 모든 조리종사원에게 그 내용을 교육지도하고, 각 항목에 대해 잘 실시·유지되고 있는지를 항상 점검하며, 고장이나 부품의 소모 및 분실 등이 발생하지 않도록 보수관리시스템을 구축하도록 한다.

식품 접촉 표면을 통한 교차오염을 예방하기 위해서는 급식 기구 및 용기의 세척·소독이 적절히 이루어져야 하며, 기구별 세척 및 소독 방법을 정확히 숙지하여 실천한다. 세제 사용 시에는 세제의 용도, 효율성 및 안전성을 고려하여 구입하고, 사용방법을 숙지하여 사용하며, 세제를 임의로 섞어 사용하는 일이 없도록 하고, 반드시 식품과 구분하여 안전한 장소에 보관한다.

소독은 급식기구·용기 및 음식의 표면에 존재하는 미생물을 안전한 수준으로 감소시키는 과정을 말한다. 소독 시에는 미생물을 안전한 수치로 감소시키기 위한 소독제의 선택, 농도, 침지시간을 결정하고, 사용방법을 반드시 숙지해 사용한다.

소독액은 미리 만들어 놓으면 효과가 떨어지므로 1일 1회 이상 제조한다. 소독액 사용 전에는 테스트 페이퍼test paper를 사용해 농도를 확인하는 것이 좋다. 소독제는 반드시 식품과 구분하여 안전한 장소에 보관하며, 기구류에 대해 염소소독을 할 때에는

표 4-15 식품과 직접 접촉하는 기구의 세척 및 소독 방법

기구	구분	방법 및 주기	비고
도마	세척	• 주기 : 사용 후 • 세척제 : 중성, 약알칼리성 • 방법 - 물로 깨끗이 씻은 후, 수세미에 세척제를 묻혀 잘 씻는다. - 물로 세척제를 헹궈낸다.	
	소독	• 용도에 맞는 '기구 등의 살균소독제'를 용법, 용량에 맞게 사용 • 일정 시간 침지	소독 후 헹굼 필요 없음
	건조	• 완전 건조 후 보관	자외선 소독고 투입 가능
다회용 고무장갑	세척	• 주기 : 작업 전환 시마다, 개인위생 준수사항에 따라 실시 • 세척제 : 중성 • 방법 - 흐르는 물에 손을 비비며 씻어 이물질을 제거한다. - 세척제를 묻혀 팔목 부분까지 안과 밖을 닦는다. - 손바닥 면의 요철이 있는 부분은 전용솔을 사용하여 깨끗이 씻는다. - 물로 깨끗이 헹군다.	전처리용, 조리용, 배식용, 세척용으로 구분하여 사용
	소독	• 용도에 맞는 '기구 등의 살균소독제'를 용법, 용량에 맞게 사용 • 일정 시간 침지	소독 후 헹굼 필요 없음
		• 완전 건조 후 보관	자외선 소독고 투입 가능

출처 : 교육부(2020)

세척한 후 사용한다.

살균소독제의 제조는 식품의약품안전처가 고시한 살균소독제 유효성분과 보조성분으로만 제조가 가능하다(고시 제2016-32호). 살균소독제 유효성분은 용도별로 구분되어 있으며, 급식소 및 접객업소용은 73개 성분이 고시되어 있다.

(4) 조리장, 식당의 세척·소독

조리장 바닥, 조리대, 선반, 조리장 주변의 청소는 매일의 작업이 끝날 때 행하며 쓰레기 및 잔반을 제거하고, 해충류를 제거하여 이취 발생을 방지해야 한다.

식당도 조리장과 마찬가지로 식탁을 깨끗이 청소하여 먼지나 음식 찌꺼기가 남아 있지 않도록 주의한다. 실내는 늘 위생적으로 깨끗이 유지되도록 하며, 식탁 위의 조미료는 용기의 바깥쪽을 깨끗이 닦고 부족한 것은 보충하여 찬장 등의 보관장소에 수납한다.

조리장, 식당의 청소는 급식의 위생과 작업의 안전면에서 매우 중요하므로 매일 실시하는 것 외에 정기적으로 작업일을 따로 정하여 철저하게 실시하는 것이 필요하다. 이때 조리장에서 배출되는 쓰레기를 종류별로 구별하여 보관, 처리한 후 이취와 해충 발

표 4-16 학교급식소의 주기별 청소계획의 예

시기	청소구역	비고
일별	• 전처리실, 조리실 및 식당 • 쉽게 오염되는 벽 및 바닥 • 냉장·냉동고의 내·외부(손잡이 등) • 배수구 및 트렌치, 찌꺼기 거름망 • 내부 설치된 그리스트랩 • 식재료보관실 및 화장실	-
주별	• 배기후드 • 보일러 및 가스, 기화실 • 조명·환기설비	지정일(1회 이상) 지정일(1회 이상) 지정일(1회 이상)
월별	• 유리창 청소 및 방충망 청소 • 식재료보관실 대청소	지정일(1회 이상) 쌀 입고 전(1회 이상)
연간	• 개학 및 방학 대비 대청소 • 식판 및 기기 스케일 제거(약품 사용) • 덕트 청소 • 위생 관련 시설·설비·기기 점검 및 보수 • 외부 그리스트랩 청소	연 1회 이상(방학 중) 연 4회(2·7·8·12월) 연 2회 이상(방학중) 연 2회(방학중) 연 2회(방학중)

출처 : 교육부(2020)

생이 없도록 특히 주의한다.

표 4-16은 학교급식소의 일별, 주별, 월별, 연간별 청소구역과 실시시기에 대한 청소계획의 예이다. 청소계획은 지속적인 검증과정을 통해 현재의 계획이 위생적인 조리환경 확보에 미흡하다고 판단되면 방법과 빈도를 개선해 나가야 한다.

5. 급식생산관련 정보관리

급식관리 프로그램상의 생산관리관련 급식일지, 조리지침서, 식품검수서, 검수일지 등의 구동장면을 제시하였다. 급식생산과정을 정리한 검수일지, 작업지시서 역할을 하는 조리지침서를 출력할 수 있다. 또한 식품검수서는 업체에 맞는 양식을 선택하여 사용할 수 있으며, 식재료 검수 후 검수일지를 작성하여 출력할 수 있다.

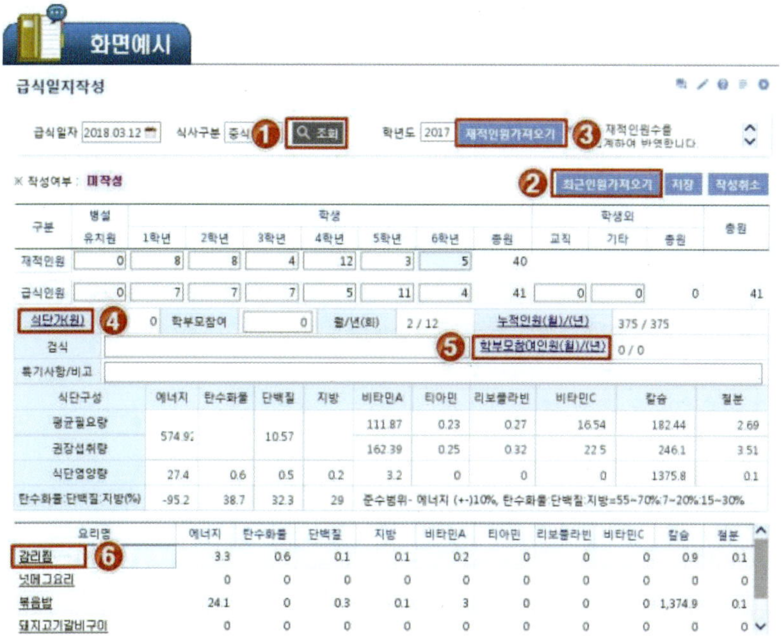

그림 4-12 급식일지

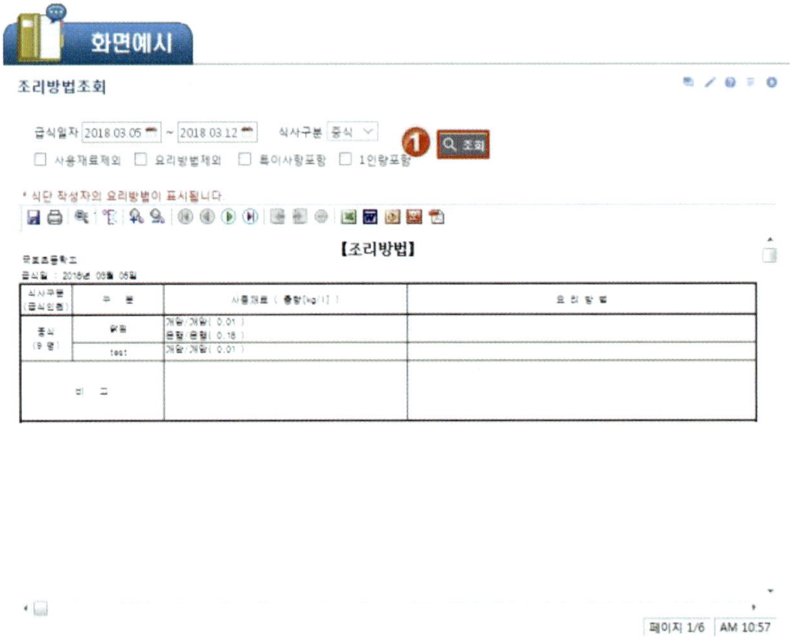

그림 4-13 일일총량과 조리방법

그림 4-14 급식품검수서

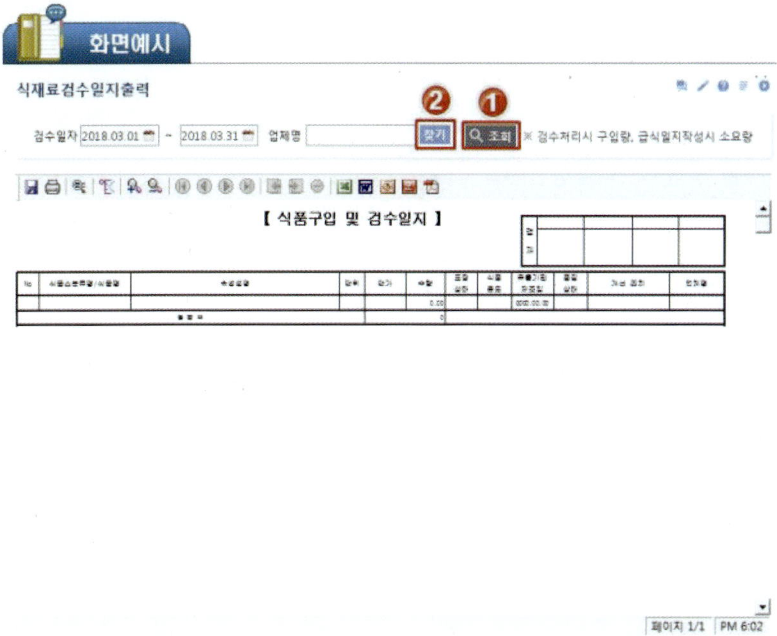
화면예시
식재료검수일지출력
검수일자 2018.03.01 ~ 2018.03.31 업체명
찾기
조회
※ 검수처리시 구입량, 급식일지작성시 소요량
【 식품구입 및 검수일지 】
페이지 1/1 PM 6:02

그림 4-15 검수일지

Activity

다음 급식소의 정보를 참고하여 작업계획서를 작성하고 작업공정표를 개발해 보자. 작업공정표는 인력과 기기를 구분하여 작성한다.

1. 일반 사항

① 급식 인원 : 300식

② 업종 : 사업체 급식소(사무직)

③ 급식 횟수 : 1회(중식)

④ 인력 현황

- 조리장(조리기술 : 상) 1명, 조리원(조리기술 : 중) 2명, 조리보조(조리기술 : 하) 1명
- 조리장과 조리원은 정식 직원으로 8시간 근무, 조리보조는 4시간 근무

2. 메뉴 구성

① 내일의 메뉴 : 흰쌀밥, 부대찌개, 달걀말이, 콩자반, 포기김치, 귤

② 조리가 필요한 메뉴 : 흰쌀밥, 부대찌개, 달걀말이, 콩자반

3. 보유기기 및 시설

식기세척기, 잔반처리기, 소독용 수저통, 싱크대, 냉장·냉동고, 육류분쇄기, 채소절단기, 작업대, 전자동 가스 연속 취반기, 가스회전식 국솥, 가스부침기, 만능조리기

작업계획서

메뉴	총배식량	필요한 batch 크기 및 개수	1인 배식량	작업책임자		준비시간		필요한 기구
				지위	이름	총필요시간	시작시각	

작업공정표 I (급식종사원)

시간 / 종사원															
조리장															
조리원 I															
조리원 II															
조리보조															

작업공정표 II (사용기기)

시간 / 기기															

CHAPTER

05

급식위생·안전관리

1. 급식소 위생관리의 중요성 | 2. 급식소 위생사고의 원인과 예방대책
3. 급식소 위생관리 시스템 | 4. 급식소 안전관리의 중요성
5. 안전사고의 종류와 예방대책 | 6. 급식위생·안전관련 정보관리

CHAPTER

05

최근 가정식에 비해 급식소나 외식업소에서 식사하는 비율이 증가하면서 급식·외식 업체 위생관리의 중요성이 더욱 강조되고 있다. 영유아는 영유아보육시설이나 유치원에서, 초·중·고·대학생들은 학교식당에서, 근로자들은 구내식당에서, 노인들은 노인복지시설 등에서 급식을 실시하고 있으므로 급식관리자는 급식소의 운영특성을 고려하여 영양면, 기호면, 능률면을 충족시킬 수 있는 메뉴계획과 생산관리를 수행함과 동시에 급식생산 전 과정에서 위생관리의 올바른 계획과 실행이 필요하다.

급식소 위생관리의 목적은 식중독 예방이다. 급식소에서 제공되는 최종음식의 안전성이 확보되기 위해서는 관할부서의 정책적 지원, 예산지원, 행정지도뿐만 아니라 개별 급식소 단위 급식종사원의 올바른 위생지식 습득과 실천이 필요하다.

급식소 조리과정에서의 안전관리는 전체 작업과정에서 올바르게 준수되어야 한다. 안전사고는 우연히 일어나는 것이 아니라 평소의 부적절한 관리에 기인한다. 즉, 사고는 조리작업을 작업지시서에 따라 수행하지 않거나 조리과정에서 부주의하여 발생한다. 급식소 조리장에는 조리기기를 작동하거나 물건을 운반하는 과정, 물이나 기름이 떨어져 있는 바닥이나 통로, 끓는 기름이나 뜨거운 물 등을 사용하는 과정에서 안전사고의 위험이 곳곳에 내재되어 있으므로 급식관리자는 조리종사원을 대상으로 안전사고 예방 교육과 감독에 힘써야 한다.

효과적인 급식소 위생·안전관리를 위해서는 급식관리자가 급식위생·안전관리의 중요성과 현황, 발생원인과 예방대책에 대해서 올바르게 이해하고, 체계적인 교육과 관리계획을 수립해야 한다.

학습목표

1. 급식소 위생관리의 중요성을 인지할 수 있다.
2. 급식소 식중독 사고의 원인과 예방방법을 이해할 수 있다.
3. 급식소 조리종사원의 효과적인 위생교육을 계획하고 실행할 수 있다.
4. 급식소 위생관리 시스템을 이해하고 효과적으로 적용할 수 있다.
5. 급식소 안전관리의 중요성을 인식할 수 있다.
6. 급식소 안전사고의 종류와 예방대책을 습득할 수 있다.
7. 급식소 안전사고 발생 시 응급처치방법을 적용할 수 있다.

1. 급식소 위생관리의 중요성

세계보건기구WHO에 의하면, 식품위생이란 "식육의 생육, 생산, 제조로부터 최종적으로 사람에게 섭취될 때까지의 모든 단계에 있어서 식품의 안전성, 건전성 또는 위해가 없는 상태를 확보하기 위해서 필요로 하는 모든 수단"이라고 정의되고 있다. 우리나라 「식품위생법」 제2조제11호에는 "식품, 식품첨가물, 기구 또는 용기, 포장을 대상으로 하는 음식에 관한 위생"이라고 정의하고 있다.

최근 5년 동안의 식중독 발생장소에 따른 식중독 환자 수를 살펴보면, 단체급식소에서 발생한 경우가 연평균 49.3%로 가장 높은 비율을 차지하고 있고, 그 다음이 음식점으로 평균 30.2%였다. 단체급식소는 규모가 클수록 식중독 발생 시 환자의 규모도 커지므로 식중독 발생 예방을 위한 위생관리 매뉴얼의 확립과 실행, 관련부서의 중점 위생지도와 정책적인 지원이 필요하다.

식중독의 발생시기는 과거에는 주로 5~8월에 집중되었으나 최근에는 연중 발생이 보고되고 있다. 식중독이 연중 발생되는 원인 중 하나는 바이러스 식중독에 의한 것으로 알려져 있으므로 급식소 위생관리 계획 수립 시 바이러스 식중독 예방을 위한 대책을 포함해야 한다.

학교급식소에서는 시범사업을 거쳐 2003년도부터 식품안전관리인증기준hazard analysis and critical control point, HACCP을 전국적으로 적용하였고, 교육부에서는 학교급식 위생관리 지침서를 발간·보급하였으며, 위생관리 전담팀을 운영해 지도감독을 강화하고 있다. 한편, 직영으로 운영되는 학교급식소 외의 급식소에서는 2000년부터 「식품위생법」 관련 고시에 급식소에 적용하기 위한 식품안전관리인증기준이 고시된 이후 2023년 6월 말 기준으로 총 12곳의 급식소에서 식품의약품안전처로부터 HACCP 지정을 받았다.

식중독 예방을 위해 정부기관에서는 민간단체와 합동으로 급식소나 식재료 공급업체, 외식업체 등을 대상으로 특별합동점검뿐만 아니라 대국민 홍보사업, 관련종사자 위생교육, 급식소 및 식품접객업소 등의 위생시설 설치 예산 지원 등을 추진해 나가고 있다. 한편 각 급식소의 급식관리자는 식중독 예방을 위해서 주요 식중독 원인균의 특성과 발생사례, 예방대책에 대해서 숙지하여 효과적인 위생관리계획을 수립하고 실행해야 한다.

2. 급식소 위생사고의 원인과 예방대책

급식소에서 위생사고를 유발할 수 있는 원인에는 물리적 위해요소, 화학적 위해요소, 생물학적 위해요소가 있다. 물리적 위해요소에는 인체에 상처를 줄 우려가 있는 돌, 유리 파편, 금속 조각, 플라스틱 조각, 모발, 곤충, 철수세미 등의 이물질이 있다. 화학적 위해요소에는 중금속, 천연독소, 잔류농약, 항생물질, 허가받지 않은 식품첨가물, 환경호르몬 등이 있다. 그리고 생물학적 위해요소에는 병원성 미생물, 바이러스, 기생충, 원충, 진균류 등이 있다. 이 중 급식소에서 발생하여 인체에 치명적인 위해를 줄 수 있는 위생사고의 대부분은 생물학적 위해요소에 의한 식중독이다.

세계보건기구는 식중독을 "식품 또는 물의 섭취에 의하여 발생되었거나 발생된 것

표 5-1 식중독균의 분류

분류		종류	원인균 및 물질
미생물 식중독 (30종)	세균성 (18종)	감염형	살모넬라, 장염비브리오, 비브리오 불니피쿠스, 리스테리아 모노사이토제네스, 병원성대장균(EPEC, EHEC, EIEC, ETEC, EAEC), 바실러스 세레우스(설사형), 쉬겔라, 여시니아 엔테로콜리티카, 캠필로박터 제주니, 캠필로박터 콜리
		독소형	황색포도상구균, 클로스트리디움 퍼프린젠스, 클로스트리디움 보툴리눔, 바실러스 세레우스(구토형)
	바이러스성 (7종)	–	노로, 로타, 아스트로, 장관아데노, A형간염, E형간염, 사포 바이러스
	원충성 (5종)	–	이질아메바, 람블편모충, 작은화포자충, 원포자충, 쿠도아
자연독 식중독		동물성	복어독, 시가테라독
		식물성	감자독, 원추리, 여로 등
		곰팡이	황변미독, 맥각독, 아플라톡신 등
화학적 식중독		고의 또는 오용으로 첨가되는 유해물질	식품첨가물
		본의 아니게 잔류, 혼입되는 유해물질	잔류농약, 유해성 금속화합물
		제조·가공·저장 중에 생성되는 유해물질	지질의 산화생성물, 니트로아민
		기타물질에 의한 중독	메탄올 등
		조리기구·포장에 의한 중독	녹청(구리), 납, 비소 등

출처 : 식품의약품안전처(2023)

으로 생각되는 감염성 또는 독소형 질환"이라고 정의하고 있다. 「식품위생법」 제2조 제14호에 의하면 식중독이라 함은 "식품의 섭취로 인하여 인체에 유해한 미생물 또는 유독물질에 의하여 발생하였거나 발생할 것으로 판단되는 감염성 또는 독소형 질환"이라고 규정되어 있다.

식중독에는 살모넬라균·황색포도상구균·장염 비브리오 등의 세균성 식중독과, 노로바이러스·노워크 바이러스 등의 바이러스 식중독, 복어독·버섯독·마비성 패독·기억상실성 패독 등의 자연독 식중독, 수은·납 등의 중금속류와 농약 등에 의한 화학성 식중독이 있다 **표 5-1**. 경구전염병에는 세균성 이질, 콜레라, 장티푸스 등이 있다. 세균성 이질은 외국에서는 우리나라와 같이 경구전염병으로 따로 분류하지 않고 식중독으로 묶어 취급하고 있다.

식중독의 주요 증상은 복통, 설사, 오심, 구토, 발열 등이다. 식중독이 경구전염병과 다른 점은 경구전염병은 2차 감염을 일으키고 적은 양으로도 발병할 수 있으며 미생물만이 발병원인이 되는 반면, 식중독은 2차 감염을 일으키지 않고 대부분 많은 양의 원인균을 섭취해야 발병하며 발병원인은 균 자체이거나 균의 대사산물이라는 것이다.

2017~2021년 원인물질별 식중독 발생현황을 살펴보면 **그림 5-1**, 주요 발생 원인은 병

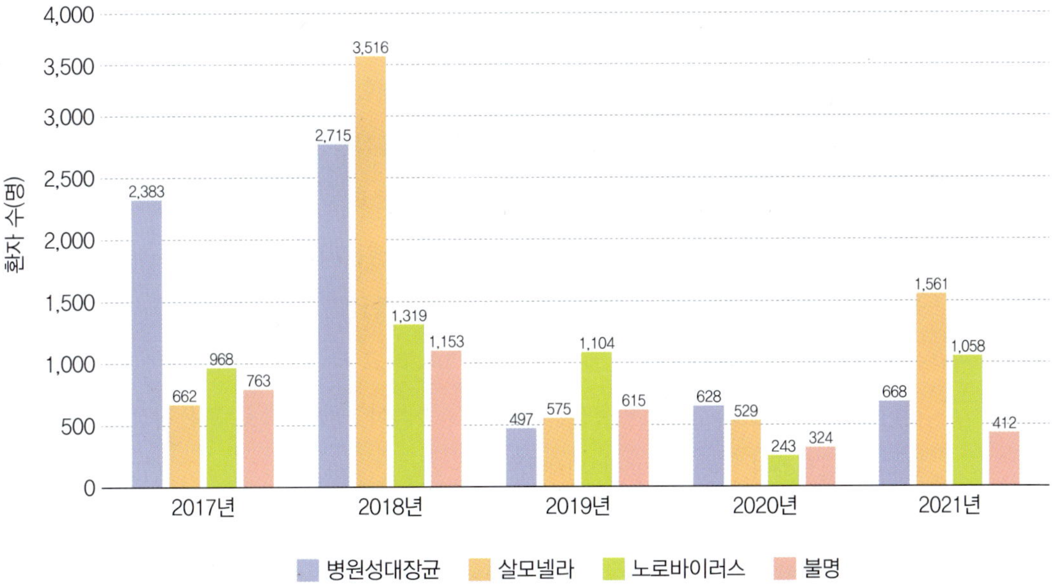

그림 5-1 2017~2021년 주요 원인균별 식중독 발생 현황
출처 : 식품의약품안전처, 식중독 통계(2023)

원성 대장균, 노로바이러스, 살모넬라의 순이었으며, 원인 불명인 식중독 사고도 다수 발생하였다.

세균성 식중독이 아닌 바이러스에 의한 식중독은 발생 시 음식물 등에서 바이러스 검출과 분석이 용이하지 않기 때문에 원인식품을 규명하기가 쉽지 않다. 바이러스 식중독을 유발하는 것으로는 간염 바이러스, 노워크 바이러스, 폴리오 바이러스, ECHO 바이러스 등이 있다.

바이러스 식중독의 주요 원인은 오염된 조개류, 오염된 물 또는 얼음, 오염된 물로 세척한 샐러드, 감염된 환자의 토사물과의 접촉이나 공기 전파, 조리종사원의 비위생적인 작업습관 등이다.

여러 연구결과에 의하면 바이러스는 세균보다 열 저항성이 커서 일반적인 살균온도에서는 파괴되지 않고 미량으로도 발병하며, 환경에 대한 저항성이 강하고 2차 감염으로 인해 대형 식중독 사고를 유발할 가능성이 높은 것으로 나타났다.

특히, 바이러스는 숙주세포 내에서만 증식이 가능하고 오염된 식품 속에서는 증식하지 않기 때문에, 일반적으로 세균성 식중독이 잘 자라는 위험온도범위(5~57℃)와는 관련이 없다. 가열처리로는 바이러스를 완전히 불활성화시키지 못하므로 물의 오염 방지, 조리종사원의 위생적인 작업 수행, 위생복장과 마스크의 착용, 조리장 작업대와 조리장 표면의 올바른 세척과 소독이 중요한 예방대책이다 **그림 5-2**.

급식소에 입고되는 식재료에는 식중독균이 존재할 수 있다. 그러나 입고된 식재료의 위해hazard가 모두 위험risk이 되지는 않는다. 급식생산과정에서 식재료별로 존재할 가능성이 높은 위해요소를 사전에 파악하여 최종조리음식까지 해당 위해요소가 전이되거나 그로 인한 교차오염이 발생하지 않도록 위생관리를 수행한다면 최종 배식되는 음식의 안전성을 확보할 수 있다. 대부분의 식중독균의 생육 적온은 5~57℃이며 이 온도범위대를 위험온도범위temperature danger zone라고 부른다. 그러나 리스테리아균, 여시니아균 및 세균의 포자는 냉장온도에서도 증식이 가능하므로 저온저장시설의 위생관리도 필요하다. 특히 잠재적 위해식품potentially hazardous food, PHF을 위험온도범위대에 4시간 이상 방치했을 때 세균이 식중독을 일으킬 만큼 많은 양으로 번식하기 때문에 위험온도범위에서의 식품의 노출시간을 최소화하는 것이 식중독 예방을 위해서 중요하다.

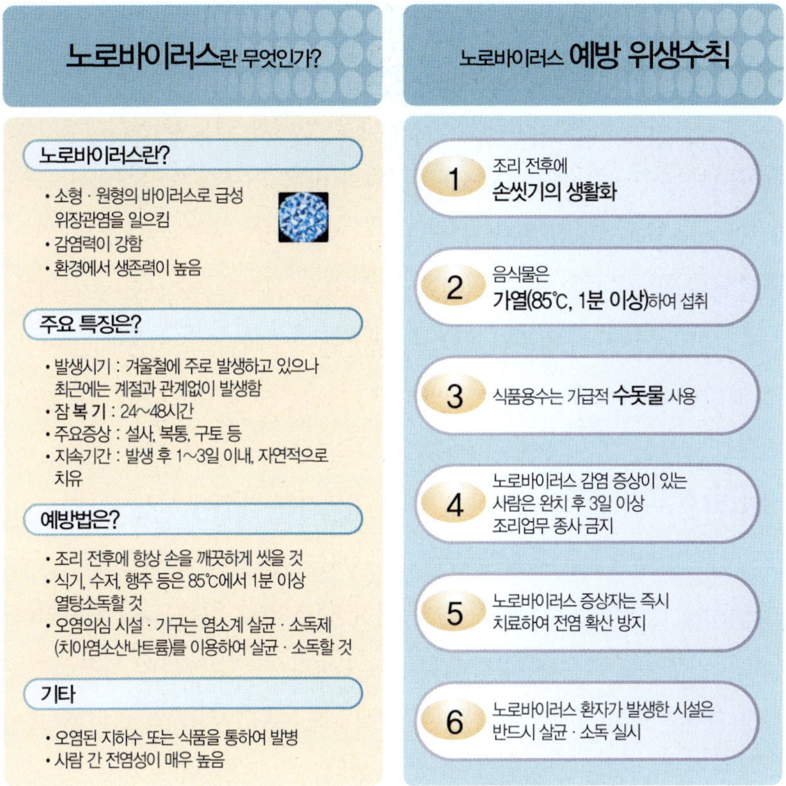

그림 5-2 노로바이러스의 예방법(교육용 포스터)

출처 : 식품의약품안전처(2007)

일반적으로 식중독균은 산소가 없으면 번식하지 않는 것으로 알고 있으나 진공포장이나 통조림 식품에서 증식하는 클로스트리디움 보툴리눔 등의 혐기성 세균도 있고, 산소의 유무에 상관없이 성장하는 캠필로박터균과 같은 통성혐기성균도 있으므로 해당 식품 관리 시 소비(유통)기한이나 포장상태를 확인하여 문제가 없는지를 철저하게 점검해야 한다.

위생관리 시 건조한 환경을 유지하는 것 또한 무엇보다 중요하다. 세균은 수분이 없는 건조한 환경에서는 생육이 억제되므로 가능한 한 조리장의 바닥을 건조하게 유지하여 위생적인 작업환경을 만들 수 있도록 노력해야 한다. 작업 종료 후 조리작업공간을 세척, 소독, 자연 건조시켜서 다음날 작업 시작 전에 다시 물청소를 시작하지 않도록 한다. 또한 바닥설비 시 물이 잘 빠질 수 있도록 경사각을 유지하고, 조리기기 하단에 트렌치가 바로 연결될 수 있도록 하여 바닥에 물고임이 없도록 관리해야 한다.

급식분야는 식품제조·가공 분야와 달리 기계 자동화 의존율이 낮은 노동집약적 산업이므로 인적요인에 의한 위험발생률이 높다. 조리종사원은 생산과정에서 식품과 가장 밀접하게 접촉하므로 이들의 위생개념에 대한 인식과 태도가 급식대상자의 건강에 많은 영향을 미치게 된다. 따라서 조리종사원의 바른 위생습관의 실천이 급식소 조리음식의 안전성 유지에 중요한 요소가 된다.

조리종사원은 작업을 시작하기 전에 반드시 손을 세척한 후 건조·소독하고 위생복장을 갖춰야 한다. 특히 조리종사원의 손 위생이 중요하다. 작업장에 들어갈 때뿐만 아니라 화장실을 다녀온 후, 원재료를 만진 후, 불결한 물품을 만졌을 때, 전화를 사용한 후, 신체의 일부를 만진 후에는 온수로 비누와 손톱솔을 사용하여 30초 이상 손톱 주변과 손가락 사이를 잘 씻어야 한다. 세척 후 1회용 타월이나 핸드드라이어로 완전하게 건조한 후 70% 알코올로 소독한다. 고무장갑도 손 세척·소독방법과 동일하게 관리하고, 고무장갑을 벗고 난 후에는 손을 씻지 않고 바로 식품을 만지는 일이 없도록 하며, 일회용 위생장갑 혹은 라텍스장갑은 자주 새것으로 교체하여 사용하도록 한다.

체계적인 위생관리 시스템인 HACCP을 급식소에 도입, 정착시켜 나가는 과정에서도 조리종사원의 실천의지가 강조되고 있다. 따라서 급식소의 위생개선은 조리종사원에 대한 지속적인 위생교육·훈련을 통해 위생관리 항목에 대한 완벽한 수행이 가능할 때 실현될 수 있을 것이다.

위생교육은 모든 급식종사자를 대상으로 하며, 특히 식품을 직접 취급하는 종사자는 전원 교육에 참가해야 한다. 교육 시 불참자를 파악한 후 반드시 보충교육을 실시하고, 신입사원이나 시간제 종사원의 경우 작업에 투입하기 전에 별도의 위생교육을 실시하도록 한다.

효과적인 위생교육 프로그램을 실시하기 위해서는 많은 준비가 필요하다. 우선 급식소의 운영 여건과 조리종사원의 학력, 근무경력, 작업내용, 위생지식 수준 등에 따라 교육의 내용과 방법을 달리하고, 모든 종사자가 참여할 수 있는 시간과 공간을 고려한다.

교육효과를 극대화하기 위해서는 조리종사원이 적극적으로 교육에 동참하고 교육내용을 실천에 옮길 수 있도록 지도한다. 이를 위해 교육매체를 제작할 때 조리종사원을 직접 참여시켜 관심을 유도하거나 흥미 있는 시청각자료를 적용하는 것이 효과적이며, 교육평가 후 우수 종사원을 대상으로 다양한 인센티브를 제공하는 것도 필요하다. 교육 후 실행을 잘할 경우 칭찬하고, 게시판에 도표를 그려놓고 실천상황을 표시하여 우수 종사원을 포상하는 등의 활동은 위생교육 효과를 높이는 데 도움이 된다.

조리종사원이 위생지식을 습득하고 이를 지속적으로 실천해 나가는 것은 쉽지 않으며, 실제로 위생적인 작업방식이 습관화되기까지 많은 시간이 필요하다. 또한 대부분의 급식소에서 조리인력의 부족으로 조리작업이 여유 없이 진행되므로 급식소 운영시간 중에 위생교육시간을 별도로 마련하기가 어렵고, 위생교육이 정기적으로 실시된다고 하더라도 조리인력의 이직률이 높아 위생교육을 통한 조리종사원의 위생관리 수행도 향상을 기대하기는 쉽지 않다.

조리종사원 위생교육이 효과적으로 실시되기 위해서는 여러 가지 장애요인에도 불구하고 정기적인 반복교육을 실시해야 한다. 이 과정에서 종사원 개인이 위생관리의 중요성을 인식하고 위생관리지침에 따라 작업을 수행해 나가려는 노력이 필요하다. 또한 각 급식소의 운영 특성에 적합한 조리종사원 개인 위생점검 항목을 개발하여 조리종사원이 위생점검표 **표 5-2**를 통해 스스로 실천이 부족한 부분을 인식하고 개선할 수 있는 기회를 제공함으로써 개인위생이 완벽하게 관리될 수 있도록 한다.

표 5-2 개인위생점검표

조리원 성명	건강상태	복장 위생상태				손 위생상태			반지, 귀걸이, 시계 등 부착물	개선 조치	조리원 서명
	심한 감기, 열, 설사	위생복	위생모	위생화	앞치마	손의 상처	수세/소독	손톱/매니큐어			

*확인방법 : 조회 후 조리장에 들어가기 전 조리원 개별 점검 및 서명
*확인 여부 : 양호 ○, 불량 ×
*불량항목에 대해서는 즉각적인 개선조치 후 조리장 출입 허용

최종 점검자 : 영양사 ____________ 서명 ____________

출처 : 배현주 외(2023)

3. 급식소 위생관리 시스템

급식소에서 배식되는 최종 음식의 품질과 안전성은 우수한 품질의 식재료 확보와 급식생산 단계에서의 체계적 품질관리에 의해 좌우된다. 급식소에 식재료가 입고되는 순간부터 최종 배식이 이루어지는 단계까지 모든 과정에서 위해요소가 존재할 가능성이 있다.

급식소의 운영특성과 급식대상자의 개인특성을 고려하여 메뉴를 작성한 후에는 '구매 → 검수 → 저장(보관) → 전처리 → 조리 → 배식 → 세척 및 소독'의 순서로 급식이 진행된다. 효과적인 급식위생관리를 위해서는 급식생산 전 과정에서 위해가 노출될 수 있는 단계를 정확히 진단하고, 위해를 제거하거나 문제가 되지 않는 수준으로 감소시킬 수 있는 관리방안을 적용해야 한다.

급식관리자는 구매·검수·저장 관리 시의 위생관리사항에 대해서는 '제3장 급식구매관리'의 내용을, 전처리·조리·배식 및 운송·세척 및 소독 단계의 위생관리사항에 대해서는 '제4장 급식생산관리'의 내용을 참고하여 관리계획을 수립하도록 한다.

식품의 원료, 제조·가공·조리 및 유통의 전 과정에서 위해물질이 해당 식품에 혼입되거나 오염되는 것을 사전에 방지하기 위하여 각 과정을 중점적으로 관리하는 기준을 식품안전관리인증기준HACCP이라고 한다. 최근까지 HACCP은 식품제조·가공업체, 단체급식소, 대형 유통업체, 외식 체인점, 호텔 레스토랑, 편의점 등에서 활발히 적용되고 있다.

우리나라 급식산업에서의 HACCP 적용현황을 살펴보면 학교급식소에서는 1999년 특별정책과제를 통해 학교급식을 위한 일반 HACCP 계획을 개발했고, 2000년도에는 16개 시·도별로 324개의 시범학교를 운영하면서 2001년도부터 점진적으로 HACCP을 학교급식에 적용하여 2003년부터는 전국의 학교급식소로 확대적용하였다. HACCP의 효율적인 적용을 위해 '학교급식 위생관리 지침서'를 작성·배포하였으며 2021년 제5차 개정판을 발간·보급하였다.

직영으로 운영되는 학교급식소 외의 급식소는 2000년 「식품위생법」 관련 고시에 급식소에 적용하기 위한 식품안전관리인증기준이 고시된 이후 최초로 삼성웰스토리(주), (주)아워홈, CJ프레시웨이(주), (주)신세계푸드 등 10개사에서 운영하는 사업장이

HACCP 지정을 받은 이래로 2023년 6월 말 기준으로 총 12곳의 급식소가 식품의약품안전처로부터 HACCP 지정을 받았다.

급식소에서 HACCP을 지정받고자 할 때 우선 해당 급식소의 식품안전관리인증 계획서를 작성하여 한국식품안전관리인증원장에게 제출한다. 서류심사 후 현장심사에서는 선행요건관리와 HACCP 관리 실시상황 평가 결과를 종합평가하여 적합 판정이 나면 HACCP 업장으로 지정된다.

선행요건 프로그램이란 HACCP 도입 전에 시행되어야 할 전제조건으로서 시설·설비 및 위생 면에서의 관리기준을 말한다. 선행요건프로그램이 준수된다면 HACCP 적용 시 중요관리점critical control point, CCP의 수를 최소화할 수 있고 이를 통해 HACCP의 적용이 용이해진다.

선행요건 프로그램에는 우량제조기준good manufacturing practice, GMP과 위생표준운영절차sanitation standard operation procedure, SSOP가 있다 **그림 5-3**. GMP는 HACCP 적용 대상 제품의 제조에 필요한 시설, 설비, 원료, 공정 및 최종 제품에 대하여 최적조건을 보장하기 위한 기본적이고 보편적인 요건을 말한다. SSOP는 HACCP 적용대상 제품의 생산과 관련된 각 단계의 위생적 안전성 확보에 필요한 활동의 절차와 방법을 자체적으로 문서화한 것을 말한다.

HACCP 적용 업소는 영업장 관리, 위생관리, 제조·가공시설·설비 관리, 냉장·냉동시설·설비 관리, 용수관리, 보관·운송 관리, 검사관리, 회수프로그램관리 등 8개 영역

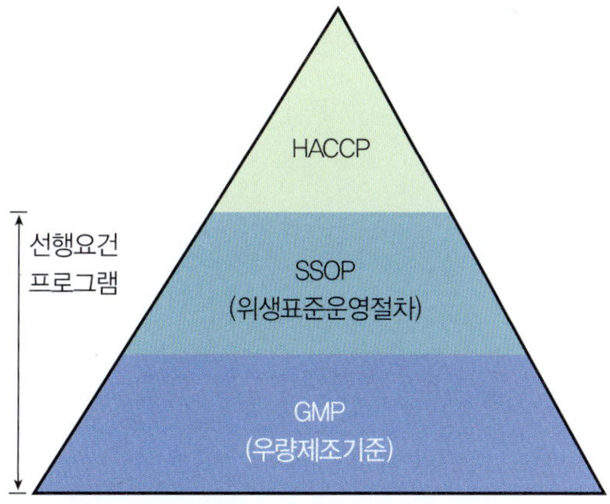

그림 5-3 HACCP 구성요건

에 대한 71개 항목의 운영과 관리를 위한 선행요건 프로그램을 개발·운영해야 한다.

급식소 선행요건 프로그램 중 특히 중요한 것은 교차오염 방지를 위한 일반구역과 청결구역의 구획·구분, 온도와 시간 관리, 식품과 직접 접촉하는 표면의 세척·소독, 조리종사원의 개인위생관리 항목 등이다.

급식소에서 HACCP을 도입할 때는 식품제조·가공 업체의 경우와 그 적용방법에 차이가 있다. 급식소는 식품제조·가공 업체와는 생산공정이 다르고, 제공되는 메뉴도 다양하여 조리공정의 단순화, 표준화, 자동화가 힘들다. 또한 급식소는 노동집약적인 특성을 가지고 있고 조리종사원의 이직률도 높기 때문에 식품제조·가공 업체의 HACCP 적용에 비해 인력관리의 어려움이 많다.

HACCP의 적용절차는 **그림 5-4**와 같이 국제식품규격위원회에서 정한 7원칙 및 12절차에 의한다. HACCP의 원칙과 절차를 완벽하게 계획하고 적용해 나가는 것은 쉽지 않으나 각 급식조직의 현실에 맞도록 도입한 후 적용과정에서 지속적으로 개선해 나가는 노력이 필요하다. HACCP 적용 급식소 관리자와 조리종사원은 HACCP 도입절차에 대해서 올바르게 이해해야 한다.

절차 1 : HACCP 실시를 위한 준비팀을 조직한다.

HACCP 도입은 HACCP 계획의 작성책임자와 HACCP에 대해 전문적인 지식과 기술 및 전문성을 가진 인력이 참여하는 팀을 구성하는 것에서부터 시작한다. HACCP팀은 HACCP의 구축 및 유지관리, HACCP 계획의 수정 등이 주된 업무가 된다. 급식소에 HACCP 적용 시 영양사는 HACCP 팀장이나 실무책임자가 되어 작업장의 위생관리상태를 수시로 확인하여 필요시 즉시 시정조치를 하며, 검증과정에 참여하고 조리종사원 위생교육을 담당한다. 급식업체 HACCP팀 구성의 예는 **그림 5-5**와 같다.

절차 2 : 제품의 특징을 기술한다.

HACCP 적용 시 생산메뉴의 종류, 식재료, 조리공정, 메뉴의 특성 등을 정확하게 기재해야 한다. HACCP 계획서 작성 시 식재료 및 메뉴에 관한 고유의 정보는 위해분석의 기초자료로 활용되므로 상세히 기재한다.

절차 3 : 제품의 사용방법을 명확히 한다.

생산된 메뉴가 어떻게, 누구에게, 어떤 용도로 사용되는가를 예측하는 것이 필요하

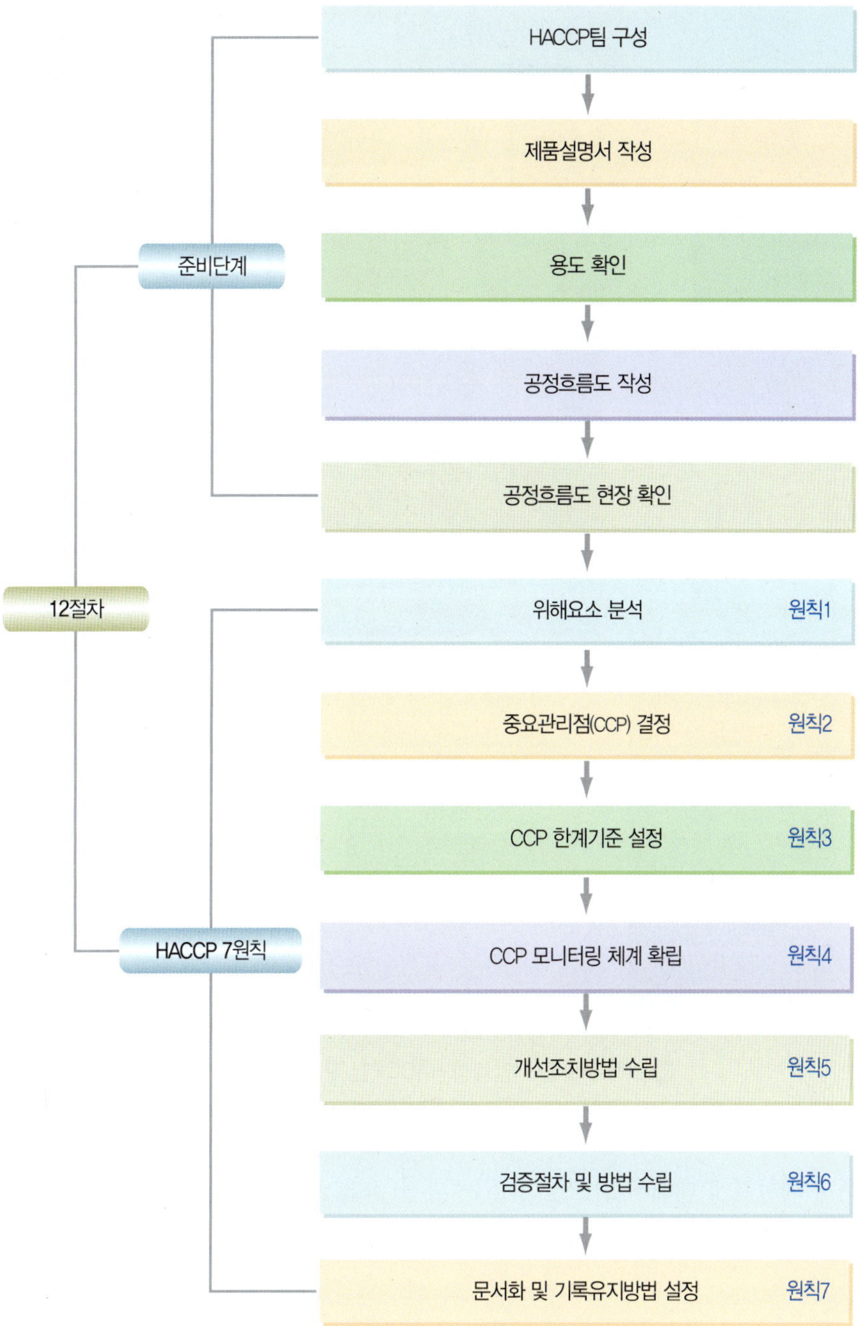

그림 5-4 HACCP 적용 7원칙 12절차

출처 : 한국식품안전관리인증원(2023)

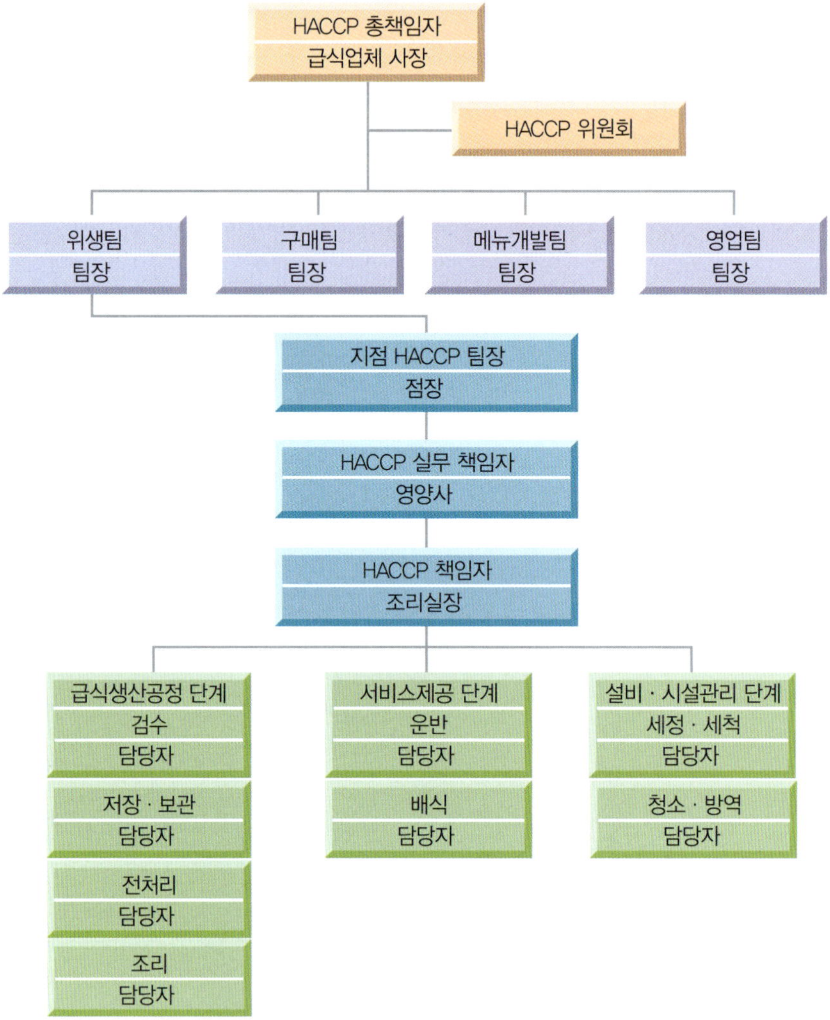

그림 5-5 급식업체의 HACCP팀 구성의 예

다. 특히 위해물질에 대해서 감수성이 있는 특정 집단, 예를 들면 환자식이나 노인식, 유아식으로 이용되는지를 명확히 하는 것은 HACCP 계획의 수립과정에서 매우 중요하다.

절차 4 : 제조(조리)공정흐름도, 시설의 도면 및 표준작업서를 작성한다.

식재료의 입고부터 메뉴가 최종 배식되기까지의 공정에 대해서 그 흐름을 알 수 있는 제조공정흐름도flow diagram, 급식시설·설비의 구조, 식품과 작업자의 이동경로 등을

표 5-3 공정접근법에 따른 급식소 조리공정과 메뉴의 분류

공정 구분	공정단계	해당 메뉴군
조리공정 #1 (비가열조리공정)	구매 및 검수 → 저장 → 전처리 → 비가열조리 → 배식 전 보관 → 배식	생채류, 샐러드류, 채소쌈류, 김치류, 장아찌류, 샌드위치류, 소스류, 드레싱류 등
조리공정 #2 (가열조리후처리공정)	구매 및 검수 → 저장 → 전처리 → 가열조리 → 조리 후 처리 → 배식 전 보관 → 배식	무침나물류, 숙회류, 비빔밥류, 냉면류, 냉국류 등
조리공정 #3 (가열조리공정)	구매 및 검수 → 저장 → 전처리 → 가열조리 → 배식 전 보관 → 배식	잡곡밥류, 볶음밥류, 덮밥류, 국밥류, 국수류, 만두류, 빵류, 죽류, 수프류, 국류, 찌개류, 탕류, 찜류, 볶음류, 볶음나물류, 조림류, 구이류, 전류, 튀김류 등

출처 : 배현주(2002)

기재한 급식시설의 도면 및 조리기기의 성능, 작업의 절차와 기준에 대하여 기재한 표준작업절차서를 작성한다.

급식소에서 제공될 수 있는 메뉴의 수는 수천 가지이므로 메뉴별로 제조공정흐름도를 작성하여 각 단계의 위해를 통제한다는 것은 현실적으로 어렵다. 따라서 우리나라 급식소에서는 일반적으로 1999년 FDA에서 제시한 작업공정접근법에 따라 급식소에서 제공되는 메뉴를 3가지 조리공정으로 구분하여 각각의 공정관리를 실시하고 있다. 표 5-3은 작업공정접근법에 따른 급식소 조리공정과 공정별 메뉴분류의 예이다. 조리공정 #1은 가열조리공정이 없는 메뉴로 생채류, 샐러드류, 김치류, 샌드위치류 등이 해당된다. 조리공정 #2는 일부 재료를 가열조리한 후 배식하기 전까지 많은 수작업이 필요한 메뉴, 또는 가열조리하지 않은 재료와 가열조리한 재료가 혼합되는 메뉴로 비빔밥류, 무침나물류, 냉면류, 냉국류 등이 포함된다. 조리공정 #3은 조리공정 #2를 제외한 가열조리공정이 포함되는 모든 메뉴로 국류, 탕류, 찜류, 볶음류, 조림류 등이다. 이를 기준으로 급식생산 단계를 식단의 구성, 구매 및 검수, 저장, 전처리 및 조리전처리, 조리(가열조리·비가열조리·가열조리후처리), 급식 전 보관, 배식, 식기 세척 및 소독단계로 구분한 후 각 공정을 모두 포함할 수 있는 조리공정흐름도를 작성한 예는 **그림 5-6**과 같다.

급식시설 도면은 급식소에서 사용하는 모든 식재료의 입고에서부터 저장·전처리·조리·배식·세척과 소독에 이르는 전 과정의 흐름을 파악하고, 탈의실·샤워실 및 식당을 포함한 급식소 내에서의 작업자의 이동경로, 외부환경, 작업장 구획, 기기·설비 및 배치, 제품의 흐름경로 등의 내용을 포함하는 것으로 최종 조리음식에 대한 작업장 내

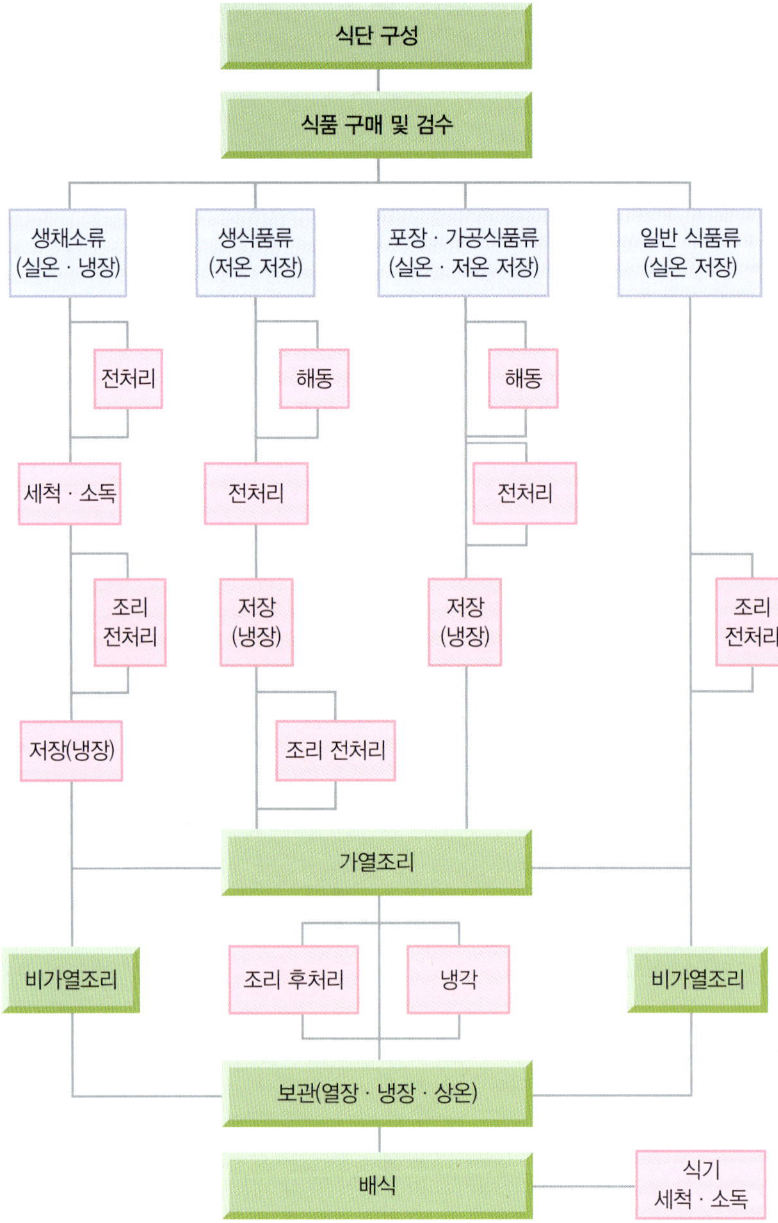

그림 5-6 급식소 조리공정흐름도의 예

출처 : 배현주(2002)

에서의 잠재적 교차오염의 가능성을 파악하기 위하여 작성되는 것이다. 따라서 구체적이고 상세하게 작성해야 한다. 학교급식소 시설도면의 예는 **그림 5-7**과 같다.

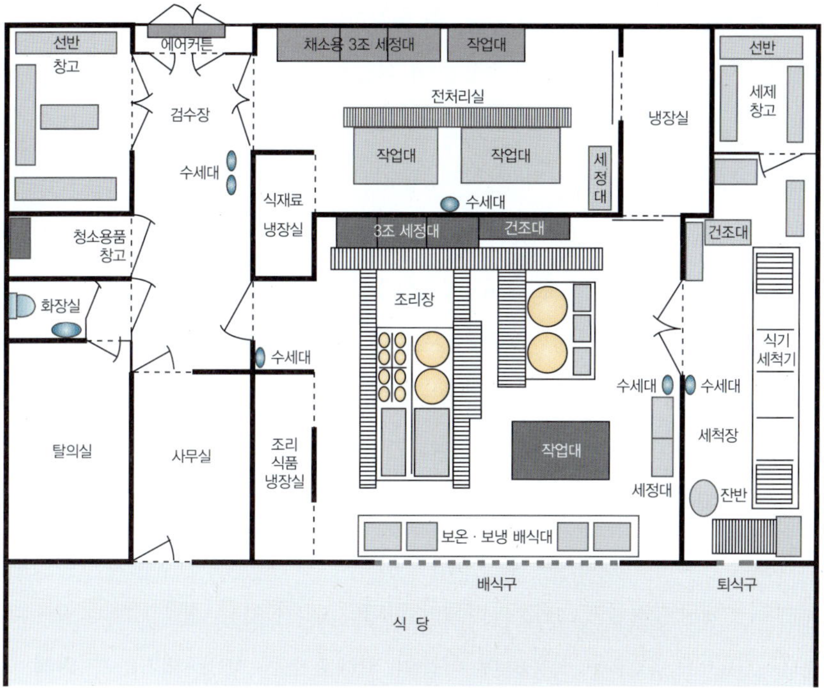

그림 5-7 이상적인 학교급식소 조리장 도면의 예

출처 : 교육부(2010)

절차 5 : 제조(조리)공정흐름도를 현장에서 확인한다.

전 단계에서 작성한 제조공정흐름도, 급식시설의 도면 및 표준작업절차서에 대하여 급식현장에서 실제의 작업내용과 일치하고 있는지 확인하여 작성내용에 잘못이나 부족함이 없는지 검토한다.

절차 6 : 위해분석hazard analysis, HA을 실시한다.

위해분석이란 식품안전에 영향을 줄 수 있는 위해요소와 이를 유발할 수 있는 조건이 존재하는지 여부를 판별하기 위하여 필요한 정보를 수집하고 평가하는 일련의 과정을 말한다. 즉, 원재료의 입고부터 최종적으로 배식되기까지 각 단계에서 발생할 우려가 있는 위해원인을 확정하고, 그 위해의 심각성severity과 발생 가능성likelyhood of occurance을 평가하는 것을 위해분석이라 한다. 위해요소분석은 HACCP 제도에 있어서 가장 중요한 과정의 하나로, HACCP 계획을 수립하는 과정에서 중요한 판단의 근거를 제공한다.

절차 7 : 중요관리점critical control point, CCP을 결정한다.

중요관리점이란 HACCP 제도를 적용하여 식품의 위해요소를 예방·제거하거나 허용수준 이하로 감소시켜 해당 식품의 안전성을 확보할 수 있는 중요한 단계이다. 위해요소분석을 통해 확인된 생물학적·화학적·물리적 위해요소와 예방조치방법을 목록화한 후에 어떤 수준으로 관리할 것인가를 결정하기 위해 CCP 결정도CCP tree를 이용하여 가능하면 객관적인 방법으로 중요관리점CCP을 결정한다.

CCP 결정도 적용 결과 선행위생관리 프로그램이 없으나 급식종사원에 의한 방지방법은 있고 해당공정에서 발생이 예상되는 위해요소를 허용수준까지 제거하거나 감소시킬 수 있는 방안이 있으면, 해당공정은 CCP로 관리되어야 한다. 또는 해당공정에서 위해요소를 허용수준까지 제거하거나 감소시킬 수 있는 특별한 방안이 없고 위해요소가 허용할 수 없는 수준으로 증가하나 이후 생산단계에서 허용수준까지 감소시킬 수 없을 때는 해당공정을 CCP로 관리해야 한다. CCP가 아닌 경우 CPcontrol point로 관리하는데, CP란 HACCP을 적용하여 식품의 위해요소를 예방·제거하기 위해 일상적으로 관리해야 할 단계이다. 학교급식 위생관리 지침서(제5차 개정)에 의하면 학교급식소 HACCP 적용 시 CCP는 '검수', '식품취급 및 조리', '조리완료 및 배식' 총 3개 이고, CP는 '냉장·냉동고 온도관리'와 '식품접촉표면 세척 및 소독' 이다.

절차 8 : 한계기준critical limit, CL을 설정한다.

절차 7에서 결정된 중요관리점에 대하여 위해를 예방, 배제 또는 허용범위 내로 관리하기 위하여 설정된 값으로 관리항목과 해당항목의 기준·규격으로 구성한다. 한계기준 설정시에는 법적인 한계기준을 고려해야 한다. 각 CCP에 대한 법적인 한계기준이 없는 경우에는 급식소마다 적합한 한계기준을 자체적으로 설정해야 하며, 이 과정에서 기존의 연구자료나 전문가의 조언을 참고하여 적합성과 신뢰성을 확보할 수 있는 기준을 마련해야 한다. 학교급식소 HACCP 적용 시 CCP2인 '식품취급 및 조리'의 관리에서 채소·과일류 소독의 한계기준은 소독제 유효염소농도 100~130ppm에서 5분간 침지하는 것이고, 식품 중심온도 측정의 한계기준은 식품 중심온도 75℃ (패류 85℃) 에서 1분 이상 유지될 때까지 가열하는 것이다.

절차 9 : 모니터링하는 방법을 정한다.

중요관리점의 관리기준 적합 여부를 확인하기 위하여 관찰, 측정 또는 검사방법을 정하는 것이다. 모니터링은 실시간 관찰 또는 측정해야 하며, 모니터링 결과는 정확하고 사실적으로 기록·관리한다.

모니터링 담당자는 사전에 중요관리점의 관리기준을 올바르게 인지하고 충분히 관리되고 있음을 보증할 수 있을 정도의 빈도를 자체적으로 설정하여 실시간 신속하게 수행해야 한다. 모니터링은 급식관리자가 아닌 조리종사원이 수행하는 경우도 많으므로 조리종사원 교육·훈련 시에 중요하게 다루어야 한다.

절차 10 : 모니터링 결과 CCP 항목이 CL을 벗어났을 때의 개선조치를 정한다.

개선조치는 안전성이 손상되어 있을 가능성이 있는 제품에 대하여 식품위생관리상 필요한 처분을 행함과 동시에 위반요인을 즉시 시정하고 공정의 관리상태를 계획대로 되돌리기 위한 과정이다.

개선조치에서 가장 중요한 것은 관리기준을 이탈했을 때 최대한 빨리 한계기준에 적합하도록 조치하거나 폐기하는 것이다. 그러기 위해서는 개선조치는 가급적 '선조치 후보고' 원칙에 입각하여 수행하고, 개선조치 담당자는 모니터링 담당자와 동일인이 되도록 업무분담을 하고 이에 상응하는 적절한 권한을 부여받아야 한다. 개선조치의 예를 살펴보면, 채소·과일류 소독의 한계기준이 소독제 유효염소농도 100~130ppm일 때, 테스트페이퍼test paper로 소독액의 농도를 측정하여 한계기준 미만인 경우 소독액의 농도를 즉시 재조정하는 것이다. 또한 가열조리메뉴의 중심온도 측정의 한계기준이 75℃에서 1분 이상 유지일 때, 돼지고기볶음 조리 중 모니터링 담당자가 중심온도를 측정한 결과 중심온도가 75℃ 미만인 경우 '계속 가열'하고 다시 중심온도를 측정하여 한계기준에 도달했을 때 가열을 종료하는 것이 적절한 개선조치의 예이다.

절차 11 : HACCP이 효과적으로 시행되는지를 검증하는 방법을 정한다.

HACCP이 정확하고 효과적으로 시행되고 있는지에 대하여 계획 시부터 정기적으로 검증해야 하며, CCP 및 CL이 적절하게 설정되어 위해가 충분하게 관리되고 있는지를 보다 과학적 방법으로 평가한다. 검증과정에서는 위해분석 시 적용했던 방법을 적용하여 HACCP 적용 전후의 차이를 비교·평가하고 한계기준에 적합하도록 관리되고 있는지 확인한다.

절차 12 : 이들 원칙 및 그 적용에 관한 모든 기법에 관하여 기록을 유지 관리한다.

HACCP 제도를 실시하고 있는 동안 계속적이고 신뢰성 있는 기록이 유지·관리되지 않는다면 HACCP 제도는 성립될 수 없다.

기록일지는 급식 안전성 확보를 위한 노력과 신뢰를 증빙하는 중요한 자료로서, 음식의 생산공정과 식재료의 안전성을 추적하는 데 이용할 수 있는 유일한 자료이다. 일지는 매일 작성하고 관리자의 확인을 받아야 한다. 관련 기록은 어디에 보관하고 누가 관리하는가를 명확히 규정하여 최소 2년 동안 보관해야 한다. 급식소에 7원칙 및 12절차의 적용을 위한 계획이 수립되면 실제 급식소에 적용한 후 필요시 HACCP 관리계획을 수정하여 적용한다. 표 5-4는 학교급식소 HACCP 관리계획의 예이다.

알아보기 스마트HACCP, 활성화 위한 법적 기준 마련

식품의약품안전처가 2020년 3월 11일 발표한 '식품 및 축산물 안전관리인증기준' 일부 개정고시에 따르면 Smart해썹을 적용할 수 있는 법적 근거와 도입업체에 대한 우대조치가 포함됐다. 한국식품안전관리인증원은 이번 고시로 HACCP적용업소에서 '중요관리점(CCP) 모니터링 자동기록관리시스템'을 적용할 수 있는 근거와 시스템 적용업소에 대한 우대조치가 마련됐다고 밝혔다. '중요관리점(CCP) 자동기록관리시스템'은 식품업소가 중요관리점 모니터링 데이터를 실시간으로 자동 기록·관리 및 확인·저장해 데이터의 위·변조를 방지할 수 있는 시스템이다. 안전관리인증기준(HACCP)은 중요관리점(CCP) 모니터링이 중요하나 그동안 HACCP 적용업소 대부분이 모니터링 데이터를 수기로 작성·관리하고 있어 기록의 신뢰성이 떨어지고 한계기준 이탈 시 신속한 조치가 어려웠었다. 하지만 식품업소가 자동관리시스템인 스마트 HACCP을 도입하면 모니터링 데이터를 실시간 자동으로 기록·저장할 수 있게 되어 데이터의 위·변조를 예방할 수 있다. 또한 스마트HACCP 적용업소에 대해 각종 우대조치도 새롭게 마련되었다. 모든 중요관리점(CCP)에 스마트 HACCP을 적용한 업소에 대해서는 현장 조사·평가를 면제하고 업소가 자체적으로 조사·평가를 실시하도록 했다. 그리고 스마트 HACCP 적용업소라는 표시 또는 광고도 가능하도록 허용했다.

출처 : 대한급식신문, 2020. 3. 17.

표 5-4 학교급식소의 HACCP 관리계획

공정	위해 요소	한계기준 (관리기준)	모니터링 방법				개선조치
			대상	방법	빈도	작성자/확인자	
식단 검토	미생물의 생존 및 증식	• 학교급식으로 제공하기 부적절한 식단 배제 • 공정별 CCP 확인	식단	식단검토	식단작성, 변경 시	영양교사·영양사	• 식단 변경 • 조리법 변경
CCP1. 검수	미생물 증식	• 냉장식품, 전처리된 농산물 10℃ 이하, 생선 및 육류 5℃ 이하, 냉동식품은 냉동상태 유지 • 품질은 학교급식 식재료의 품질관리기준 준수	식재료	온도측정 관능검사	검수 시	검수자	• 반품 및 교환 • 식재료 부적합 확인서 발급
CCP2A. 식품취급 및 조리 (장소 구분이 될 경우)	교차 오염	• 장소 구분(전처리실, 조리실) • 도구 구분	구분여부	육안관찰	해당 공정시	영양교사·영양사/조리사/조리원	• 장소 변경 • 도구 변경 • 재가열 혹은 폐기
	미생물 생존	• 소독제 유효염소농도 100~130ppm 5분 침지 혹은 동등한 효과를 가진 살균소독제의 용량 용법 준수	채소·과일	소독제 희석농도 및 시간 확인 (Test paper, 농도 측정기)	생으로 제공하는 채소 및 과일 소독 시	영양교사·영양사/조리사/조리원	• 소독제 희석 농도 조정
		• 식품 중심온도 75℃ (패류 85℃) 1분 이상	가열 조리식품	온도측정	식품 가열 조리 시	영양교사·영양사/조리사/조리원	• 계속 가열
CCP2B. 식품취급 및 조리 (장소 구분이 안 될 경우)	교차 오염	• 전처리와 조리 사이에 작업대 세척·소독 • 도구 구분	세척·소독 및 도구 구분 여부	육안관찰	해당 공정시	영양교사·영양사/조리사/조리원	• 작업대 세척·소독 • 도구 변경 • 재가열 혹은 폐기
	미생물 생존	• 소독제 유효염소농도 100~130ppm 5분 침지 혹은 동등한 효과를 가진 살균소독제의 용량 용법 준수	채소·과일	소독제 희석농도 및 시간 확인 (Test paper, 농도 측정기)	생으로 제공하는 채소 및 과일 소독 시	영양교사·영양사/조리사/조리원	• 소독제 희석 농도 조정
		• 식품중심온도 75℃ (패류 85℃) 1분 이상	가열 조리식품	온도측정	식품 가열 조리 시	영양교사·영양사/조리사/조리원	• 계속 가열

(계속)

공정	위해 요소	한계기준 (관리기준)	모니터링 방법				개선조치
			대상	방법	빈도	작성자/확인자	
CCP3A. 조리완료 및 배식(단독조리: 식당배식)	미생물 증식과 오염	• 열장 음식 57℃ 이상 유지, 혹은 2시간 이내 배식 • 혼합음식은 배식 직전에 혼합	열장 음식	온도측정 시간확인	배식 완료시	조리사/조리원	• 오븐 또는 열장 설비 확보 • 음식 재가열 혹은 폐기
CCP3B. 조리완료 및 배식(단독조리: 교실배식)	미생물 증식과 오염	• 조리 후 2시간 이내 배식 완료 (혼합 시작 후 2시간 이내 배식)	열장 음식	시간확인	배식 완료시	조리사/조리원	• 공정관리 • 음식교체 • 식당 공간 확보
CCP3C. 조리완료 및 배식 (공동조리)	미생물 증식과 오염	• 열장 음식 57℃ 이상 유지, 혹은 2시간 이내 배식 • 운반과 배식 시 오염 방지	열장 음식	온도확인 시간측정 육안관찰	운반 급식시	조리사/조리원(비조리교담당자)	• 상차 시 온도 조정 • 운반용기 개선
CP1. 냉장·냉동고 온도관리	미생물 증식과 오염	• 냉장고(실) : 5℃ 이하 • 냉동고(실) : -18℃ 이하	냉장·냉동고(실)	온도확인	2~3회	조리사/조리원	• 온도 보정 • 고장시 수리 • 식품 이동 혹은 폐기
CP2A. 식품접촉표면 세척 및 소독(세척기로 소독 안 되는 학교)	미생물 생존	• 식판 표면 온도 71℃ 이상 • 소독시 소독제 용법·용량 준수 • 식판 및 기구·기물류 표면에 세제 불검출	식기소독고/소독제/식판 및 기구·기물류	온도확인 소독제 및 잔류세제 농도확인	세척·소독시	세척 담당자	• 식기소독고 온도 및 시간 조정 • 소독제 농도 조정 및 재세척
CP2B. (세척기로 소독 되는 학교)	미생물 생존	• 식판 표면 온도 71℃ 이상 • 소독시 소독제 용법·용량 준수 • 식판 및 기구·기물류 표면에 세제 불검출	세척기/소독제/식판 및 기구·기물류	온도확인 소독제 및 잔류세제 농도확인	세척·소독시	세척 담당자	• 세척기 A/S (온도보정) • 소독제 농도 조정 및 재세척
CP2C. (세척기 없는 학교)	미생물 생존	• 식판 표면 온도 71℃ 이상 • 소독시 소독제 용법·용량 준수 • 식판 및 기구·기물류 표면에 세제 불검출	식기소독고/소독제/식판 및 기구·기물류	온도확인 소독제 및 잔류세제 농도확인	세척·소독시	세척 담당자	• 식기소독고 온도 및 시간 조정 • 소독제 농도 조정 및 재세척

출처 : 교육부(2021)

4. 급식소 안전관리의 중요성

급식소에서의 안전관리는 급식업무의 전 과정에서 일어날 수 있는 여러 재해로부터 종사원과 시설을 보호하고, 급식을 실시함에 있어 지장이 없도록 운영하는 일련의 예방관리이다. 급식소에서는 최종 조리음식뿐만 아니라 작업환경의 안전성이 확보되는 것이 중요하다.

안전사고의 원인은 환경적 원인과 인적 원인으로 구분할 수 있다. 환경사고에는 작업환경에 따른 물리적·화학적 위험, 환기, 급수, 배수, 작업동선에 의한 위험, 각종 시설 및 장비의 위험 등으로 인한 화재, 폭발, 누전, 정전 등이 있다. 인사사고에는 조리원의 잘못된 행동습관, 작업장 시설 및 조리작업 시 현장중심의 안전교육 미흡, 조리종사원의 부주의 등으로 인한 화상, 감전, 찰과상, 자상, 타박상, 허리부상, 골절상 등이 있다.

이러한 안전사고를 예방하기 위해서는 조리종사원의 안전을 유지·증진하고, 자산의 보호를 기하며, 안전사고 발생 시 그 책임소재를 명확하게 함으로써 각종 사고를 예방함과 동시에 산업재해를 방지하여 쾌적한 근무환경을 조성할 수 있도록 평상시 구체적인 안전교육이 필요하다.

5. 안전사고의 종류와 예방대책

1) 가스 안전관리

(1) 가스의 특징

① LPG : 공기보다 1.5~2배 무거워 가스가 누출되면 바닥에 가라앉는다.

② LNG : 공기보다 0.6~0.7배 가벼워 누출되면 천장 근처에 모인다.

③ 가스는 색, 맛, 냄새가 없으나 누출 시 쉽게 알 수 있도록 화장실 냄새가 나는 착취제를 첨가하고 있다.

(2) 사용 시 주의사항

사용 전에 가스 냄새를 맡아 보아 화장실 냄새가 나면 가스가 새는 것으로 의심해 본다. 가스의 완전연소를 위해서는 많은 공기가 필요하므로 사용 전에 반드시 조리장을 환기시킨다. 가스 옆에는 빨래, 행주, 고무장갑 등 가연성 물질을 두지 않는다. 관리자와 사용자는 각 가스선 개폐의 올바른 순서를 익혀둔다.

사용 중에는 파란 불꽃이 되도록 공기구멍을 조절한다. 용기, 밸브 및 조정기의 사용방법을 잘 모르면 사용하거나 분해하지 않는다. 가열 중에는 음식물이 넘치지 않도록 주의한다.

사용 후에는 중간밸브와 최종밸브를 잠그고 확인한다. 연소기구는 가끔 솔로 닦아 가스구멍이 막히지 않도록 한다.

(3) 가스 고장 시 대처방법

① 기기에 이상이 있으면 업체에 연락하여 고치고 그냥 사용해도 별지장이 없는 경우에도 반드시 책임자에게 알려서 고치도록 한다.

② 화구버너의 분출노즐이 더러워진 채 막혀 가스가 잘 안 나올 때는 분해하여 손상이 없도록 주의하여 닦아낸다.

③ 불꽃이 약하고 공급되는 가스의 압이 낮다고 판단될 때 모든 가스선이 열린 상태를 점검하고 같은 곳의 다른 가스기구의 연소상태와 비교해 본다.

④ 불꽃의 길이가 짧거나 길어졌을 때에는 임의로 조작하지 말고 가스회사에 연락한다.

⑤ 가스기구가 불완전연소하면서 생긴 가스가 기기 밖으로 나와 가스냄새가 날 수 있다. 가스의 고무호스 접속이 나쁘면 가스의 누설로 냄새가 나는 경우가 있으

가스 누설 시 긴급조치

- 연소기 코크, 중간밸브, 용기밸브를 잠근다.
- 창문이나 출입문을 열어 환기시킨다.
- 주변의 불씨를 제거한다.
- 책임자에게 즉시 알린다.
- 점검 후 수리가 끝날 때까지 경고표시를 해놓고 사용하지 않는다.
- 가스 누설 시 스파크로 인하여 폭발 위험이 있으므로 절대로 전기시설을 임의로 조작하지 않는다.

므로 지정된 고무호스를 가스전의 끝부분까지 삽입하여 단단히 조이고, 그 후에도 냄새가 나면 가스회사에 연락한다.

2) 전기 안전관리

(1) 사용 시 주의사항

① 전기기구의 사용법에 대해 비치된 매뉴얼을 완전히 숙지하고 사용한다.

② 전기조작 및 관련 부분은 물기가 닿지 않도록 주의한다.

- 물 묻은 손으로 전기기구를 만지지 않는다.
- 습기 찬 곳에 전기기구를 두지 않는다.

③ 한 개의 콘센트에 여러 개의 선을 연결하지 않는다.

④ 사용 후에 즉시 전열기구의 코드를 빼고, 퇴근 전 전등의 소등을 확인한다.

⑤ 스위치, 콘센트, 전기기구 부근에 가연물, 인화물질을 두지 않는다.

(2) 전기 고장 시 대처방법

① 전기기구 고장 시 임의로 조작하지 말고 즉시 책임자에게 알린다.

② 책임자는 고장표시를 하고 시설관련 팀이나 전기기구회사에 수리를 의뢰하고 수리 전까지는 사용하지 않는다.

3) 보일러 안전관리

(1) 사용 시 주의사항

① 보일러는 관리책임자 이외의 사람은 작동하지 못하게 한다.

② 수시로 압력계, 수압계를 확인한다.

③ 최고 사용압력을 초과하지 않도록 주의한다.

④ 1일(8시간 기준) 1회 이상 완전히 배수를 실시한다.

⑤ 월 1회 이상 보일러 기체 압력 조절밸브의 작동을 점검한다.

(2) 청소 실시

① 월 1회 이상 버너 각 부분을 점검, 청소한다.

② 월 1회 이상 연료, 급수 등을 점검, 청소한다.

③ 3개월에 1회 이상 수위조정 전극봉을 점검, 청소한다.

④ 6개월에 1회 이상 급수 및 배수관에 끼는 붉은색의 물때를 제거한다.

4) 화재 예방관리

음식물을 다루는 곳에서는 조리할 때 필요한 고열, 기름, 전기, 가스로 인한 화재의 위험이 높다. 또한 조리장 안의 모든 기구에는 기름기가 낄 수 있으므로 화재가 나면 그 위험성은 더욱 높아진다. 그러므로 조리장 내부에 화재의 요소가 없는지 항상 살펴보고 이를 예방하는 것이 가장 중요하다.

(1) 화재의 종류

① 'A'급 화재(일반화재)는 종이, 섬유, 나무 등과 같은 가연성 물질에 발생하는 화재로 연소 후 재로 남는다. 적용 소화기에는 백색 바탕에 'A' 표시가 되어 있다.

② 'B'급 화재(유류화재)는 페인트, 알코올, 휘발유, 가스 등의 가연성 액체나 기체에 발생하는 화재로 연소 후 재가 남지 않는다. 적용소화기에는 백색 바탕에 'B' 표시가 되어 있다.

③ 'C'급 화재(전기화재)는 모터, 두꺼비집, 전선, 전기기구 등에 발생하는 전기화재이다. 적용소화기에는 백색 바탕에 'C' 표시가 되어 있다.

(2) 소화기의 종류

① 포말소화기

포말소화기는 내부용기(내통 : 황산알미늄)와 외부용기(외통 : 중조)에 각각 다른 약품이 넣어져 있어 용기를 거꾸로 들어 흔들면 약품의 혼합과 화학반응이 빨리 되면서 포말이 뿜어져 나온다.

사용 시에는 소화기를 화재현장까지 가지고 가서 용기를 흔들고 거꾸로 한 후 노즐의 방향을 불꽃으로 하고 레버를 누른다. 약품이 얼어붙거나 넘어지지 않게 보관하고 반드시 1년에 1회 약제를 교환한다.

② 분말소화기

분말소화기는 축압식 용기 안에 불가연성 가스(탄산가스)를 축압하여, 사용할 때 레버 조정만으로 분말약제가 방출된다(약제 : 중탄산염·인산염류·황산염류·탄산나트륨 등).

사용 시에는 손잡이 옆의 안전핀을 빼고 왼손은 노즐을 잡고 오른손으로 손잡이와 레버를 움켜잡으면 방출되며 바람을 등지고 사용해야 한다. 직사광선과 습기가 없는 곳에 비치하고 수시로 약제를 점검하고 교환한다(습기 70% 이상이면 응결됨). 한 번 사용한 소화기는 재충약한다.

(3) 화재예방법

① 화재의 1/3은 전기화재로, 잘못된 배선과 잘못된 사용이 그 원인이다. 따라서 낡은 전선이나 설치류에 의한 전선파괴 등을 수리 점검하고, 청소 시 물이 들어가서 누전되는 일이 없도록 주의한다.

② 연소기 주위에 가연물질을 둘 때에는 일정거리를 유지해야 한다.

③ 소방훈련과 자체 안전점검 활동을 실시한다. 자체 안전점검 활동이 필요한 부분은 배관, 밸브, 자동차단장치, 온도조절장치, 가스탐지기, 연료저장소 등이다.

④ 지하에 설치된 급식소의 경우 지상보다 화재 위험에 대한 노출 정도가 높으므로, 급식관리자는 급식소가 위치한 건물의 관리인이나 방재전문가와 상의하여 정기적으로 문제점을 진단하고 개선해 나가야 한다.

(4) 화재 발생 시 신속한 조치

화재 발생 사실을 관리자에게 즉시 보고하며 관리자는 소화기 사용 전에 화재신고를 한다. 초기 진화가 중요하므로 미리 자리를 피하지 말고 소화기로 큰 화재로의 번짐을 막아야 하며 신속히 원인을 제거한다.

소화기는 사용하기 쉬운 장소에 비치하며 월 1회 소화기를 거꾸로 흔들어 주어 분말이 굳어지는 현상을 방지해야 한다. 사용 시에는 안전핀을 뺀 후 바람을 등진 상태에서 노즐을 화원으로 향한다. 이때 손잡이를 강하게 움켜쥔다.

5) 환경 안전관리

(1) 미끄러지거나 넘어져서 생기는 사고 예방법

배식장소의 깔판이나 카펫은 미끄러지지 않도록 가장자리를 바닥에 고정시키고, 물을 쏟거나 음식물을 쏟았을 경우에는 즉시 청소한다.

조리장의 바닥은 건조하게 관리하는 것을 원칙으로 한다. 업무 중에는 바쁘더라도 뛰지 말고 조심스럽게 걷는다. 신발은 미끄럽지 않은 바닥으로 된 것을 사용하며 닳아서 미끄러울 때에는 즉시 교체하도록 한다.

기물이 바닥에 방치되어 있어 작업 시에 장애가 되지 않도록 치워둔다. 또한 앞을 볼 수 없을 정도로 식기나 음식을 한 번에 많이 나르지 않는다.

배수로 덮개 등은 위치를 바로 하여 발에 걸려 넘어지거나 배수로에 발이나 운반차 바퀴가 빠지지 않도록 주의한다. 엠보싱 처리된 배수로 덮개를 사용하면 미끄러움을 예방할 수 있다.

배수구를 자주 살펴 물이 잘 빠지는지 확인하고 바닥에 음식이나 기름, 물을 쏟았을 때는 즉시 닦아내고, 맨홀이나 덮개가 미끄러워서 넘어지지 않도록 기름 때 제거 청소를 매일한다.

(2) 무거운 것을 들 때 다치는 사고 예방법

사람의 허리는 매우 복잡한 구조로 되어 있으며 잘못된 작업습관으로 인해 손상을 입을 수 있다. 척추골은 등을 지탱해 주는 디스크의 운용을 원활히 할 수 있도록 도와준다. 허리 뒷부분 근육은 허리 움직임을 유지시켜 주는 중요한 근육이지만, 허리 부상을 방지해 주는 중요한 역할을 하는 것은 복부 근육이다.

조리장에서는 조리종사원이 물건을 들어 올리는 과정에서 허리 부상이 자주 발생한다. 허리 부상을 예방하기 위해서는 작업 전 반드시 스트레칭을 실시한다. 물건을 들어 올릴 때에는 그 물건을 들어 올릴 수 있는 가장 쉬운 방법을 생각해 보고, 혼자 힘으로 부족하다고 판단될 때는 도움을 요청하며 카트나 다른 기구를 사용하도록 한다.

물건을 들어 올릴 때는 우선 물건 가까이에 다가가서 두 발을 바닥에 힘 있게 놓고 물건을 힘 있게 몸 쪽 가까이 안는다. 물건이 척추에 가까우면 가까울수록 허리의 통증이 줄어든다. 허리를 똑바로 유지한 채 두 다리의 힘을 이용하여 물건을 들어 올린

허리 부상을 최소화하는 방법

급격한 동작을 삼간다. 부드럽고 안정된 동작이 훨씬 안전하며 근육의 이완을 막아준다. 계속적으로 물건을 들어 올림으로써 과로하게 되는 것을 피한다. 허리 부상은 피로가 쌓였을 때 발생하기 쉽다. 중간중간 휴식을 취해 신체 리듬에 보조를 맞춰야 한다.

너무 과중한 물건을 들어 올리는 것은 삼간다. 허리 부상을 당한 사람 중의 75% 정도는 자신에게 너무 과중한 물건을 들어 올리다 부상을 입은 것이다. 또한 동료에게 힘자랑을 하는 등 무리한 동작은 피해야 한다.

다. 물건을 내려 놓을 때도 똑같은 단계를 적용한다.

(3) 부딪혀서 생기는 사고 예방법

① 문은 입구와 출구로 구분해 사용하되 같은 문일 경우 한쪽은 입구, 한쪽은 출구로 표시하여 사용한다. 문이 좁아 구분이 불가능한 경우 입구, 출구를 시간을 나누어 사용한다.

② 드나드는 경우를 제외하고는 문 앞에 서 있지 않는다.

③ 방향을 바꿀 때 공간을 충분히 살피고 방향을 바꾼다.

④ 이동할 때에는 반드시 전방을 주시하고 주변을 살핀다.

⑤ 물건이나 기구를 운반할 때는 가고자 하는 방향의 시야 확보 없이 혼자 밀고 가는 일이 없도록 한다.

(4) 물건이 떨어져서 생기는 사고 예방법

① 높은 곳에 있는 물건을 꺼낼 때는 무게를 감당하지 못하는 박스나 회전의자 등은 사용하지 않는다. 또한 주변에 지나가는 사람이나 장애물이 없는지 확인한다.

② 기물류는 정해진 위치에 두고 날카로운 칼이나, 아래로 떨어져 부상이 가해질 가능성이 있는 무거운 기물은 아래쪽에 보관한다.

③ 칼을 보관고에 꽂을 때에는 위치를 확인하고 정확하게 꽂아둔다.

④ 평상시 기물의 정리정돈을 습관화한다.

(5) 칼에 베이는 사고 예방법

① 불안전하게 칼을 사용하는 것을 피한다. 칼은 제작된 목적 이외에 사용해서는 안 된다. 즉 깡통을 따거나 박스, 서랍 등을 여는 목적으로 사용해서는 안 된다.

② 작업에 알맞은 칼을 사용한다. 각각의 칼들은 그 나름대로 쓰이는 용도가 있으므로 각각의 작업을 할 때에는 그 작업에 맞는 칼을 사용하도록 한다.

③ 날카로운 칼이 무딘 칼보다 안전하다. 칼날이 무디면 힘을 더 가하게 되며, 결과적으로 칼날이 미끄러져 나갈 수 있다. 또한 무딘 칼날을 사용하면 작업이 힘들다.

④ 칼을 갈 때는 주의를 기울여야 한다. 숫돌을 움직이지 않도록 고정시키고 칼을 간다. 그리고 정신을 집중하여 천천히 갈며, 스틸을 사용할 때는 손잡이 위에 가드가 달려 있는 스틸만을 사용하며 몸에서 조금 떨어진 위치에서 사용한다. 특히 사람의 통행이 잦은 통로 측에서 칼을 갈면 안 된다.

⑤ 항상 도마를 사용한다. 도마 없이 칼을 사용하면 칼날이 손상됨과 동시에 칼이 쉽게 미끄러질 수 있으므로 반드시 도마를 사용해야 한다. 도마를 사용할 때에는 도마 밑에 소독된 행주를 깔아 움직이지 않도록 한다.

⑥ 자신의 동료들을 보호해야 한다. 칼은 항상 칼날이 도마의 끝부분을 향하게 하여 눈에 잘 띄는 곳에 놓는다. 칼을 가지고 다닐 때는 반드시 칼날을 끝으로 하여 다리에 가까이 붙인다. 작업 시 떨어지는 칼을 잡으려고 하지 말고 떨어진 뒤에 주워야 한다. 칼은 칼 보관고에 보관하거나 소독고에 보관한다.

⑦ 손잡이를 같은 방향으로 보관한다. 비누거품이 많은 싱크대에 넣어두지 않는다. 기계의 칼날을 청소할 때에는 철과 섬유로 된 장갑을 끼고 한다.

⑧ 동력으로 작동되는 조리기계는 제조업체의 사용설명서를 잘 읽어보고 사용한다. 특히 육류 슬라이서 사용 시에는 육류가 아주 딱딱하게 냉동된 상태에서는 사용하면 안 된다. 또한 스위치를 누른 상태에서만 작동되는 안전장치를 수리나 청소 도중에 떼어 버려서는 안 된다. 육류를 밀어 넣을 때에는 막대나 기구를 반드시 사용하고 장신구, 팔소매가 느슨한 상의 등은 잘못하면 기계로 끌려들어 갈 수 있으므로 착용하지 않는다.

(6) 화상사고 예방법

1도 화상은 열이나 뜨거운 물에 닿아 피부가 붉어진 상태로 수포는 없는 상태이다. 2도 화상은 물집이 생긴 경우이며, 3도 화상은 피부조직이 파괴된 상태로 피부가 건조해져 마른 가죽처럼 되면서 갈색이나 회색으로 변한 상태이다. 화상 사고 예방을 위해서는 다음의 사항을 준수해야 한다.

① 불을 사용하거나 화재위험이 있는 곳에는 반드시 소화기를 비치한다. 장소가 협소하여 가까운 곳에 소화기의 설치가 불가능한 경우 소화기 설치 위치를 정확히 파악하여 비상시 빠르게 활용할 수 있도록 한다.

② 조리장에서의 흡연을 금한다.

③ 물을 끓일 때는 솥의 70~80%만 물을 채운다.

④ 온수를 사용하기 전에는 냉수부터 틀어서 갑작스러운 화상을 예방한다.

⑤ 가스 사용 시 조절기를 조정하여 불꽃이 너무 크게 일지 않도록 한다.

⑥ 튀김기름 취급시 특히 주의한다. 튀김음식을 할 때 방금 씻은 식품은 물기를 닦아야 한다. 특히 주변의 물이 들어가서 튀김 중에 기름이 튀어 오르지 않도록 주변에 물기를 없앤다. 사용하고 난 뜨거운 기름은 38℃ 이하로 식혀서 기름을 보관하는 통에 담는다. 다시 사용할 수 있는 기름이면 표시를 하여 뚜껑을 닫아 놓는다. 그리고 기름통은 즉시 옮겨서 걸려 넘어지거나 쏟아지지 않도록 주의한다.

⑦ 증기를 정면으로 받지 않도록 스티머나 콤비오븐 등의 문을 열 때 문의 뒤에서 열고 증기를 일단 뺀 후 문을 활짝 연다.

⑧ 뜨거운 그릇을 옮길 때에는 냄비잡이나 열방지용 장갑을 사용한다.

⑨ 뜨거운 설비를 사용하는 경우에는 충분한 공간을 사용할 수 있도록 장애물을 두지 않도록 하고, 그 장소의 출입을 삼간다.

(7) 기타 사고의 예방법

① 창고에 물품을 너무 높이 쌓아 떨어지는 일이 없도록 한다.

② 물품을 조심스럽게 놓지 않아 움직여 떨어지면 매우 위험하며, 사람이 다니는 통로에 떨어졌을 때에 걸려 넘어질 수 있으므로 주의한다.

③ 물품을 꺼낼 때에는 박스나 의자, 다른 선반을 타고 올라가 꺼내는 것은 위험하

알아보기 급식업체 안전관리의 예

CJ프레시웨이에서는 단순한 동작이 반복되는 조리업무는 특성상 근골격계에 부담이 되는 작업이 많으므로 이에 대한 정기적인 모니터링을 통해서 사전 예방관리를 실시하고 있다. 모니터링 시에는 유해요인과 그에 따른 원인을 영업점별로 파악하여 각 영업점의 특성에 맞는 작업방법을 지도하고 있다.

1. 근골격계 부담작업 보유현황

(1) 점검일 현재, 부담작업 선정 현황

[■ ① 완료, □ ② 실시 중, □ ③ 미실시]

전체보유작업				부담작업	비고
대공정	소공정	작업	단위작업		
전처리공정	세척, 절단 공정	식재료 절단	칼 작업	2개	
조리공정	가열, 조리 공정	회전식 국솥	가열, 세척	3개	
배식공정	담기공정	직원식, 환자식	운반, 배식	0개	
세척공정	운반, 세척	사용기구 세척	운반, 세척	1개	
합계				6개	

(2) 부담작업 선정방법

완료	선정자	선정방법	비고
2004. 8. 23.	*위생안전파트 담당자	*노동부 근골격계 부담작업 유해요인 조사표 *산업안전공단 KOSHA CODE	

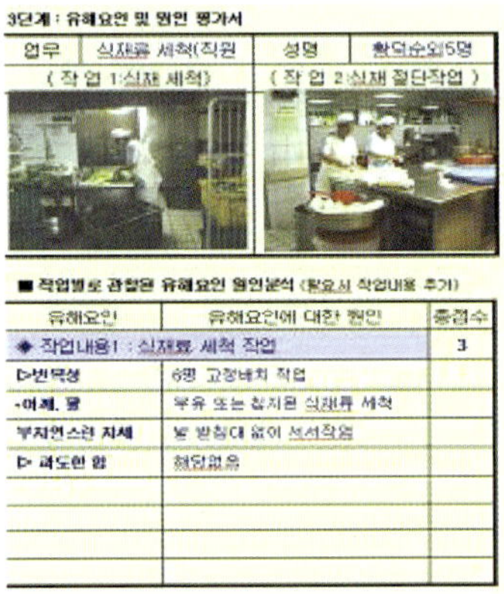

근골격계 부담작업 보유표

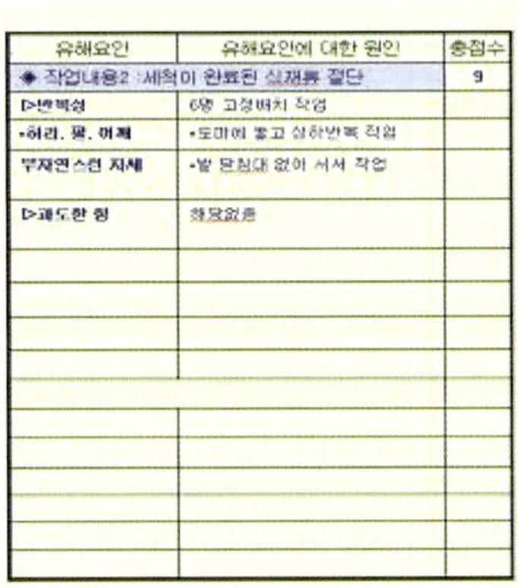

유해요인과 원인조사

출처 : CJ프레시웨이(2008)

다. 사다리를 사용하는 것이 좋으며, 사다리를 사용할 경우에도 맨 윗단에 올라 서서는 안 된다.

④ 전기제품은 접지시켜 사용하고 청소와 소독 시에는 코드를 빼어 전기로 인한 충격이나 위험을 피하도록 한다.

⑤ 위생복장을 잘 갖추고 작업한다. 위생모는 머리카락이 음식물에 떨어지는 것을 방지할 뿐만 아니라 조리장의 뜨거운 열기로부터 조리원의 머리를 보호한다. 앞치마는 가열기기의 강한 열기로부터 하반신을 보호하고 이물질로 인해 위생복이 더럽혀지는 것을 방지한다. 스카프는 원래 상처를 싸매기 위한 것이었으나 요즈음은 멋과 지위를 나타내는 데 사용되고 있다. 안전화 착용을 통해 물체의 낙하나 충격, 날카로운 물체로부터 발을 보호하고 감전 사고를 방지할 수 있다.

6) 안전사고 발생 시 응급처치 요령

응급처치란 사고나 질병으로 갑자기 환자가 발생하였을 때 의사의 치료를 받을 때까지의 즉각적이고 임시적인 처치를 말한다. 급식관리자는 안전사고 종류에 따른 응급처치 요령을 정확히 알고 적절하게 대처해야 한다.

응급처치에 사용하는 구급함은 급식소의 잘 보이는 곳에 보관하고, 사용 후에는 항상 제자리에 두어 응급상황 시 사용하는 데 지장이 없도록 한다. 구급함 물품은 정기적으로 점검하여 교체하고 부족한 품목은 즉시 채워 놓도록 한다.

(1) 칼에 베인 상처

① 비누로 손을 잘 씻고 알코올소독 후 치료한다.

② 상처부위에 흙이나 기름 등이 묻어 있을 때는 흐르는 수돗물이나 비누로 잘 씻어낸다.

③ 소독액으로 소독 후 청결한 거즈를 대고 지혈을 위해 붕대 등으로 조금 세게 감는다.

④ 붕대를 감고 끝 부분을 조금 남겨 두어 가끔씩 피부 색깔을 확인하고 검붉은색이 되지 않도록 한다.

⑤ 이튿날에도 통증이 가시지 않거나 고름이 나올 때에는 병원치료를 받도록 한다.

(2) 손가락이나 발가락이 절단된 경우

① 즉시 119에 신고 후 상처에 거즈 등의 청결한 천을 두툼하게 대고 압박해서 지혈한다.

② 절단된 손(발)가락은 잘 씻어 청결한 천에 싼 후 젖지 않도록 비닐 주머니에 넣고 얼음에 채워서 운반한다.

(3) 자상

① 가시에 찔렸을 때는 손을 잘 씻고 소독한 족집게로 뽑는다. 뽑기 힘들 때에는 소독한 구멍 뚫린 것을 대고 누르듯 하면 잘 빠진다.

② 녹슨 못은 응급조치를 한 후 속히 의사의 진찰을 받아 파상풍 주사를 맞는다.

③ 손(발)톱이 벗겨졌을 때는 억지로 떼어내지 않는다. 충분히 소독한 후에 손(발)톱을 원래대로 되돌려 놓은 후 붕대를 감고 병원치료를 받는다.

(4) 화상

① 화상 발생 즉시 화상 부위를 차가운 물로 식힌다.

② 옷을 입은 상태에서 열탕을 뒤집어썼을 경우 벗기지 말고 옷 위로 냉각한다.

③ 냉각시킨 다음에는 청결한 거즈로 화상 부위를 덮는다.

응급처치의 10대 원칙

1. 심한 쇼크 때는 머리는 낮게, 발은 높게 하여 환자를 수평으로 눕힌다.
2. 토했거나 입으로 토혈하고 의식이 있을 때는 얼굴을 옆으로 돌리고 머리를 발보다 낮게 한다.
3. 호흡장애가 있을 때는 편한 자세를 유지한다. 대개 앉은 자세 또는 상체를 약간 눕힌다.
4. 출혈, 질식, 쇼크 때는 인공호흡과 지혈 등의 방법으로 신속하게 처리한다.
5. 응급처치하는 사람은 부상자에게 상처를 보이지 않도록 주의한다.
6. 환부에 불필요한 접촉을 피한다.
7. 의식불명 환자에게는 먹을 것을 주지 않는다.
8. 가능한 한 환자를 움직이지 않게 한다.
9. 들것 운반 시 환자의 발을 앞으로 하여 운반한다.
10. 정상적인 체온 유지를 위해 보온을 유지한다.

④ 벗기기 힘든 의복은 가위로 자른다.

⑤ 물집이 생겼을 때는 터뜨리지 말고 그대로 둔다.

(5) 락스를 마셨을 때

① 우유나 달걀을 먹여서 희석, 분해시킨다.

② 음독 시간, 음독량, 중독물이 담겨 있던 용기 등을 확인하고 병원으로 이송한다.

(6) 전기 감전 시

① 감전자를 직접 만지지 말고, 우선 플러그나 전기단자를 차단한다.

② 전기차단이 어려우면 잘 마른 막대나 절연체를 이용하여 감전자를 떼어놓는다.

③ 바로 응급구조 요청을 하고 호흡 여부를 확인한다.

④ 구급대가 올 때까지 감전자의 몸을 담요 등으로 덮어 따뜻하고 편안하게 눕혀 놓는다.

알아보기 급식소 안전사고로 인한 사망 사례와 예방대책

재해 개요	발생원인	예방대책
2007년 3월 ○○학교 급식실에서 조리를 하다 이동하는 도중 미끄러지면서 후두부를 중앙 기둥에 부딪쳐 병원 치료 중 사망	• 조리장 바닥에 물기와 음식물 찌꺼기 방치 • 개인 보호구 미지급	• 바닥 미끄러짐 방지구조로 개선 • 바닥의 청결 유지 • 미끄러짐 방지용 장화 등 관련보호구 착용
2009년 11월 ○○ 급식실에서 신발을 꺾어 신고 식재료를 옮기던 작업자가 미끄러지면서 계단 바닥으로 굴러 뇌출혈로 사망	• 불완전한 복장으로 무거운 식재료를 서둘러 운반	• 안전한 복장 준수 : 신발을 바로 신고 끈을 묶는 등 올바른 복장 후 작업 • 안전한 작업방법 및 순서, 작업도구 및 사용방법 등 교육 • 위험지역에 경고표지판 설치
2011년 1월 ○○ 급식조리장에서 물건을 운반하던 중 뜨거운 물이 담긴 용기 안으로 넘어져 열탕 화상을 치료하던 중 사망	• 바닥에 물기가 있어 미끄러움 • 물건을 들고 이동할 안전통로 미확보	• 바닥 구조 개선 : 바닥을 미끄럼 방지 재질과 배수가 잘되는 구조로 개선 • 조리작업자가 물건을 들고 서로 교차할 수 있을 정도의 안전통로 확보 • 작업구역과 물건 이동구역의 구획 필요

출처 : 대한급식신문(2011)

6. 급식위생·안전관련 정보관리

급식위생·안전관리와 관련있는 내용 중 급식관리 프로그램상의 급식위생·안전 일일 점검표**그림 5-8**와 학교급식 나이스 급식관리 프로그램상의 보존식 기록지**그림 5-9**, 스마트 HACCP을 구현할 수 있는 CCP 자동기록지**그림 5-10**의 예시이다. 급식위생·안전 일일점검표는 전산상에서 기록하거나 출력 후 사용하고, 보존식 기록지는 작성 후 출력하여 보존식 전용용기 측면에 잘 보이도록 부착한다. HACCP 전산관리 프로그램은 온도계로 온도 측정 후 자료를 전송하면 전산프로그램상의 CCP일지에 온도가 자동으로 기록됨으로써 효율적이고 효과적인 HACCP 관리가 가능하다.

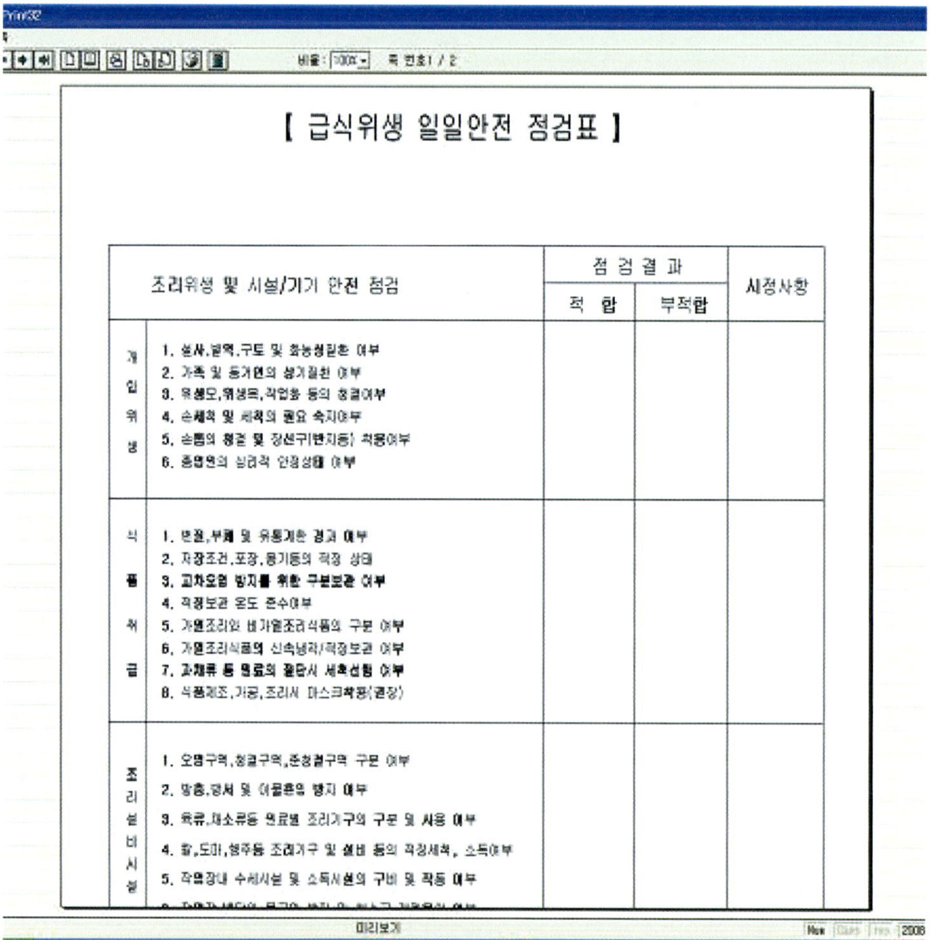

[급식위생 일일안전 점검표]

조리위생 및 시설/기기 안전 점검		점검결과		시정사항
		적 합	부적합	
개인위생	1. 설사,발열,구토 및 화농성질환 여부 2. 가족 및 동거인의 설사질환 여부 3. 위생모,위생복,작업화 등의 청결여부 4. 손세척 및 세척의 필요 숙지여부 5. 손톱의 청결 및 장신구(반지등) 착용여부 6. 종업원의 심리적 안정상태 여부			
식품취급	1. 변질,부패 및 유통기한 경과 여부 2. 저장조건,포장,용기등의 적정 상태 3. 교차오염 방지를 위한 구분보관 여부 4. 적정보관 온도 준수여부 5. 가열조리와 비가열조리식품의 구분 여부 6. 가열조리식품의 신속냉각/적정보관 여부 7. 과채류 등 원료의 절단시 세척실시 여부 8. 식품제조,가공,조리시 마스크착용(권장)			
조리설비시설	1. 오염구역,청결구역,준청결구역 구분 여부 2. 방충,방서 및 이물혼입 방지 여부 3. 육류,채소류등 원료별 조리기구의 구분 및 사용 여부 4. 칼,도마,행주등 조리기구 및 설비 등의 적정세척, 소독여부 5. 작업장내 수세시설 및 소독시설의 구비 및 작동 여부			

그림 5-8 급식위생 일일 안전 점검표

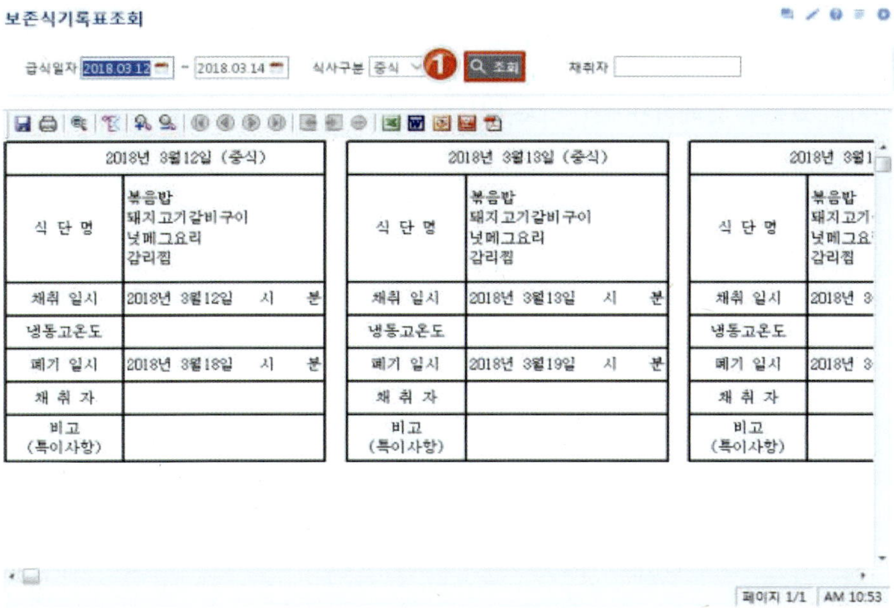

그림 5-9 보존식 기록표

그림 5-10 식품취급 및 조리에 대한 CCP 일지

Activity

Chapter 2의 Activity에서 작성한 일주일 식단 중 하루 식단에 대하여 CCP일지를 작성해 보자. CCP일지는 교육부 홈페이지에서 '학교급식 위생관리 지침서'(제5판)를 내려받아 급식소의 특성에 맞게 수정하여 활용한다.

Activity 도우미 다음 표는 학교급식소 조리공간 구분이 잘된 학교급식소의 CCP2A. 식품취급 및 조리에 대한 CCP 일지 작성의 예이다.

급식일자: 202 년 월 일 (요일) (중·석식)

음식명	식재료명	취급 및 조리방법	취급장소		식품 중심온도 (℃)	소독제 농도 및 시간 확인	칼·도마, 장갑, 용기 구분 사용 O, X 표	작성자 서명
			전처리실	조리실				
차수수밥	쌀, 잡곡	세척	○				○	김○○
		끓이기		○			○	김○○
콩나물국	콩나물, 홍고추, 파	세척	○				○	정○○
	홍고추, 파	썰기	○				○	정○○
		끓이기		○			○	정○○
닭튀김	닭고기	세척	○				○	최○○
	닭고기	튀기기		○	85		○	최○○
오징어 미나리 초무침	오징어	해동, 손질, 세척	○				○	박○○
	미나리, 오이, 양파, 파	다듬기, 세척, 소독	○			○	○	박○○
	미나리, 오이, 양파, 파	썰기		○			○	박○○
	오징어	데치기		○	80		○	박○○
	오징어	썰기		○			○	박○○
		무치기		○			○	박○○
사과	사과	세척, 소독	○			○	○	김○○
		썰기		○			○	김○○
배추김치	배추김치	썰기		○			○	정○○

개선조치 기록			
	장소·도구	채소·과일류 소독	가열 조리 온도
한계기준	• 장소 구분, 도구 구분	• 염소농도 100~130ppm 5분간 침지 혹은 이와 동등한 소독효과를 가진 살균소독제의 용법 준수	• 식품중심 온도 75℃ (패류 85℃) 1분 이상
관리방안	• 전처리, 조리작업 공간 분리 • 식재료별, 조리 전·후별 도구 구분	• Test paper, 농도 측정기 등으로 소독제 희석농도 확인 및 기록 • 생으로 먹는 채소와 과일류 소독	• 기준온도 이상 가열 • 가공 완제품 재가열
개선조치	• 장소 변경, 도구 변경 • 오염식품 재가열 혹은 폐기	• 소독제 희석농도 조정	• 계속 가열

출처 : 교육부(2021)

CHAPTER

06

급식시설·설비관리

1. 급식시설·설비 | 2. 급식조리기기 | 3. 식당의 환경
4. 급식시설·설비관련 법규

CHAPTER

06

최근 단체급식은 소비자의 기호와 경향에 따라 고급화·간편화되고 있으며, 이에 따라 좀 더 능률적이고 위생적인 음식생산을 위하여 시설·설비관리가 더욱 중요해지고 있다. 또한 단체급식소의 시설·설비는 조리장 환경, 배식형태 등에 따라 다르게 배치되어야 하므로 관리방법이나 사용방법 및 용도를 습득하는 데 상당한 어려움을 겪을 수 있다. 본 장에서는 급식시설·설비의 관리대상, 위치와 입지조건, 급식 작업 구역별 환경, 급식기기의 종류와 용도, 식당의 환경, 급식시설 설비 관련 법규 등에 대해 알아본다.

학습목표

1. 급식시설·설비의 관리대상과 조건을 분류할 수 있다.
2. 급식기기의 종류와 용도를 알고 활용할 수 있다.
3. 최적의 식당환경을 구성할 수 있다.
4. 급식시설·설비의 관련 법규에 대해 습득할 수 있다.

1. 급식시설·설비

단체급식소 시설은 조리장과 식당 및 그 부대시설로, 급식시설·설비관리의 목적은 '식재료의 반입 → 조리 → 식사제공 → 식기 세척'까지의 일련의 작업이 능률적이고 위생적으로 안전하게 행해질 수 있도록 관리하는 것이다. 급식에서 시설이나 설비가 우수하면 경비의 절감, 원가의 절감, 식수의 증대가 가능하다. 즉, 급식설비는 그 설치 목적에 합당하고 안전, 위생 및 경제를 고려하는 것이 바람직하다.

또한 설비의 성능은 사용할수록 점차 저하되기 때문에 설비관리를 통해 최초의 성능을 유지하기 위해 노력하고 설비개선을 해나가는 것이 바람직하다.

현대의 급식시설계획은 작업능력의 최대화와 공간의 최소화를 계획하는 것이 궁극적 목표이다. 이러한 목적을 달성하기 위해서는 조리공정의 단순화가 이루어져야 하고, 고도로 발달된 각종 조리기기를 선택하여 작업 수행에 따른 기기 작동방법을 습득하며, 작업순서에 따라 기기가 합리적으로 배열되어야 한다. 또한 1차 가공식품과 냉동식품의 이용으로 조리방법을 발전시키고, 이동 가능한 기기의 사용으로 기기 배열에 융통성을 갖거나 다목적용 기기를 사용하여 시간에 따라 공간을 다목적으로 활용하며 노동력 및 공간 낭비를 감소시키고 위생상태와 청소·보관을 원활히 할 수 있도록 해야 한다. 즉 시설·설비의 특성 및 성능을 알고, 정비와 보전에 노력하여 효과적인 운용을 하는 것이 필요하다.

시설·설비의 계획은 급식의 규모, 급식의 제공방법, 예산, 설치장소, 도입기기의 종류, 급식대상자와 조리종사원의 상황 등을 고려하여 시행한다. 시설·설비의 관리대상은 표 6-1과 같다.

표 6-1 급식시설·설비의 관리대상

구분	관리대상
환경	건물 위치, 면적, 형태
조리장 식당의 내부	바닥, 벽, 천장, 출입구, 창, 급·배수, 열원(전기·가스·증기), 환기, 냉난방, 전기(전력·조명), 수송, 통신 등
기기의 기능	수납용, 가열용, 세정용, 배선용 등
비품, 식기류	식당용 테이블, 의자, 식기류, 조리기구 등

1) 위치와 입지조건

급식시설을 설치하는 조건은 다음과 같다.

① 식수 및 세정을 위한 양질의 물이 충분하고, 급·배수가 편리해야 한다.

② 채광, 환기, 통풍이 좋아야 한다.

③ 화장실 및 폐기물처리장까지 적당한 거리가 있어야 한다.

④ 식품의 반입, 조리장에서의 반출이 편리해야 한다.

⑤ 급식관리자의 이용이 편리하고, 식사의 배급이 편리해야 한다.

⑥ 소음, 이취 등 다른 부문의 영향이 적어야 한다.

급식시설별 조리장의 최적 위치와 위치 설정 시 고려사항은 표 6-2와 같다.

또 건물의 위치도 지하, 지상 1층, 최상층 등이 있다. 우선 지하는 공간 활용 면에는 좋지만 채광과 통풍이 나쁘고 해충의 침입이 쉬워 바람직하지 않다.

학교급식시설 설계 기본원칙

1. 위생 및 안전성

- 작업과정의 교차오염 방지를 위한 작업장 공간구획 및 배치
- 작업자 동선, 식품취급 등 작업의 흐름 고려
- 냉장, 냉동시설 등 식품 특성에 맞게 적정 보관
- 작업실의 적정온도 및 습도 유지(적정한 급배기 시설)
- 기계·기구의 세척 및 소독 용이
- 작업자 및 이용자의 안전사고 방지
- 출입자 통제 및 방충, 방서 시설 등

2. 효율성

- 효율적 작업동선 구축을 위한 조리 기계·기구 배치
- 능률적이고 현대화(자동화)된 설비

3. 내구성 및 경제성

- 손상, 고장 없이 사용
- 비용과 효과를 고려하여 설계

출처 : 서울특별시교육청 학교보건진흥원(2022). 학교급식 환경개선 매뉴얼

표 6-2 급식시설별 조리장 위치

시설의 명칭	최적 위치	고려사항
학교급식(단독교)	수업에 지장이 없는 곳	관리동 내의 1층 이상
학교급식센터	각 배송교의 평균거리에 위치	도달시간이 평균적인 곳
병원	외래와 입원동의 중간	최상층이나 1층이 좋음
공장, 사업소	생산부문과 구별되는 곳	관리실에서 가깝고, 외부에서 직접출입이 쉬운 곳
기숙사	기숙사의 중심에 가까워 모이기 쉬운 곳	기숙사생의 안정을 방해받지 않은 곳

다음으로 지상 1층은 식품의 반입, 조리장의 반출, 급·배수가 쉬워서 좋으나 지하의 경우와 같이 해충의 침입, 통풍과 채광 면에서 바람직하지 않다. 마지막으로 최상층은 식품의 반입이나 반출을 위해 별도의 설비가 필요하지만 이취, 채광, 환기, 통풍이 좋아 바람직하고, 또한 해충의 침입도 적어 식품의 취급에 좋은 환경조건이다.

2) 급식시설의 구분

급식시설에는 조리장(전처리실, 조리 및 배선실, 식기세정실을 포함한 경우), 식당 및 그 부대시설로 사무실, 검수실, 창고, 휴게실, 화장실, 샤워실, 탈의실이 있다.

급식시설의 구분은 **그림 6-1**과 같다.

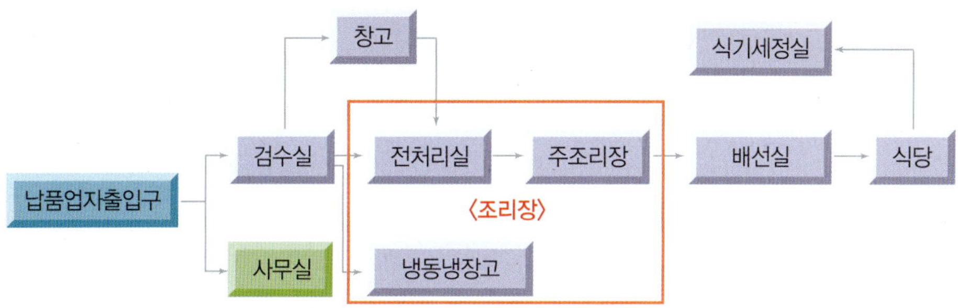

그림 6-1 급식시설의 구분

CHAPTER 06 급식시설·설비관리

3) 작업장의 구획·구분

작업과정의 미생물 오염 방지를 위하여 작업장을 전처리실, 조리장, 식기구세척실 등으로 구획하여 일반작업과 청결작업을 분리한다. 이러한 구획이 여의치 않을 경우 낮은 벽 설치 또는 작업구역(일반·청결) 표지판을 이용하여 구분한다 표 6-3.

표 6-3 **작업구역별 작업내용 구분**

작업구역	작업내용
일반작업구역	검수, 전처리(세척, 가열 전·소독전 식품절단), 식재료 저장, 세정구역
청결작업구역	조리(가열·비가열/가열 후·소독 후 식품절단), 배선, 식기보관 구역

조리작업의 흐름, 조리장의 종류, 조리작업공정과 영역 구분은 **그림 6-2, 그림 6-3**과 같다.

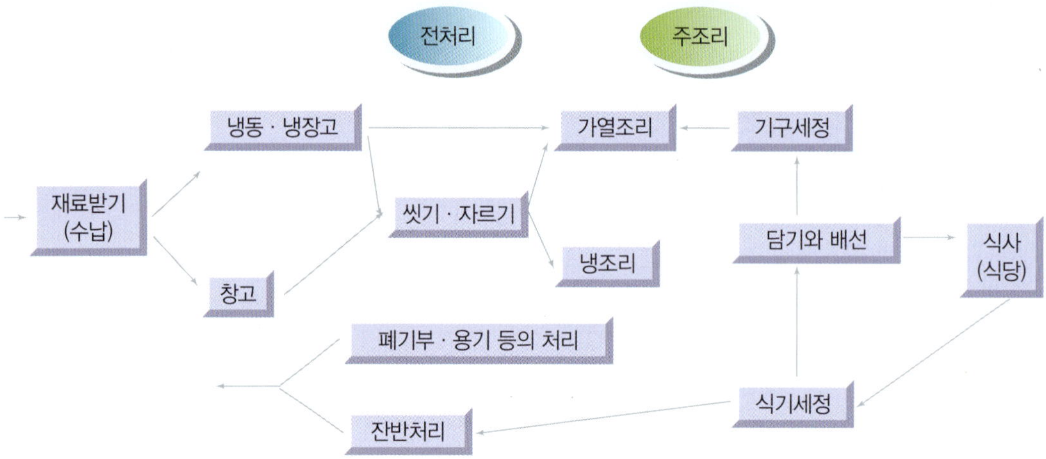

그림 6-2 조리작업의 흐름

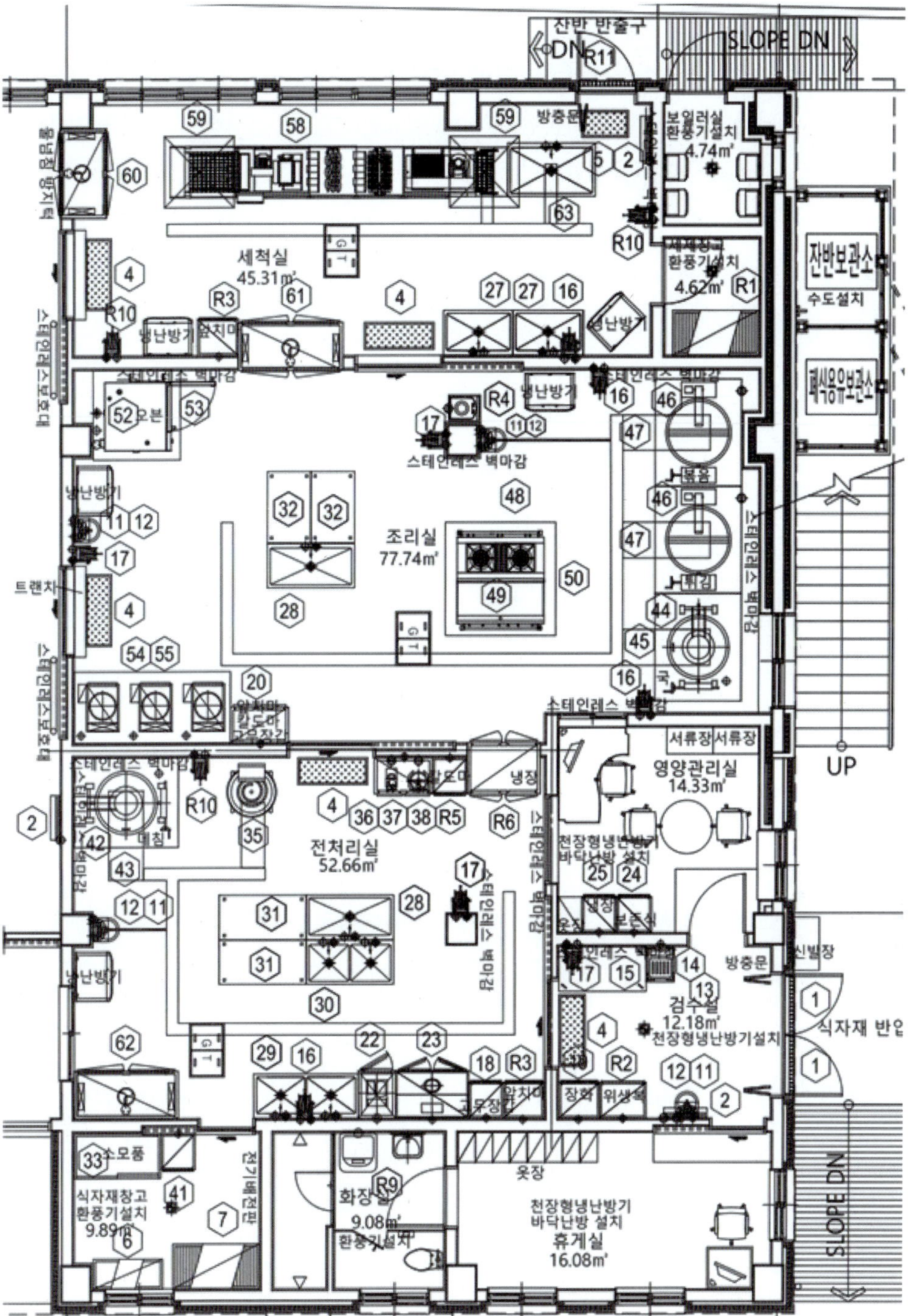

그림 6-3 학교 급식실 설계도 예시(급식인원수 300~599명)

출처 : 서울특별시교육청 학교보건진흥원(2022). 학교급식 환경개선 매뉴얼

(1) 조리장

필요한 공간면적은 시설의 종류, 식수, 작업인 수, 급식형태, 음식의 종류, 배선형식 등에 좌우되기 때문에 일정 기준은 없지만 필요한 기기를 선정하여 그것에 기초하여 산출한다. 표 6-4는 작업공간 기준의 예이다.

표 6-4 작업공간의 기준(일본의 예)

상태	필요공간(mm)
1인 보행	750 이상
2인 보행	1,000 이상
물품 운반(손에 든 경우)	750 + 물품 폭 × 1.5배
물품 운반(어깨에 맨 경우)	1,800~1,900(높이)
웨건 이용	웨건 폭 × 1.5배, 회전하는 경우는 웨건 길이 × 1.5~2.0배
가열기기 앞	1,000~1,200
냉장고 등의 앞	문의 폭 + 750

① 조리장 면적

조리장의 모양은 작업동선을 고려하여 사각형이 바람직하고, 가로:세로 3:2 또는 2:1의 비율이 적절하다.

- 큰 규모의 조리장 면적 기준 : 시설기기 점유면적 × 3~4배
- 소규모의 조리장 면적 기준 : 시설기기 점유면적 × 2~2.5배

② 전처리실

식품의 세정과 전처리를 하는 곳으로 주조리장과 구분되어 있으면 훨씬 위생적이다. 내부에는 싱크, 조리대, 세미기, 선반, 냉장고, 냉동고 등을 배치한다. 전처리실은 식품 보관실, 냉장·냉동시설과 직접 연결되어 있어야 한다. 전처리실 내 세정대는 채소류용과 어·육류용으로 구분하여 적정용량의 전용세정대를 구비하여야 하며, 손세정대 등 급·배수 설비를 갖추어야 한다.

③ 주조리장

전처리를 마친 식품을 가공·조리하고 만능조리기, 취반기, 가스대, 스팀, 가스레인지, 오븐, 생선구이기, 튀김기, 회전식솥, 국솥, 싱크, 조리대 등을 배치한다. 조리실 내 적정 실내온도 유지를 위해 냉·난방 시설을 설치하여야 하며, 냉·난방기의 바람이 식품이나 조리된 음식에 직접 쏘이지 않도록 한다. 조리 시 발생한 열기와 수증기의 배출이 원활하도록 적정한 환기시설(자연환기 및 기계환기시설)을 설치한다. 외부에서 청결작업 구역인 조리실로 직접 출입하지 않도록 계획한다.

④ 배선실

주조리장에 인접해 있는 것이 바람직하지만 불가능한 경우는 주조리장의 일부를 이용하도록 하며 온장테이블, 냉장테이블, 배선대 등을 배치한다.

⑤ 식당

근로안전위생규칙에 따라 1인당 $1m^2$ 이상이 결정되어 있지만 식당의 종류와 테이블의 형식에 따라 좌석당 면적은 약간 다르다. 또한 서비스의 방법과 휠체어를 사용하는 경우 등도 고려한다. 식사시간에 피급식자의 진입과 배식 및 잔반수거 등의 동선이 교차되지 않도록 한다. 내부 또는 가까이에 손을 씻을 수 있는 공간을 마련하는 것이 바람직하고, 출입문은 혼잡하지 않도록 배식자와 퇴식자의 동선을 고려하여 출입구를 구분한다. 식당바닥은 조리실 및 세척실과 바닥차가 없도록 설치하면 좋고, 불가피하게 바닥차가 있을 경우 중량물 이동이 용이하도록 경사로를 설치한다.

(2) 세척실

반납된 식기의 세정과 잔반처리를 하는 경우 식기세척기, 식기소독보관고 등을 준비한다. 설치는 잔반반출에 편리한 장소를 선정한다. 세척실은 전처리실, 조리실, 식당에서 출입이 용이하도록 설치하고, 식기세척기 규모와 담금세정대, 식기소독고 수량을 고려하여 충분한 면적을 확보하여야 한다. 식기세척기 배수량을 고려하여 배수가 용이하도록 한다.

(3) 사무실

조리장의 작업을 한눈에 볼 수 있도록 벽면 유리창이 넓은 것이 좋고, 검수실과 근접한 곳에 위치하는 것이 편리하다. 조리장을 통하지 않고 외부에서 출입할 수 있어야 하고, 사무실에서 가급적 식당이나 조리작업 공간으로 출입이 가능하도록 설치한다. 급식행정업무를 원활히 할 수 있도록 전화선, 인터넷선 등을 설치하고 책상, 의자, 컴퓨터 등 사무장비를 갖춘다.

(4) 검수실

납품업자의 출입이 편리하고, 창고 및 사무실의 동선이 짧은 곳에 위치하며 계량기, 싱크, 조리대 등이 필요하다. 전처리실과 연결되고 동시에 식품보관실, 냉장·냉동시설과도 연결되어야 한다. 검수대는 충분한 조명(540Lux 이상)이 확보되어야 한다.

(5) 창고

비상식품, 신선식품, 비품, 소모품이 구분되어 있으며, 환기설비를 고려하여 '검수실 → 창고 → 조리장'의 작업공정 흐름에 따른 위치여야 한다. 보관선반은 충분히 설치되어야 하며 청소 및 통풍이 용이하도록 바닥으로부터 15cm 이상 띄워야 한다. 식품운반카 등 중량물 이동이 용이하도록 조리실과 바닥차가 없게 설치한다(문턱 설치 금지). 직사광선을 피할 수 있는 위치에 설치하거나 차광설비를 갖추어야 한다.

(6) 기타 시설

기타 시설에는 휴식실, 화장실, 샤워실, 탈의실이 있다. 조리종사원의 근무 환경을 좋게 하여 사고가 일어나지 않도록 배려하는 것이 필요하다. 근로안전위생규칙에 따라 화장실, 휴게실은 조리종사원 전용 시설을 설계한다. 또한 관계자 이외의 출입금지구역으로 조리종사원 전용 출입구를 설치하는 것도 필요하다. 외부로부터 조리장을 통하지 않고 출입할 수 있어야 한다.

4) 구조

(1) 바닥

시설의 바닥은 1/100 이상(2/100 정도)의 구배가 청소하기에 쉽다. 또한 드라이시스템이 좋다. 또한 내수·내화·내구성이 우수하여 기름기를 제거하기 쉽고, 기름으로 인한 화학변화를 일으키지 않아야 한다. 바닥과 벽면과의 접합부분 및 배수구 낮은 부분의 각은 적절한 둥글림을 붙여 청소하기에 쉬운 구조가 좋다. 급식기구의 원활한 이동을 위해 가능한 턱이 없도록 한다.

(2) 배수

배수관은 보통 중력의 작용에 의해 물이 흐르므로 관 속 가득히 흐르는 일이 거의 없다. 따라서 배수되지 않을 때는 관 속이 비어 있게 되어 하수 가스나 악취, 해충 등이 실내로 유입될 수 있다. 이를 방지하기 위해 물로 통로를 막은 것을 트랩trap이라 하며, 그 종류는 **그림 6-4**와 같다. 배수로는 세정대, 국솥, 튀김솥 등 물 사용이 많은 조리기구 인근에 설치하여 조리기계·기구로부터 배출되는 물을 신속하게 배출할 수 있도록 적정크기의 폭과 깊이로 설치하고, 배수로 바닥에 경사를 두어 물이 고이거나 역류되지 않도록 설치한다. 배수로 덮개는 표면에 타공 또는 무늬 강판 등 미끄럼방지 처리가 된 것을 사용한다.

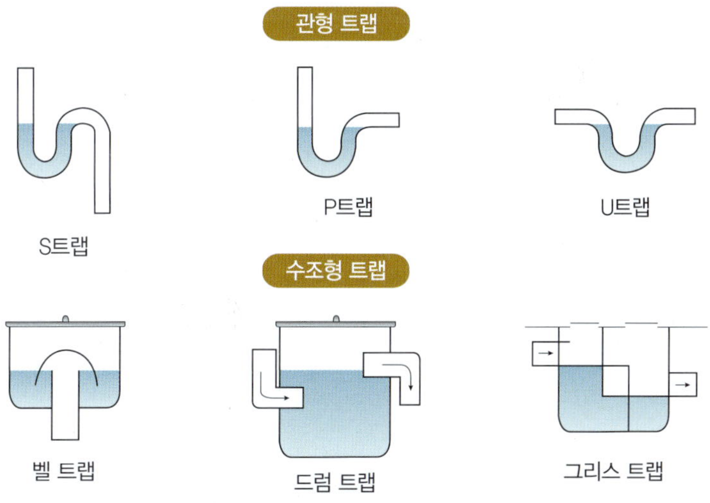

그림 6-4 배수 트랩의 종류

(3) 벽 및 천장

벽은 미관, 내수, 내화성이 우수한 타일이 좋다. 타일은 바닥에서 적어도 1m 이상, 가능하면 더 높을수록 좋다. 천장재료는 내화, 내수, 방음성이 좋은 것을 사용한다. 천장의 높이는 바닥에서부터 3m 이상이 바람직하다. 또한 환기장치 등에 먼지가 쌓이지 않는 이중천장으로 불연성단열재를 사용한다. 조리장 내의 전기 콘센트는 바닥으로부터 1.2m 이상 높이의 방수용으로 설치한다. 내벽과 바닥의 경계면인 모서리 부분은 청소가 용이하도록 둥글게 곡면으로 처리한다(벽면 타일이 운반카의 부딪힘 혹은 열기구와 인접으로 파손 우려 시 스테인리스 스틸판으로 마감 권장).

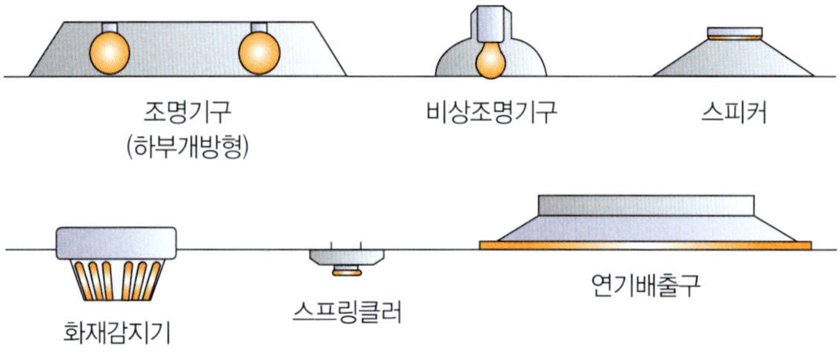

그림 6-5 천장에 설치된 설비요소

(4) 창

지상층의 경우 창은 채광이 제일 중요하며, 바닥 1m 내외로 바닥면적의 1/5 이상이 필요하다. 또한 개방식 창은 방충망이 필요하다.

(5) 출입구

작업에 따른 운반물이 통과할 수 있어야 하며, 외부와의 출입구는 위생 및 작업 능률면에서 손을 사용하지 않는 자동문과 에어커튼 설치 등이 바람직하다. 또한 해충의 진입을 방지하기 위한 방충·방서시설이 설치되어야 한다.

5) 시설설비

(1) 급수설비

조리장, 세정실에서 사용하는 물은 위생과 동시에 필요량을 확보할 수 있어야 한다.

(2) 급탕설비

조리장에서 사용되는 각종기기가 필요로 하는 급탕량과 온도를 확보할 수 있는 급탕설비가 필요하다. 용도에 따른 급탕설비의 적정 온도는 표 6-5와 같다. 다른 여러 기기도 함께 사용할 수 있는 충분한 물의 양과 온도가 확보되지 않으면 위생 및 작업능률에 지장을 초래하기 때문에, 동시에 사용되는 최대사용량을 조사하여 급탕설비 시 고려한다.

표 6-5 급탕설비의 사용온도

용도		온도(℃)	비고
일반청소용		40~50	-
손씻기		40~45	-
식기	손으로 씻기 헹굼 담가 두기	40~50* 50 60	*50℃ 이상은 단시간이 아니면 손을 씻을 수 없다.
조리용 용기류 세정용		60~71	-
식기세척	제1조 제2조 제3조	60** 70~75*** 80~95	** 제1조는 60℃ 이상으로 하면 식기(재질 : 폴리카보네이트 등)끼리 붙는 경우가 있다. *** 70℃ 이상의 사용온도는 급탕수를 가스, 전기 등으로 재가열하여 사용한다.
기구류의 오물 없애기(유지류)		70~90	-
자비소독		100	-

(3) 가스설비

가스는 고온으로의 가열효과가 빠르고 비용도 낮으며 취급법도 간편하여 조리장의 열원으로 가장 많이 이용된다. 도시가스(천연가스)와 프로판가스로 구분되며, 모두 취급에 주의해야 한다. 가스누출, 불완전연소, 연소 도중 꺼지는 사고 예방에 유의한다. 특히 가스누출의 경우 프로판가스는 무취이고 공기보다 무거워 바닥에 정체되기 쉽기 때문에 발화되면 큰 사고를 일으킬 수 있으므로 주의해야 한다.

(4) 전기설비

조명, 환기설비 외에도 동력용으로 사용된다. 기기에 따른 여러 전기설비가 있는데 기종에 맞는 설비가 필요하다. 전원은 벽과 천장을 이용하여 설치하고, 콘센트는 방수처리된 것으로 사용한다. 최근에는 조리장 전체의 전기화가 가능하다. 가스 등에 비해서 열효율이 좋고, 연소가스의 발생도 없어 실내의 공기를 오염시키지 않으며 온도·습도의 조절이 용이하다. 또한 위생적이고 안전하기 때문에 환경보전 측면에서 뛰어난 조리장 설비가 가능하다.

(5) 조명설비

조리장 내의 밝기는 작업의 능률, 안전성 특히 위생면에서도 중요한데 적정 조도는 표 6-6에 있다. 조명방식에는 전체조명과 국소조명이 있는데, 전체조명은 작업면 전체에 일정하게 조명을 부여하는 것으로 균일하게 조명기구의 간격을 정하여 설치한다. 조명기구는 방수 및 내열 유지에 강한 기구가 필요하고, 점멸스위치는 고온 습기를 피하여 설치한다.

표 6-6 급식시설의 적정조도

구역	조도(lux)	종별	조도(lux)
반입검수공간	540 이상	주조리장	220 이상
전처리실	220 이상	기타	110 이상

출처 : 교육부(2021). 학교급식위생관리지침서

(6) 환기설비

조리장은 여러 가지 열기기를 사용하므로 여기에서 발생하는 열을 제거하여 쾌적한 작업이 가능한 환경을 만드는 것이 작업의 안전과 위생에도 도움이 된다. 가열기기의 윗면에는 후드를 설치하고, 특히 유지를 포함한 열기를 배출하는 튀김기 등에는 그리스 필터를 부착한다. 조리실의 창문은 신선한 공기가 충분히 공급되는 역할을 하므로 환기가 잘 되고 청소가 용이하도록 하는 것이 바람직하다.

(7) 방재설비

일상 재해는 인간의 부주의에 따른 경우가 많다. 사고가 일어나지 않도록, 또 일어나도 확대되지 않도록 방재계획을 면밀히 세워야 한다. 급식시설에는 내화구조, 배연설비, 스프링클러, 방화셔터는 물론이고 대피계획을 세워둔다. 또한 조리장 내의 후드 설치, 위험화를 감지하는 자동소화장치의 설치도 필요하다.

(8) 수세설비

조리장, 배선실, 조리종사원 전용화장실의 수세시설에는 자동적으로 물이 나오고 멈추도록 설치한다. 또한 손을 씻은 후에 물기를 제거할 수 있도록 종이타월 또는 자동온풍살균기를 설치한다.

2. 급식조리기기

1) 급식조리기기의 선정

단체를 대상으로 한 급식은 조리시간과 급식조리종사원 수의 제약하에 정해진 시간 내에 목적을 달성하기 위해서 가급적 에너지 절약형 기기를 사용하는 것이 바람직하다. 따라서 급식관리자는 특히 에너지를 많이 소비해야 하는 기기를 선정하기 전에 다양하고 구체적인 기기명세서를 확보하여 비교, 검토 후 선택한다. 기기 도입에는 다음 사항을 유의한다.

- 취급하기 간단하고 안전할 것
- 작업정의가 확실할 것
- 유지비 등의 제 경비가 적을 것
- 기계점유면적을 고려할 것
- 수리하기 간단할 것
- 신용 있는 상표일 것
- 애프터서비스A/S가 쉬운 회사의 물건일 것

2) 작업 구분별 급식조리기기

급식기기는 반입, 검수기기, 전처리기기, 가열조리기기, 배선기기, 세정소독기기 등이 있다. 시설의 면적, 규모, 급식형식, 작업인 수 등을 고려하여 적합한 종류, 크기를 선정한다. 작업구분별 조리기기는 표 6-7과 같다. 작업구역별 설비·기구는 표 6-8과 같다.

표 6-7 주요 급식조리기기

작업 구분	조리기기
반입, 검수기기	저울, 통조림따개, 칼, 온도계, 냉장고, 냉동고, 우유보관고, 운반차, 검식용 냉장차
전처리기기	싱크, 조리작업대, 이동대, 구근탈피기, 믹서, 슬라이서, 푸드 커터기, 미트슬라이서, 세미기, 빵반죽기
가열조리기기	레인지, 그릴, 스팀컨벡션오븐, 튀김기, 증기솥, 국솥, 전자레인지, 회전솥, 취반기, 틸팅프라이팬
배선기기	콜드테이블, 웜테이블, 웜카트, 콜드카트, 온장고, 컨베이어, 배선차, 냉온장배선차
세정소독기	식기세정기, 식기소독보관고, 칼·도마살균고
기타	기기 정수기

표 6-8 작업구역별 설비·기구 선정 시 확인사항

구분	품목	확인사항
전처리실	작업대	• 재질은 스테인리스스틸로 하며, 급식 인원을 고려한 충분한 크기로 한다.
	식품 검수대	• 이동식이며 바닥 면에서의 높이가 60cm 이상인 검수에 알맞은 충분한 크기로 한다.
	채소 세정대	• 3조 세정대를 설치한다. • 세정대의 배수구는 적절한 크기여야 하며, 배수관과는 직선으로 연결되는 구조로 한다.
	어·육류 세정대	• 2조 세정대를 설치한다. • 세정대의 배수구는 적절한 크기여야 하며, 배수관과는 직선으로 연결되는 구조로 한다.
	냉장·냉동고	• 검수 후 저장 가능한 충분한 용량이어야 한다.
	자동세미기	• 적정한 수압이 유지되어야 한다. • 배수관은 배수로와 연결되도록 설치한다.
	구근탈피기	• 내부가 완전히 분리되어 세척과 소독이 쉬워야 한다. • 배수관은 배수로와 연결되도록 설치한다.
	채소 절단기	• 세척과 소독이 쉬워야 한다. • 다양한 모양과 크기로 절단할 수 있어야 한다. • 분리 가능하며 전용 받침대를 설치해야 한다.
	바구니 운반대	• 바닥으로부터 60cm 이상 간격을 유지해야 한다. • 바구니 크기별로 사용 가능하여야 한다. • 이동이 쉬워야 하며 안전성을 고려하여 원형으로 제작된 것이어야 한다.

(계속)

구분	품목	확인사항
전처리실	손소독기	• 자동식으로 소독액이 분무 되거나 손을 담글 수 있는 소독조이어야 한다.
	손세정대	• 전자감응식 또는 페달식으로서 손을 사용하지 않고 조작이 가능해야 한다. • 냉·온수가 공급되어야 한다.
	저울	• 전자저울로 설치하되 1~150kg까지 측정 가능한 것으로 갖춘다.
조리실	취반기	• 고정시킬 경우는 바닥과 주변을 세척하기에 용이한 구조와 공간을 확보하여야 한다.
	채소 절단기	• 세척과 소독이 쉬워야 한다. • 다양한 모양과 크기로 절단할 수 있어야 한다. • 분리 가능하며 전용 받침대를 설치해야 한다.
	국 솥	• 회전식이어야 하며 뚜껑이 부착되어야 한다
	부침기	• 부침판은 기름이 흐르도록 약간 경사가 있어야 하며 덮개가 있어야 한다. • 안전을 고려하여 고정식이어야 한다.
	볶음 솥	• 바닥이 무쇠 등으로 두꺼워야 한다. • 회전식이어야 하며 뚜껑이 부착되어야 한다.
	가스테이블렌지 혹은 전기레인지	• 화구가 2~3개 정도인 제품이 적당하다. • 작업대의 높이와 같아야 한다.
	가스그리들 혹은 전기그리들	• 가스 사용기기와 동일 구역에 위치해야 한다.
	밥·반찬 배식대	• 보온·보냉 기능이 있어야 한다.
	오븐	• 조리기능이 다양해야 한다. • 급식수를 고려하여 크기를 정한다. • 상·중·하단 온도분포가 균일하도록 작동되어야 한다.
	만능조리기	• 튀김, 부침, 조리기능이 있어야 한다.
	냉장·냉동고	• 냉장·냉동 식재료 보관 및 조리식품 냉각에 충분한 용량이어야 한다.
	작업대	• 재질은 스테인리스스틸로 하며, 급식 인원수를 고려한 충분한 크기여야 한다.
	손세정대	• 전자 감응식 또는 페달식으로서 손을 사용하지 않고 조작이 가능해야 한다. • 냉·온수가 공급되어야 한다.
식기 세척실	담금세정대	• 세척과 소독이 용이하고 충분한 크기이어야 한다.
	세척기	• 세척 및 헹굼 기능이 자동적으로 이루어져야 한다. • 최종 헹굼수의 온도가 살균에 적합한 온도(식판 온도 71℃이상)를 유지해야 한다.
	식기소독보관고	• 내부 선반은 물 빠짐을 위해 타공된 것이어야 한다. • 적정온도 관리를 위해 소독고 문에 설치된 고무패킹 부분은 기밀성이 있어야 한다.
	다단식선반	• 청소 시 물이 튀지 않도록 하며, 맨 아래 선반은 바닥으로부터 60cm 이상 띄워야 한다.
	3조 세정대	• 기물 세척·헹굼·소독이 가능하도록 3조로 한다.

출처 : 교육부(2021). 학교급식위생관리지침서

3) 주요 급식조리기기의 종류와 용도

(1) 반입, 검수기기

급식의 규모와 내용에 따른 수용능력을 고려하여 청소, 소독이 쉬운 구조가 바람직하다. 반입 및 식품재료의 품질관리를 위한 기기로는 운반 카트, 작업대(검수대), 계량기, 저장고, 랙, 냉장고 등이 있다 **그림 6-6**.

pass thru 냉장고

반입용 운반카트

적외선 표면 온도계

전자저울

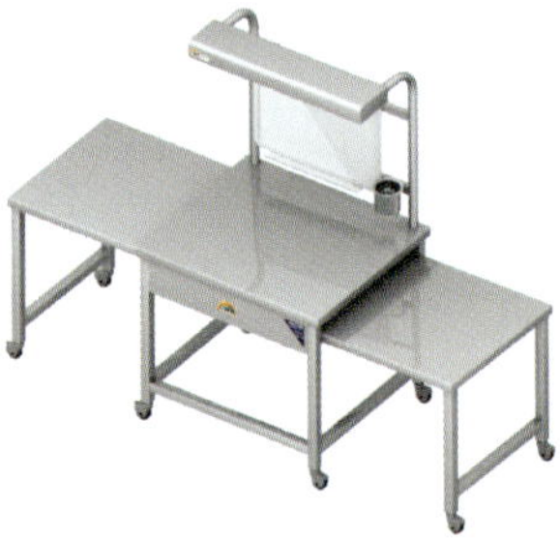

식품 검수대

파레트

유인포충등

그림 6-6 반입, 검수기기
출처 : HK

(2) 전처리기기

조리 중 노동력을 필요로 하는 작업이 많다. 특히 단순작업의 기계화가 가능한 작업이 많으므로 기기를 도입하여 작업시간을 단축시키고 작업 노력을 경감시킬 필요가 있다. 이를 위한 기기로는 싱크, 세미기, 구근탈피기, 채소절단기, 푸드 커터, 푸드 믹서, 슬라이서, 초퍼 등이 있다 **그림 6-7**.

자동세미기 구근 탈피기 채소 절단기 3조 세정대

그림 6-7 전처리기기

출처 : HK

(3) 가열조리기기

가열작업은 조리 가공상 주요한 부분으로, 가열조리기기들은 시설로도 크며 여러 목적에 빈번히 사용된다. 가열조리기기에는 취반기, 스팀쿠커, 스팀컨벡션오븐, 회전솥, 국솥, 스팀국솥, 가스대, 전자오븐, 레인지, 적외선조리기, 살라만다, 튀김기, 틸팅프라이팬 등이 있다 **그림 6-8**.

취반기 오븐 국솥 및 볶음솥 가스 그리들

만능조리기 부침기 가스테이블레인지

그림 6-8 가열조리기기

출처 : HK

(4) 배선기기

적온급식은 급식서비스에 있어 중요하므로 급식까지의 온도관리가 필요하다. 저장목적, 품질관리와 적온급식을 할 수 있도록 급식소에 맞는 온장용 기기와 냉장용 기기가 필요하다. 온장용 기기로는 스팀테이블, 온장고 등이 있다. 냉장용 기기로는 냉장고, 냉동고, 콜드테이블, 콜드쇼케이스, 제빙기, 온냉배선차 등이 있다 **그림 6-9**.

급식용 배선차

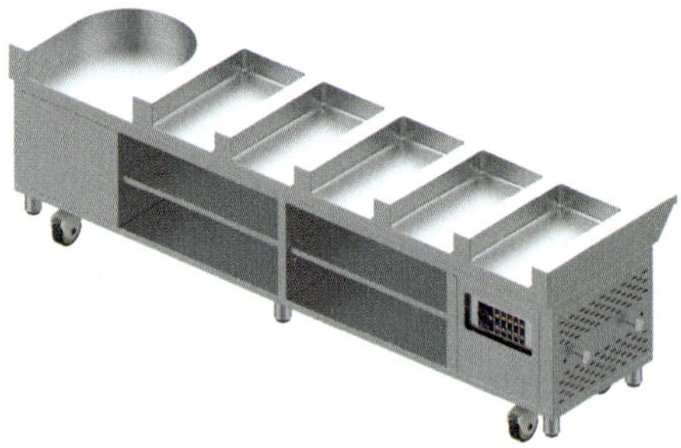
밥 · 반찬 배식대

그림 6-9 배선기기
출처 : HK

(5) 세정 · 소독기기

세정은 배식이 끝난 후 진행되는 단순 노동이지만, 위생관리상에 중요한 작업이다. 세정·소독기기에는 싱크, 식기세정기, 증기소독기, 저장탕비기, 순간탕비기, 오존수생성기 등이 있다 **그림 6-10**.

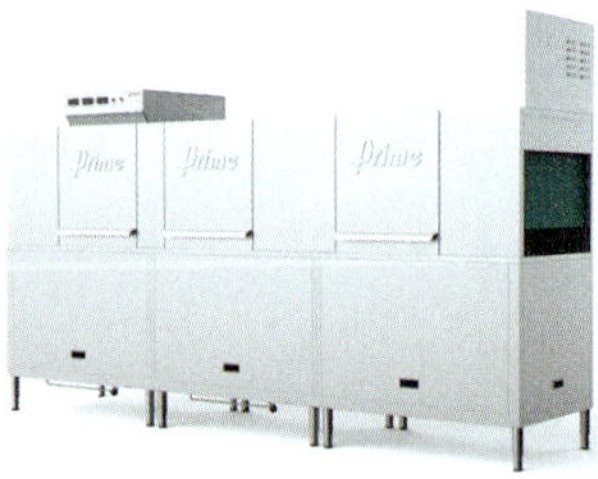
식기세척기

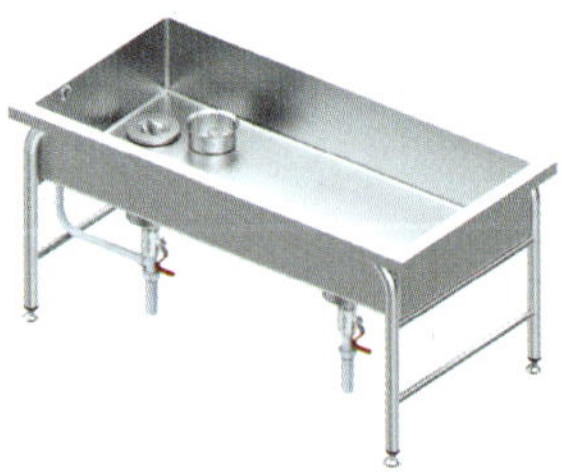
담금세정대

식기소독보관고

그림 6-10 세정 · 소독기기
출처 : HK

(6) 기타 기기

수납은 비품을 장기간 유지하고 후일의 작업능률을 올리는 데 매우 중요하다. 식기 소독 보관고, 행주 소독 보관기, 칼·도마 소독기, 전자감응식 손 세정대, 손 소독기, 다용도 소독 건조대, 운반 카트, 운반차, 저울과 식기류가 있다 **그림 6-11**.

행주소독보관기

손 세정대

손 소독기

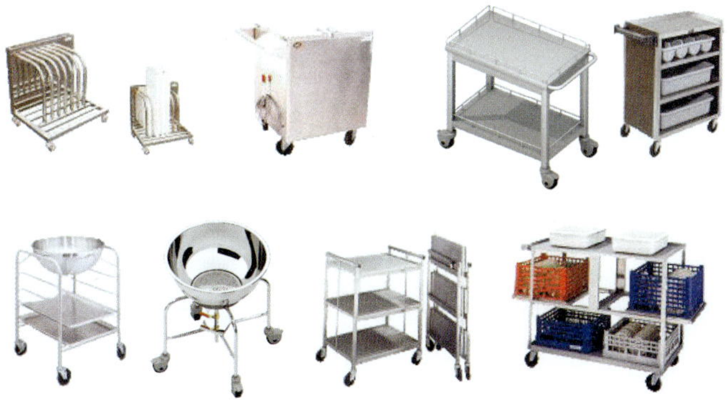

조리장용 운반카트

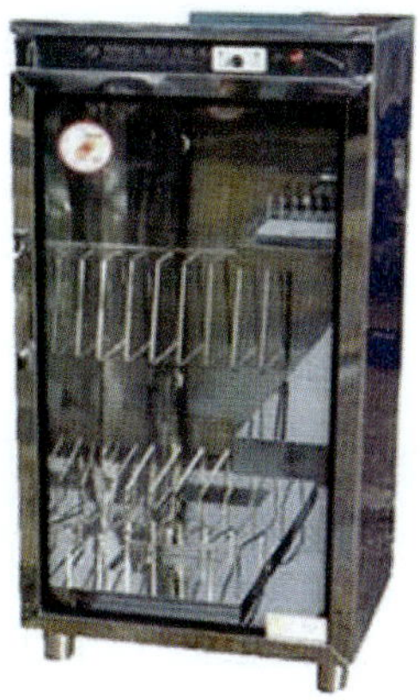

칼, 도마 소독기

그림 6-11 기타 기기

식기류 선정 시 고려해야 할 사항은 **표 6-9**와 같다.

표 6-9 식기 선정 시 고려사항

구분	세부항목
재질	• 견고하여 파손이 잘 안 되는가? • 충격에 강한가? • 가장자리가 들기 쉬운가? • 뜨거운 재료를 담으면 열이 없어지는가? • 열풍소독보관고에 견디는가? • 식기와 식기의 접촉 시 어떤가?
기능	• 들기 쉽고 사용하기 쉬운가? • 운반과 수납이 용이한가? • 세정작업이 쉬운가?
디자인	• 밝고 청결감이 있는가? • 배식하는 음식에 어울리는가?
가격 및 기타	• 경제효과가 있는가? • 같은 종류, 같은 모양의 제품이 계속 납품될 수 있는가?

3. 식당의 환경

1) 식당의 위치

식당의 위치는 전망, 채광 및 이용자의 편리성에 유의하여 결정한다. 정원이나 녹색 식물이 보이는 전망으로 채광이 좋으면 더 좋다. 건물의 최상층이 전망이 좋긴 하지만, 지하라도 빛이 들어온다면 괜찮다.

식당과 조리장은 칸막이 등을 이용하여 구분하기보다 별도로 구분지어 설치하면 좋다. 조리장의 조리에 따른 냄새를 없애고, 조리장과 조리장 양쪽 모두의 위생을 감안하여 식당을 별도의 공간으로 하는 것이 좋다.

2) 식당공간의 확보

식사의 공간은 급식대상자 1인에 일반적으로 1.2~1.7m^2(0.36~0.5평)로 계산하며 이용시간을 고려하여 공간을 결정한다.

그림 6-12에 서비스를 위한 테이블 주변의 적정 간격을 나타내었다.

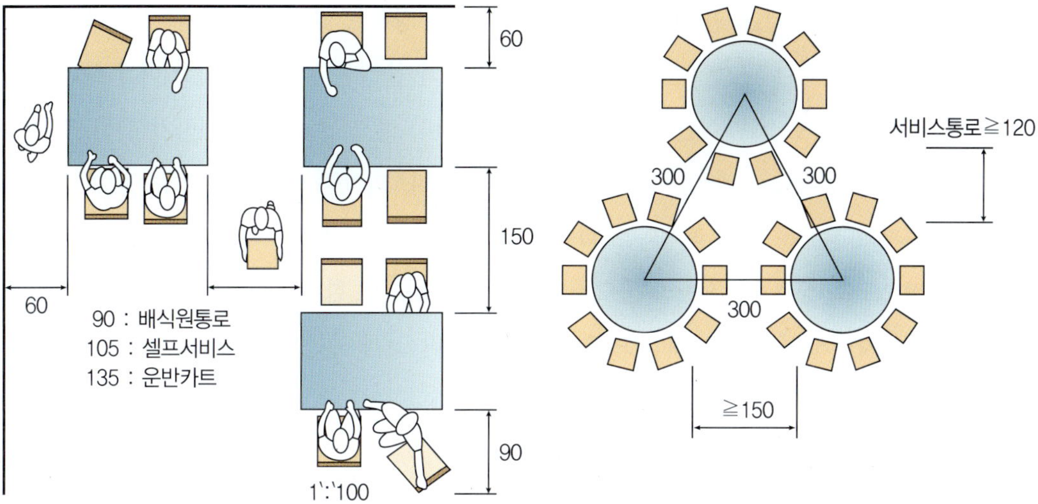

테이블 주변의 간격　　　원형테이블의 간격

그림 6-12 테이블 주변의 간격

> 좌석 회전율 = 이용고객수 ÷ 좌석 수
>
> 식당면적 = (이용고객수 ÷ 좌석 회전율) × 1좌석당 바닥면적

3) 식당의 재질과 색상

식당의 바닥, 벽, 천장, 테이블, 의자는 식당 분위기에 적절한 재질과 색상을 선택한다. 바닥은 구두 소리가 울리지 않고, 청소가 쉽고, 위생상 좋은 재질로 한다. 나무 바닥, 합성타일이 많이 이용되며 카펫은 청소하기 불편하므로 피한다. 벽은 위생적이고, 밝은 색이 좋다. 천장은 방화, 내습, 방음재를 사용하고, 색상은 벽과 조화로운 옅은 색이 좋다.

테이블과 의자의 수는 바닥면적과 같은 방법으로 산출한다. 또 식당의 넓이에 비해 테이블 수가 많으면 식사운반에 장애를 주므로 통로의 공간을 고려하여 정한다. 테이블과 의자의 높이는 테이블 높이가 급식대상자의 가슴보다 낮고, 복부보다 높은 것이 적당하다. 특히 학교급식은 학생들의 키에 맞추어 조절이 가능하면 좋다. 테이블의자의 재질은 나무보다는, 청소할 때 이동이 쉬운 스테인리스스틸이 좋다.

테이블 모양은 식사 시 대화를 고려하여 4인용의 정방형이 좋다. 병원 등은 휠체어 사용자 등과 같은 환자를 위하여 원형이 좋은 경우도 있다. 테이블 위에 식판을 놓고도 전후좌우에 공간이 있고, 또한 조미료세트와 물컵을 놓을 공간이 있어야 한다.

테이블클로스는 식판과 식기류가 미끄러지지 않고, 소음을 방지하기 위한 것이다. 항상 위생적으로 관리, 사용하는 것이 중요하다. 의자는 등받이가 있는 것이 편하고, 의자의 색상은 식당 전체와 조화를 이루도록 한다. 최근에는 혼자서 식사하는 경우도 많으므로 창과 벽 쪽을 향하도록 의자를 배치하기도 한다. 이 경우 다른 좌석의 급식 대상자에게 등을 향하게 되므로 테이블을 약간 낮게 하는 것이 좋다.

4) 기타 공간

남과 북으로 창이 있으면 이상적이나 한쪽 면만 있을 경우 가능한 한 크게 설치하여 채광, 통풍, 전망이 좋도록 한다. 조도는 밝게 하되, 형광등은 음식의 생기가 없어 보이므로 백열등을 사용하는 것이 좋다. 간접조명은 식당을 따뜻하게 하고, 편안한 느낌을 준다. 실온은 일정한 온도를 유지하도록 한다. 식당 이용자가 증가하면 실온이 높아지는 것을 배려하여 온도 조절을 한다.

음향시설은 편안한 식사에 많은 도움을 준다. 하지만 대화에 지장을 주지 않도록 소리 크기를 조절한다. 뉴스와 교내방송의 프로그램을 방송해도 좋다. 관엽식물은 눈과 마음을 편안하게 하고, 계절 꽃을 이용하면 즐거운 분위기를 연출할 수 있다.

4. 급식시설·설비관련 법규

급식관리자는 급식시설을 시설 또는 리모델링하는 데 있어서 어떤 종류의 법률들이 관련되어 있는지 알아야 한다. 시설·설비의 관련 법규로는「건축기준법」,「소방법」,「노동안전법」,「식품위생법」 등이 있다. 경우에 따라서는 이와 같은 법률과 관련 부처의 허가나 지도가 필요한 경우가 있다.

- 건축기준법 : 건물 전체에 관한 법규로 건축의 기본구조 등에 관한 것이다.
- 소방법 : 화기·방재에 관한 것, 소방에 관한 설비, 소화설비, 건축에 관한 규제 등이 포함된다.

• 노동안전법 : 노동자의 노동환경에 관한 규정으로 대형보일러와 압력용기 등에 관한 것이 있다.
• 식품위생법 : 시설, 설비, 기기 등에 관하여 시행규제의 기준이 정해져 있다.

학교급식시설의 조리장, 식품보관실, 급식관리실, 편의시설 등에 관한 세부기준은 「학교급식법 시행령」 제3조제1항에 명시되어 있다. 〈개정 2021. 1. 29.〉

1) 조리장

(1) 시설·설비

① 조리장은 침수될 우려가 없고, 먼지 등의 오염원으로부터 차단될 수 있는 등 주변 환경이 위생적이며 쾌적한 곳에 위치하여야 하고, 조리장의 소음·냄새 등으로 인하여 학생의 학습에 지장을 주지 않도록 해야 한다.

② 조리장은 작업과정에서 교차오염이 발생되지 않도록 전처리실前處理室, 조리실 및 식기구세척실 등을 벽과 문으로 구획하여 일반작업구역과 청결작업구역으로 분리한다. 다만, 이러한 구획이 적절하지 않을 경우에는 교차오염을 방지할 수 있는 다른 조치를 취하여야 한다.

③ 조리장은 급식설비·기구의 배치와 작업자의 동선動線 등을 고려하여 작업과 청결유지에 필요한 적정한 면적이 확보되어야 한다.

④ 내부벽은 내구성, 내수성耐水性이 있는 표면이 매끈한 재질이어야 한다.

⑤ 바닥은 내구성, 내수성이 있는 재질로 하되, 미끄럽지 않아야 한다.

⑥ 천장은 내수성 및 내화성耐火性이 있고 청소가 용이한 재질로 한다.

⑦ 바닥에는 적당한 위치에 상당한 크기의 배수구 및 덮개를 설치하되 청소하기 쉽게 설치한다.

⑧ 출입구와 창문에는 해충 및 쥐의 침입을 막을 수 있는 방충망 등 적절한 설비를 갖추어야 한다.

⑨ 조리장 출입구에는 신발소독 설비를 갖추어야 한다.

⑩ 조리장 내의 증기, 불쾌한 냄새 등을 신속히 배출할 수 있도록 환기시설을 설치하여야 한다.

⑪ 조리장의 조명은 220룩스lx 이상이 되도록 한다. 다만, 검수구역은 540룩스lx 이상이 되도록 한다.

⑫ 조리장에는 필요한 위치에 손 씻는 시설을 설치하여야 한다.

⑬ 조리장에는 온도 및 습도관리를 위하여 적정 용량의 급배기시설, 냉·난방시설 또는 공기조화시설空氣調和施設 등을 갖추도록 한다.

(2) 설비·기구

① 밥솥, 국솥, 가스테이블 등의 조리기기는 화재, 폭발 등의 위험성이 없는 제품을 선정하되, 재질의 안전성과 기기의 내구성, 경제성 등을 고려하여 능률적인 기기를 설치하여야 한다.

② 냉장고(냉장실)와 냉동고는 식재료의 보관, 냉동 식재료의 해동解凍, 가열조리된 식품의 냉각 등에 충분한 용량과 온도(냉장고 5℃이하, 냉동고 -18℃ 이하)를 유지하여야 한다.

③ 조리, 배식 등의 작업을 위생적으로 하기 위하여 식품 세척시설, 조리시설, 식기구 세척시설, 식기구 보관장, 덮개가 있는 폐기물 용기 등을 갖추어야 하며, 식품과 접촉하는 부분은 내수성 및 내부식성 재질로 씻기 쉽고 소독·살균이 가능한 것이어야 한다.

④ 식기세척기는 세척, 헹굼 기능이 자동적으로 이루어지는 것이어야 한다.

⑤ 식기구를 소독하기 위하여 전기살균소독기, 자외선소독기 또는 열탕소독시설을 갖추거나 충분히 세척·소독할 수 있는 세정대洗淨臺를 설치하여야 한다.

⑥ 급식기구 및 배식도구 등을 안전하고 위생적으로 세척할 수 있도록 온수공급 설비를 갖추어야 한다.

2) 식품보관실 등

① 식품보관실과 소모품보관실을 별도로 설치하여야 한다. 다만, 부득이하게 별도로 설치하지 못할 경우에는 공간구획 등으로 구분하여야 한다.

② 바닥의 재질은 물청소가 쉽고 미끄럽지 않으며, 배수가 잘 되어야 한다.

③ 환기시설과 충분한 보관선반 등이 설치되어야 하며, 보관선반은 청소 및 통풍이

급식 기계·기구 구매 원칙

1. 위생 및 안전성

- 식재료를 위생적으로 조리·보관·운반할 수 있는 기구
- HACCP기준에 부합하고 급식실의 작업구역 구분에 맞게 조리할 수 있는 기구
- 조리종사원의 근골격계 질환 유발 위험요인을 줄일 수 있는 기구(쉽게 조작·작동하는 기구)
- 화재, 폭발, 감전, 상처 등의 안전사고 위험이 없는 기구[안전사고 예방 장치(온도제어 장치) 고려]
- 세척 및 소독이 용이한 기구
- 급식실의 온·습도를 불필요하게 높이지 않는 기구

2. 효율성

- 조리인력과 작업시간을 단축할 수 있는 효율적인 기구(단시간 대량 조리, 대량 세척이 가능한 크기와 용량 선정)
- 다양한 메뉴의 조리를 위해 활용도가 높은 기구
- 필요 목적에 적합한 기구(급식시설 개보수 계획, 급식인원, 조리인력, 배식방법, 열원 등을 충분히 고려)

3. 내구성 및 경제성

- 실용적인 기구(급식인원 수를 고려한 적정한 크기와 용량으로 수압, 전기용량 및 연료소모량 등을 고려하고 학교 실정에 맞지 않거나 불필요한 기구 구입 금지)
- 에너지 효율이 높은 기구
- 조리실 내 작업 시 발생하는 습기, 열기, 가스 등에 부식되지 않고 견고한 기구(목재, 철재 등은 부적당)
- 구매 후 유지관리가 용이한 기구

출처 : 서울특별시교육청 학교보건진흥원(2022). 학교급식 환경개선 매뉴얼

쉬운 구조이어야 한다.

3) 급식관리실 및 편의시설

① 급식관리실, 휴게실은 외부로부터 조리실을 통하지 않고 출입이 가능하여야 하며, 외부로 통하는 환기시설을 갖추어야 한다. 다만, 시설 구조상 외부로의 출입문 설치가 어려운 경우에는 출입시에 조리실 오염이 일어나지 않도록 필요한 조

치를 취하여야 한다.

② 휴게실은 외출복장으로 인하여 위생복장이 오염되지 않도록 외출복장과 위생복장을 구분하여 보관할 수 있는 옷장을 두어야 한다.

③ 샤워실을 설치하는 경우 외부로 통하는 환기시설을 설치하여 조리실 오염이 일어나지 않도록 하여야 한다.

4) 식당

안전하고 위생적인 공간에서 식사를 할 수 있도록 급식인원 수를 고려한 크기의 식당을 갖추어야 한다. 다만, 공간이 부족한 경우 등 식당을 따로 갖추기 곤란한 학교는 교실배식에 필요한 운반기구와 위생적인 배식도구를 갖추어야 한다.

이상의 기준에서 정하지 않은 사항에 대하여는 식품위생법령의 집단급식소 시설기준에 따른다.

설비·기구 설치 시 유의사항

- 작업 흐름에 따라 동선을 단축하며 능률적이고 위생적인 작업이 가능하도록 배치한다.
- 급수 및 가스 배관은 바닥에 노출되어 기물의 이동을 방해하거나 작업 중 안전사고의 요인이 되지 않도록 한다.
- 고정식 설비는 하부청소가 용이하도록 바닥에서 15cm 이상 띄워 설치한다.
- 열사용 및 가스 배출 기구와 배기 후드의 위치가 일치하도록 한다.
- 냉장·냉동고는 가스레인지, 오븐 등 열원 및 직사광선과 멀리 떨어진 위치에 설치한다.
- 작업대 등의 스테인리스스틸 제품은 절단된 면을 잘 마무리하여 손을 베는 등 안전사고가 일어나지 않도록 한다.
- 식기세척기는 세척·소독이 가능한 온도가 유지되는지를 확인하고 온수공급이 원활히 되도록 설치한다.
- 급식기구 및 배식도구 등을 안전하고 위생적으로 세척할 수 있도록 온수공급 설비를 갖추어야 한다.

출처 : 교육부(2021). 학교급식 위생관리지침서

알아보기 환경개선 우수 사례 충남교육청, 3년 내 급식실 환기설비 전면 개선

충남교육청은 고용노동부의 '학교급식 조리실 환기설비 가이드라인'의 탄력적 적용을 위해 시범학교를 선정·운영하며 학교 현장을 방문해 급식 종사자의 의견을 적극 반영하고 있다. 그러면서 실제 설계에 전담반이 참여하는 등 환기설비 개선을 위한 "최적의 충남형 모델"을 만드는 노력하고 있다.

충남교육청은 지난해 실시한 급식종사자 폐암건강검진 결과와 작업환경측정 결과, 급식실 노후도 등을 고려해 151교를 올해 우선개선 대상학교로 선정했다. 이어 2024년에는 235개 학교를, 2025년에는 나머지 148개 학교를 개선하는 등 향후 3년 내에 도내 모든 학교에 대한 환기설비를 개선할 방침이다.

환기설비 개선 외에도 ▲인덕션, 전기오븐 등 전기식 조리기구로 점진적 교체 ▲조리흄 발생을 최소화하는 오븐요리 레시피 개발·보급 ▲급식실 종사자의 근무여건 개선 및 업무지원을 위해서 '대체전담인력 거점학교' 운영 대폭 확대 등 급식종사자 근로여건 개선에 선제적으로 대응할 계획이다.

출처 : 대한급식신문, 2023. 7. 27.

Activity

1. 분야가 다른 급식소 2곳을 방문하여 도면(lay out)을 그려 보자(p.261 참조).

2. 위 급식소의 시설 및 설비의 장단점과 개선점을 제시해 보자.

3. 방문한 급식소의 급식시설에 대하여 다음 사항을 평가해 보자.

급식시설 기본설계(1차 체크리스트)

영역	구분	확인내용	확인사항	개선사항
공통	외부	• 급식실 및 학생식당 위치 선정, 면적 확인		
	각 실	• 전처리실, 조리실, 세척실, 급식관리실, 휴게실, 식당 등 적정 면적 확보 • 설비를 고려한 적절한 층고 확보 • 일반작업구역과 청결구역으로 구분하며 턱이 없도록 계획		
	출입문	• 청소가 용이한 재질로 유효폭(1.2m 이상) 확보 • 외부출입구는 방충·방서시설, 에어커튼 및 비가림 시설 설치		
	바닥	• 청소가 용이하고 내구성·내수성이 있으며, 미끄러지지 않는 재질로 계획 • 경사도 확인: 1/100 ~ 1/200		
	창 문	• 위치 및 수량 적정 여부 확인		
	벽	• 내수성이 강하며 청소가 용이한 재질로 계획 • 타일 파손이 우려되며 열기구와 인접한 벽면은 내구성이 높은 재질로 계획		
	트렌치	• 재질 및 위치 확인: 세정대 주변, 국솥·튀김솥 등의 트렌치 위치 확인 • 경사도 확인: 1/200 • 덮개는 중량의 운반차에도 견딜 수 있고 미끄러지지 않는 재질로 계획		
	전기시설	• 각 작업장별 적정 조도 계획(검수대, 작업대 등) • 기기별 필요 용량에 따른 충분한 전기용량 및 콘센트 위치(높이) 확인 • 전기 콘센트는 바닥에서 1.2m이상 높이에 방수콘센트로 계획		
	급수·급탕	• 급수배관은 스테인리스 배관으로 계획 • 수전 및 릴호스는 온수와 냉수를 사용할 수 있도록 계획 • 각 실별로 유지관리가 용이하도록 중간밸브 계획		
	급기·배기	• 적정 흡입능력을 갖춘 환기장치 설치 계획 • 급기와 배기가 균형을 이루도록 계획 • 덕트는 내식성 재질로 계획 • 외부에 개방된 급·배기 기구에는 방충시설 계획		
	냉·난방	• 면적을 고려한 충분한 용량 확보 및 적정 위치 선정		

(계속)

영역	구분	확인내용	확인사항	개선사항
실별	검수실	• 전처리실, 식품보관실, 냉동·냉장고와 연결되도록 계획		
	전처리실	• 외부에서 직접 진출입이 되는 경우 가능한 완충구역 계획 • 검수실에서 전처리실 출입은 터치식 반자동문으로 계획		
	조리실	• 외부에서 조리실로 직접 출입하지 않도록 계획 • 조리실과 식당의 출입구는 바닥차가 없도록 계획 • 운반차의 배치 공간 및 이동통로 폭을 고려하여 계획		
	세척실	• 전처리실, 조리실, 식당에서 출입이 용이하도록 계획 • 음식물쓰레기를 외부로 직접 반출할 수 있는 출입문 계획		
	식품보관실	• 조리실을 통하지 않고 식품반입이 가능하도록 계획 • 기계식 환기시설 계획 • 물청소가 가능하도록 배수설비 계획		
	식당	• 학생 이동 동선 고려, 조리실과 세척실이 연결되도록 계획		
	급식관리실	• 전처리실 및 조리실을 통하지 않고 출입이 가능하도록 계획 • 조리실과 식당의 내부를 앉아서도 볼 수 있도록 투시창 계획		
	휴게실	• 휴게실 내에 화장실과 샤워실 계획 • 급식실 등에서 발생되는 소음이 차단될 수 있도록 계획		
	보일러실	• 외부에서 출입이 쉬운 곳으로 계획 • 동파 방지를 위한 개별 난방 계획 • 물청소가 가능하도록 배수설비 계획		

출처 : 서울특별시교육청 학교보건진흥원(2022). 학교급식환경개선 매뉴얼

급식시설 실시설계(2차 체크리스트)

구분		설치 기준	확인	개선	비고
공통	외부	급식소 외부 주변 확인 사항 • 주변 바닥은 콘크리트 또는 시멘트, 벽돌 등으로 포장 • 외부 주변 청소 시 배수 가능 여부 • 외부차량 진입 가능 여부 • 소음(세척실), 음식냄새(조리실)로 주변 민원 발생 여부 • 외부에서 급식소로 중량물 이동 용이(경사로 유의) • 외부 출입구에 비가림 시설 설치 • 운동장의 먼지 유입 유의			*외부에서 급식소로 이동경로에 계단이 설치되지 않도록 주의 *유인살충등 활용방법: 평소보다 많은량의 벌레가 포집되는 경우 방충망 파손여부, 망구멍 크기 등 점검
	출입문	외부 출입문은 위생해충 유입 방지를 위한 방충·방서시설 설치 (유인살충등 포함)			

구분		설치 기준	확인	개선	비고
공통	출입문	급식소 내부 실 간 이동 출입문은 유리 강화문으로 설치 • 전처리실, 조리실, 세척실 간 출입문은 터치식 반자동출입문 설치 • 조리실, 세척실에서 식당으로 출입하는 문은 자동문 또는 반자동문 설치 • 반자동 출입문은 물작업으로 인한 고장이 없도록 내수성, 내부식성 고려			
		각종 출입문은 운반차, 담금세정대 등이 지나다니기에 충분한 너비로 설치(1.2m 이상)			
		발판소독시설 설치(출입구, 실 간 경계면) • 충분한 폭과 넓이로 바닥내장형(매립형)으로 설치 • 중량물 운반카 이동이 용이하도록 문턱 설치 제한(너무 깊지 않도록 설치) • 각 실별 출입문(전처리실, 조리실, 세척실, 식품창고)에 설치			
		전처리실, 조리실 등 출입구에 손세정대 설치 • 전자감응식 또는 페달식으로 손을 사용하지 않고 조작이 가능하여야 함 • 40℃ 정도 온수공급이 되도록 냉·온수관 및 배수관 연결 • 수도꼭지 높이는 팔꿈치까지 씻을 수 있도록 충분한 간격 유지 • 손소독기, 종이타올, 휴지통 부착, 전기콘센트 설치			
	천장	급식실 층고는 3.9~4.2m 권장 • 덕트 및 공조시스템 설치 시 무리 없는 층고 • 최종 마감상태에서 바닥에서 천장까지 2.6m 이상 권장(충분한 자연환기 및 기계환기 시설 설치)			
		내수성, 내열성, 내화학성을 가진 재질 선택 • 청소용이, 먼지가 잘 부탁되지 않는 재질, 평판구조로 하여 매끄럽고 흡수성이 없어야 함			
		천장으로 통과하는 배기덕트, 전기설비 등은 위생 관리를 위해 천장 내부에 설치 • 후드와 연결되는 덕트는 천장공사 시공 전에 설치하여 천장 아래로 노출되지 않도록 설치			
		천장의 전등은 가급적 매립형의 방수·방폭등으로 설치 • 파손 시 식품오염방지를 위한 보호장치 설치 • 검수장소 540Lux 이상, 일반작업 220Lux 이상 조도 확보			
	내벽	틈이 없고 평평하며, 청소가 용이한 구조의 밝은색으로 시공 • 바닥에서 내벽 끝까지 전면 타일시공 • 부득이한 경우, 바닥에서 최소 1.5m높이까지는 내구성, 내수성 있는 타일로 마감 • 내벽과 바닥의 경계면인 모서리 부분은 청소가 용이하도록 둥글게 곡면 처리			

(계속)

구분		설치 기준	확인	개선	비고
공통	내벽	기둥, 출입문 주변 등 파손이 우려되는 부분은 바닥에서 1.2m 이상 높이까지 스텐인리스 스틸 등으로 마감 설치			
		바닥으로부터 1.2m 높이에 방수용 콘센트 설치(누전 예방) • 특히, 조리실 내 콘센트는 벽체매립형으로 설치(오염방지) • 전기 배전반은 습기가 없는 장소에 설치(전실 또는 급식관리실 주변에 설치 권장)			
	바닥	바닥은 미끄러지지 않고 균열이 가지 않으며, 물빠짐이 원활한 내구성·내수성 자재를 사용			
		운반차의 이동을 위해 문턱을 없애고 이음매가 없는 재료 사용 • 공사 전 각 실 간의 문틀부분 단면도 사전 검토 필요 • 최종마감 상태에서 바닥차가 없는지 확인			
		물 흐름이 용이하도록 바닥과 배수로 사이에 적당한 경사를 둠 • 물 빼기 도랑 쪽으로 1/200 구배를 가지게 함 • 배수로는 청결구역에서 일반구역으로 흐르도록 시공			
		배수로(트랜치)는 폭 20cm 내외, 깊이는 20~30cm 정도로 하고, 틈새가 없고 세척이 용이한 재질로 마감처리(스테인레스 등) • 배수로(트랜치)와 배수관(매몰, 75mm 이상)을 병행하여 설치 • 배수로 덮개는 이동식 기구의 바퀴가 빠지지 않도록 타공 처리된 스테인리스로 제작 • 중량물 이동 시 하중을 견딜 수 있는 두께(3mm 이상 권장)의 재질로 설치 • 청소 시 덮개 탈착이 용이하도록 길이를 1m 정도로 설치			
		• 국솥, 튀김솥 등의 배수구는 쏟아지는 물을 수용할 수 있는 적당한 규격으로 설치 • 배수구 직경 80~100mm 크기로 짧은 시간에 배수가능, 물넘침 방지 장치 설치 • 배수구 덮개는 청소할 때 쉽게 열 수 있는 견고한 재질(스테인리스)로 설치 • 배수관(매몰식) 설치 시 음식물찌꺼기 등이 들어가지 않도록 유의하여 마감 시공			
	창문	창문 위치 및 수량 적정여부 확인 • 자연채광을 위한 창문면적은 충분히 확보 • 창문 높이는 후드에 가려지지 않게 하고 배관이 동파되지 않도록 설치(너무 높거나 낮지 않게 유의) • 조리원에 의한 개폐가 용이 하도록 창문 높이 고려 • 먼지가 쌓이는 것을 방지하기 위해 창문틀과 내벽 일직선 유지 또는 창문틀을 45°이하 각도로 시설			*자연환기 및 채광을 위해 각 실에 창문 설치
		외부와 연결되는 창문에 위생해충 침입 방지 방충망 설치			

(계속)

구분		설치 기준	확인	개선	비고
공통	환기	증기, 열, 연기 등의 발생원 윗부분에 흡인력을 갖춘 스테인리스 재질의 급·배기 후드 설치 • 후드는 열기구보다 사방 15cm 이상 크게 하고, 적정각도(30° 정도) 유지 • 후드 테두리의 홈통에 벨브를 설치하여 물이 바닥 또는 조리기구 위로 떨어지지 않도록 제작·설치 • 튀김·볶음솥, 부침기 위 후드는 반드시 필터를 설치하여 유분(기름)을 여과하도록 함 • 스팀 후드와 유분기 있는 후드는 덕트 분리 설치 가능 • 전처리실, 조리실과 세척실 후드는 덕트 분리 설치 가능			*공기흐름은 청결작업구역에서 일반작업구역 방향으로 이동 *작업장 내에서 발생하는 악취나 이취, 유해가스, 매연, 증기 등을 배출할 수 있는 환기시설 설치 *후드가동 시 출입문이 열리는 현상이 없도록 유의
		급기량은 배기량을 고려하여 자동 작동되어야하며 급기는 필터를 통해 급기 되도록 설치			
		덕트는 조리실 내의 증기, 유해물질을 바깥으로 배출시킬 수 있는 적정한 크기와 흡인력을 갖추도록 설치 • 덕트와 배기후드 연결 시 외부 오염물질이 유입되지 않도록 자동개폐시설 설치 • 후드와 연결되는 덕트는 천장공사 시공 전에 설치하여 천장 아래로 노출되지 않도록 설치 • 덕트는 스테인리스 스틸 등의 재질로 하되, 청소와 배기 배출수 관리 필요			
		외부에 개방된 급·배기구 등에는 방충·방서시설 설치			
	수도	급수관 재질은 스테인리스관으로 직수 사용			*수도배관은 천장배관으로 설치 권장 (바닥 노출 시 안전사고 우려)
		냉·온수 수도전은 물을 필요로 하는 장소에 위치 • 수도전 높이는 바닥에서 95~105cm 정도에 설치 권장 • 릴호스는 바닥에서 2m내외 높이에 설치 권장(실별 면적을 고려하여 사용이 편리한 위치에 설치)			
	냉·난방	스탠드형 냉·난방기 설치 • 면적을 고려하여 충분한 용량 확충 • 바닥 물기 차단을 위한 받침대 설치 • 가열기구 및 후드 시설을 피하여 설치			*학생식당은 천장형 냉·난방기 설치
검수실		검수공간 확보 및 검수대 설치 • 조도 540lux 이상 확보			*워크인 냉동·냉장고 설치 시 전처리실과 조리실 사이에 배치
		검수용 냉동·냉장고 설치			
		워크인 냉동·냉장고 설치(1일 2식 이상 학교 고려 가능) • 조도 220lux 이상 확보 • 내부는 청소가 용이한 재질 사용 및 배수구 설치 • 운반차 이용이 용이하도록 바닥차가 없도록 설치			

(계속)

구분		설치 기준	확인	개선	비고
전처리실		데침솥 설치 시 후드 및 바닥 배수시설 설치			
		식품세정대 및 손세정대, 자동세미기, 야채절단기 등은 배수관과 직접 연결하여 배수되도록 설치 • 세미기는 조리실과 인접한 출입구에 설치			
		전처리실과 조리실 사이에 양문형 냉장고 설치(권장)			
		어·육류 세정대 별도 설치			
조리실		조리기구의 경우 이용 공간 등을 고려하여 배치 • 다량의 수증기가 발생되는 국솥 등은 중앙배치 지양(환기가 용이한 창가 배치 고려) • 취사기 설치 위치에는 5cm 정도의 받침시설과 개별 콘센트 설치 및 뒷면 벽과 30cm 이상 공간 확보 • 조리실 내 운반차의 배치 공간 및 이동통로 폭을 충분히 확보(조리기구 주변 사방 1.5m 확보) • 가열기구 위에는 급·배기 후드시설, 솥류에는 바닥 배수시설 설치 • 오븐기 옆에 트롤리 및 관련기구 보관 장소를 확보 • 세척실과 연결된 양문형 소독고 설치			
세척실		세척실의 충분한 공간 확보 • 식기세척기와 벽 사이 50~60cm 간격 유지 • 식기세척기와 식기소독고 사이 간격 최소 1m 이상 유지 • 세제 보관 창고 설치 또는 세제찬장 구비 • 담금세정대 설치 • 식당과 연결된 양문형 소독고 설치			*3조 세정대 구비(기물류 수작업 세척용)
		환기시설은 충분한지 여부 • 기계환기시설 설치 또는 자연환기를 위한 창문 설치			
		세척 배수가 원활한 크기의 배수관 설치			
		음식물쓰레기를 외부로 반출할 수 있는 출입문 설치			
관리실	급식 관리실	바닥으로부터 1.2m 높이 이상은 전면을 방음유리로 시공 • 조리실, 전처리실, 식당 시야확보 • 조리실로 직접 연결되는 출입문이 없어야 함			*덕트가 천장으로 지나가지 않는지 확인(소음 문제) *급식관리실 면적은 4평 이상 확보
		외부로 연결되는 출입구 및 창문에 방충·방서시설 설치 • 창문 수량 및 크기 적정 설치			
		출입문은 공간 활용을 위해 미닫이문으로 설치 • 조리장 청소 시 물이 들어오지 않도록 시공			
		냉·난방기 및 환기시설 설치 • 천장형 냉·난방시설 및 바닥 별도 난방시설 설치			
		평상복·위생복 옷장 및 서류보관 캐비넷 적정용량 확보			

(계속)

구분		설치 기준	확인	개선	비고
급식 관리실	조리원 휴게실	조리원 수를 고려하여 적정면적 확보 • 남, 여 휴게실 공간 구획			*덕트가 천장으로 지나가지 않는지 확인(소음 문제)
		외부로 연결되는 출입구 및 창문에 방충·방서시설 설치 • 창문 수량 및 크기를 고려하여 적정 설치			
		외부로 연결되는 출입구에 신발장 설치			
		출입문은 공간 활용을 위해 미닫이문으로 설치 • 조리장 청소 시 물이 들어오지 않도록 시공 • 실내화 보관 공간 확보			
		냉·난방기 및 환기시설 설치 • 천장형 냉·난방시설 및 바닥 별도 난방시설 설치			
		평상복 옷장, 위생복 보관고 별도 구비			
		외부로부터 조리실을 통하지 않고 출입이 가능하게 설치			
	전용 화장실	조리장 오염방지를 위해 휴게실 안에 설치 • 화장실 내 샤워실(샤워부스) 및 세탁기 설치 시(배수 시설 포함) 충분한 공간 확보			
		통풍이 잘 되도록 외부로 통하는 환기시설 및 방충창 설치			
		화장실 바닥은 타일 또는 기타 내수성 자재로 마감			
		화장실 내 전용소독약·청소용구 보관			
		수세설비 및 손건조시설 등 설치			
기타	식품 보관실	바닥 물청소가 용이하고 미끄럽지 않으며, 배수가 잘되어야 함 • 바닥 마감재가 조리실과 같은지 확인 • 식품창고 쪽으로 물이 유입되지 않도록 바닥구배 조정 • 청소가 용이하도록 배수구 설치 • 운반차 이동에 지장이 없도록 문턱 설치 금지 • 환기시설 설치 • 외부로 연결된 출입구 및 창문에 방충·방서시설 설치 • 보관선반 설치(바닥으로부터 15cm 이상 띄움)			
	보일러실	충분한 온수공급을 위한 보일러 및 온수탱크 설치 • 온수보일러 및 온수탱크 설치 • 동파방지를 위해 개발 난방시설 설치			*급식기구의 연료원(가스식/스팀식)에 따라 보일러실의 공간 조정
		직사광선을 피하도록 차광설비			
		보일러실에 배수구 및 내·외부 출입문 설치			
	잔반처리 시설	옥외 잔반 처리공간은 차량이송이 편리한 곳에 위치 • 냄새 및 시각적 차단을 위해 보관고 설치 • 위생관리 및 물청소 용이한 바닥재료 및 배수구 설치			

(계속)

<table>
<tr><th colspan="2">구분</th><th>설치 기준</th><th>확인</th><th>개선</th><th>비고</th></tr>
<tr><td rowspan="3">기타</td><td rowspan="3">승강기</td><td>인·화물용 승강기 설치
• 입구에 물이 유입되지 않도록 배수로 설치 및 바닥구배 조정</td><td></td><td></td><td rowspan="3"></td></tr>
<tr><td>급식시설이 2층 이상인 경우 식재료 검수 및 폐기물 처리 작업을 고려하여 설치</td><td></td><td></td></tr>
<tr><td>식당 전용 설치 시 배식 동선을 고려하여 설치</td><td></td><td></td></tr>
<tr><td colspan="2" rowspan="8">학생식당
(식생활 교육관)</td><td>학생 이동 시 불편함이 없도록 이동통로 확보
• 식당으로 이동 시 눈, 비를 맞지 않도록 캐노피 설치 및 이동통로 포장
• 진입과 퇴식 공간 분리</td><td></td><td></td><td rowspan="8"></td></tr>
<tr><td>퇴식구 벽면은 내수성이 강하고, 오염물 제거가 쉬운 재질로 시공</td><td></td><td></td></tr>
<tr><td>배식구 및 퇴식구 바닥에 미끄럼 방지 타일 설치</td><td></td><td></td></tr>
<tr><td>창문의 위치 및 수량 적정여부 확인(환기 및 창틀 청소가 용이하도록 설치)</td><td></td><td></td></tr>
<tr><td>식당 외부출입구 및 창문에 방충·방서시설 설치</td><td></td><td></td></tr>
<tr><td>음수대는 수돗물 음수대로 설치하고, 잔반처리시설과 이격 배치</td><td></td><td></td></tr>
<tr><td>천장형 냉·난방기 설치</td><td></td><td></td></tr>
<tr><td>식당 청소용구 보관 장소 및 대걸레 등 세척시설 설치</td><td></td><td></td></tr>
</table>

출처 : 서울특별시교육청 학교보건진흥원(2022). 학교급식환경개선 매뉴얼

CHAPTER

07

급식원가관리

1. 원가의 종류 | 2. 급식의 원가요소 | 3. 원가계산 | 4. 재무제표의 작성
5. 회계의 절차 | 6. 손익분기 분석 | 7. 급식원가관련 정보관리

CHAPTER

07

원가란 특정 제품의 제조·판매·서비스의 제공을 위하여 소비된 경제가치로, 급식원가는 급식을 생산하고 급식대상자에게 제공하기 위해 소비된 경제적 가치를 말한다. 최근 급식경영의 효율성을 제고하고 운영목표를 수립하는 데 원가관리의 중요성이 커지고 있으며, 과학적인 원가관리를 위한 관심도와 노력이 증대되고 있다. 본 장에서는 급식관리자로서 기본적으로 알고 있어야 할 원가관리, 재무제표 작성 및 활용에 대한 지식과 기술을 알아본다.

학습목표

1. 원가의 종류를 파악하고 단체급식에서의 원가요소를 파악할 수 있다.
2. 원가계산의 목적과 방법을 이해할 수 있다.
3. 재무제표의 종류를 파악하고 작성할 수 있다.
4. 손익분기 분석의 목적과 활용방법을 습득할 수 있다.

1. 원가의 종류

1) 경제 가치의 종류에 따른 분류(원가의 3요소)

① 재료비

제품 제조를 위해 소비되는 물품의 원가로서 급식에서는 음식 생산을 위해 필요한 식재료 구입에 소요되는 비용인 주식비, 부식비가 포함된다.

② 노무비

제품 제조를 위해 소비된 노동의 가치로서 임금, 급료, 각종 수당, 상여금, 퇴직금 등이 포함된다.

③ 경비

재료비와 노무비 이외의 가치로 계속적으로 소비되는 일체의 비용을 말한다. 경비는 필요에 따라서 수도광열비, 전력비, 보험료, 감가상각비 등의 비용으로 구분할 수 있다.

2) 원가요소를 제품에 배분하는 절차에 따른 분류

① 직접비

특정 제품에 직접 부담시킬 수 있는 원가로 직접재료비, 직접노무비, 직접경비 등이 있다.

② 간접비

여러 가지 제품 제조에 공통적으로 발생하는 원가로 간접재료비, 간접노무비, 간접경비 등이 있다.

3) 원가의 변동 여부에 따른 분류

① 고정원가

생산과는 직접적인 관련이 없거나 전혀 생산이 없어도 들어가게 되는 관리, 유지, 개발비 등을 말하는 것으로서 건물 및 시설 임차비, 감가상각비, 보험비, 세금 등이 있다.

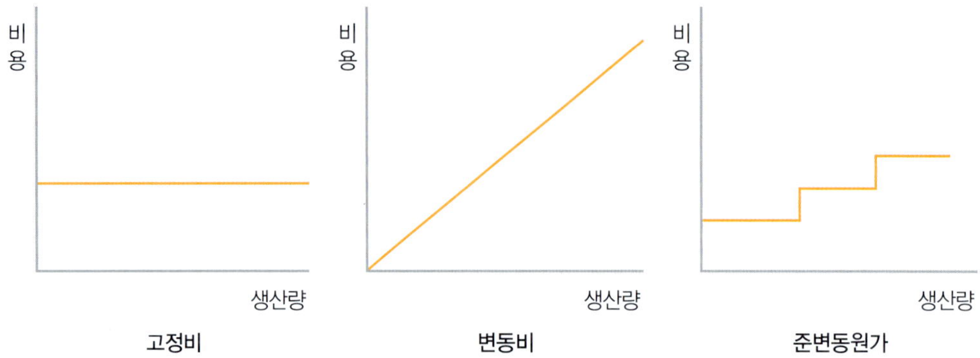

그림 7-1 고정비, 변동비, 준변동원가

② 변동원가

생산과 직접 관계되는 비용을 의미하며 식재료비, 연료비 등이 속하며 생산원가라고도 한다.

③ 준변동(고정)원가

고정원가와 변동원가의 성격을 동시에 가지는 비용이다. 예를 들어, 정규 조리종사원의 인건비는 고정원가이나, 생산량에 따라 고용하는 임시 조리종사원의 인건비는 변동원가의 성격을 갖는다.

2. 급식의 원가요소

1) 재료비

단체급식에서의 재료비는 급식에 사용된 식재료비를 말하는 것으로서 보통 식품원가 또는 직접재료비라고도 하며, 식단 구성요소별로 분류하거나 식품군별로 분류한다.

식단 구성요소별 분류로는 주식비(쌀·면류·빵류), 부식비, 양념비, 김치, 우유 등으로 나뉜다. 식품군별 분류로는 곡류, 채소 및 과일, 생선 및 건어물, 육류, 가금류, 달걀, 김치, 우유 및 유제품, 두부, 가공식품 등으로 나뉜다.

2) 노무비

노무비는 급식업무에 종사하는 모든 사람의 노동력의 대가로 직접 현장에서 근무하는 사람의 노무비와, 간접적으로 근무하는 사람의 노무비 두 부분으로 나눌 수 있다. 대부분 급식소의 경우 직접 현장에서 근무하는 사람의 노무비인 직접 노무비만을 계산하고 있다.

3) 경비

급식소의 경비는 식재료비와 노무비 이외에 사용되는 모든 비용을 말한다. 경비에 포함되는 내역은 급식단가 결정과 관련되어 급식소마다 차이가 있지만 일반적으로는 시설 사용료, 수도광열비, 소모품비, 관리비, 기타 경비 등이 포함된다. 구체적인 항목은 다음과 같다.

- 시설사용료 : 급식시설의 사용에 대해서 지불해야 하는 비용(건물, 설비, 기기류의 수선비, 감가상각비, 청소비 등)
- 수도광열비 : 가스, 전기, 수도, 연료비
- 소모품비 : 내구 소모품(식기·집기 등), 완전 소모품(세제·문구 등)
- 관리비 : 간접경비, 광고선전비, 위탁급식의 경우 본사 관리비 등
- 기타 경비 : 위생비, 여비교통비, 통신비, 회의비, 교육훈련비 등

위와 같은 급식소의 원가요소는 직접적 요소와 간접적 요소로 광범위하게 나눌 수 있으며, 급식소의 특성에 따라 원가를 운영하는 방법이 다를 수 있다. 예를 들어, 비영리로 운영되는 단체급식소에서는 급식대상자의 복리후생을 목적으로 급식이 이루어지기 때문에 다른 원가들을 고려하지 않고 식재료비와 소모품비만으로 급식단가를 결정하기도 한다.

3. 원가계산

원가계산이란 제품 1단위(1인분이나 100인분 등)를 만드는 데 필요한 생산비용을 재료

비, 노무비, 경비로 나누어서 계산하는 것을 말한다. 보통 일정 기간 소비된 모든 원가를 집계하여 그 기간의 생산량으로 나누어 산출한다.

1) 원가계산의 목적

원가계산은 조직의 경영방침, 이익의 계획에 따라 재정상태를 파악하고 판매가격의 결정 및 경영능률의 증진을 도모하기 위해 이루어진다. 구체적인 원가계산의 목적은 가격결정, 예산편성, 원가관리, 재무제표 작성 등에 있다.

2) 원가계산의 원칙

원가계산 시 반드시 고려해야 할 점으로는 다음 사항들이 있다.

- 진실성의 원칙 : 제품이나 음식 생산에 소요된 원가를 정확하게 계산
- 발생기준의 원칙 : 발생시점을 기준으로 모든 비용과 수익 계산
- 계산경제성의 원칙 : 중요성의 원칙이라고도 하며 원가계산 시 경제성 고려
- 확실성의 원칙 : 여러 가지 원가계산 방법 중 가장 확실성이 높은 방법 선택
- 정상성의 원칙 : 정상적으로 발생한 원가만 계산
- 비교성의 원칙 : 다른 일정 기간의 원가나 다른 부문의 것과 비교
- 상호관리의 원칙 : 원가계산, 일반회계 간 각 요소별 계산, 부문별 계산 등 상호관리

3) 원가의 구성과 판매가격의 관계

앞서 설명한 원가는 주로 경제가치, 즉 어떤 형태의 자원으로 투입되는지(재료비·노무비·경비)와 제품에 배분되는 절차, 즉 생산된 제품에 개별적으로 쉽게 추적될 수 있는 원가(직접원가·간접원가)인지에 따라 분류된다. 원가의 이 두 가지 분류는 **그림 7-2**와 같이 결합되어 직접재료비, 직접노무비, 간접제조비의 가장 일반적인 제조원가요소로 분류된다.

이와 같이 분류된 원가요소는 요소별로 발생하는 원가를 계산하여 제품의 판매가격결정에 중요한 역할을 한다. 판매가격은 **그림 7-3**에서 보는 바와 같이 직접원가, 제조원가, 총원가 순서로 계산되어 결정된다.

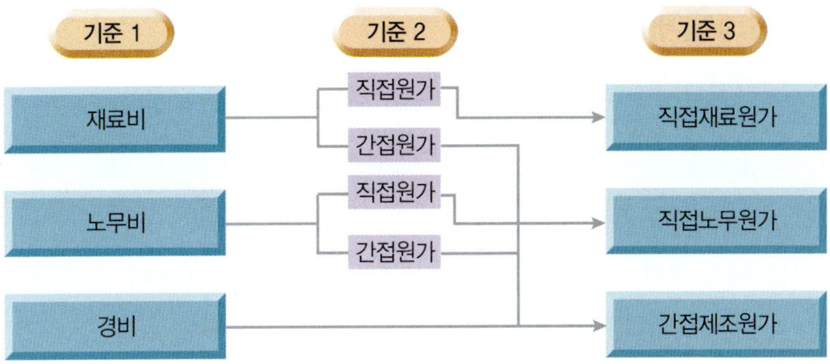

그림 7-2 직접노무비, 직접재료비, 간접제조비

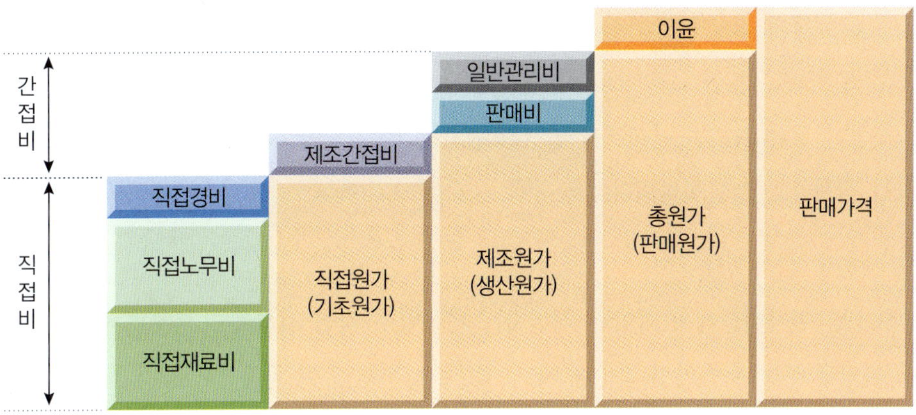

그림 7-3 원가의 구성과 판매가격 결정

- 직접원가 : 직접재료비, 직접노무비, 직접경비로 구성
- 제조원가(생산원가) : 직접원가와 제조간접비를 합한 원가
- 총원가 : 제조원가에 판매활동과 기획활동, 연구개발활동, 자금조달 및 운용활동과 같은 일반관리비를 추가한 원가
- 판매가격 : 총원가에 적정한 이윤을 가산하여 결정

최근의 추세는 원가 구성요소에 있어서 간접제조원가의 구성비가 높아지고 있어, 특히 제품과 서비스를 함께 판매해야 하는 급식소 및 외식업소의 경우 그 중요성은 더욱 커질 것으로 생각된다.

4) 원가계산의 단계

실제 급식소나 외식업소에서는 여러 종류의 메뉴를 생산하기 때문에 모든 원가요소를 직접비로 집계할 수 있을 만큼 단순한 경우는 거의 없다. 즉, 조리기기에서의 감가상각비, 소모품비 등의 간접비는 특정 메뉴에 직접 배분할 수가 없다는 것이다. 그러나 간접비는 어떤 형태로든 제품에 배분되어야 하므로 보통 전표나 장부상의 원가계산에서는 요소별, 부문별, 제품별 3가지 단계로 원가를 계산하고 있다.

① 요소별 원가계산

직접비, 간접비와 같이 원가를 요소별로 계산하는 것이다.

② 부문별 원가계산

제품이 생산되는 전 단계에서 발생된 원가를 원가가 발생한 장소나 직능에 따라 원가를 집계하는 계산절차이다.

③ 제품별 원가계산

요소별 원가계산에서 파악된 직접비는 제품별로 직접 집계하고 부문별 원가계산에서 파악된 부문비는 일정 기준에 따라 제품별로 배분하여 최종적으로 각 제품의 제조원가를 계산하는 절차를 나타낸다.

5) 원가요소의 계산

(1) 식재료비의 계산

음식 생산을 위해 투입된 부분의 소비가치를 식재료비라고 하며, 식재료는 자산이 되고 이에 사용된 식재료비는 원가요소가 된다. 식재료비 중 특정 메뉴에 얼마만큼 투입되었는가를 파악할 수 있는 경우 직접재료비가 되고, 정확히 알 수 없는 경우 간접재료비가 된다. 따라서 직접재료비는 특정 메뉴에 직접 부가할 수 있지만, 간접재료비는 간접제조원가로서 일정한 배분 기준에 따라 배분해야 한다. 특히 식재료비는 급식업체의 크기, 운영형태 등에 따라 달라질 수 있다.

① 재료 소비량의 계산

재료비는 '재료소비량×단가'로 계산되므로 식재료 원가를 계산하기 위해서는 소비량과 단가를 파악해야 한다. 재료 소비량은 다음과 같은 방법으로 계산될 수 있다.

영구재고법perpetual inventory method 활용

이 방법은 재료를 동일한 종류별로 분류하고 재료가 입고, 출고될 때마다 재고량을 계속 기록함으로써 특정 시점의 보유량이나 재료 소비량을 파악하는 방법이다.

실사재고법physical inventory method 활용

실사재고법을 활용하면 기말에 재고조사를 실시, 기말재고를 파악하여 재료 소비량을 계산하게 된다. 재고 조사 후 다음과 같은 방식으로 당기소비량을 계산하게 된다.

당기소비량 = (전기이월량 + 당기구입량) - 기말재고량

추정법

영구재고법이나 실사재고법을 적용할 수 없는 상황에서는 추정법을 사용할 수 있다. 즉, 제품단위당 재료의 표준소비량을 결정하고 여기에 생산량을 곱하여 재료소비량을 산출하는 방법으로 역계산법retrograde method이라고도 한다. 급식에서는 표준레시피를 이용하여 표준소비량을 결정할 수 있다.

② 재료비 소비가격의 계산

소비된 재료의 구입원가가 항상 일정하다면 문제가 없겠지만 실제로는 구입시기나 구입처에 따라서 가격 변동이 있을 수 있다. 가장 이상적인 방법은 실제로 소비된 재료의 매입가격을 소비가격으로 책정하는 것이다. 이와 같은 방법을 취득원가법(개별법)이라고 하는데, 실제로 비용과 노력이 과대하게 투입되어 적용하기 어려운 경우가 많다. 따라서 재료 소비가격은 일정한 원가흐름의 가정하에 결정하게 된다. 이때 사용하는 방법은 재고자산의 평가에서 사용되었던 총평균법, 선입선출법, 후입선출법, 최종구매가법, 실제구매가법 등 다양한 방법으로 계산된다. 이와 같은 계산방법은 구매관리 부문를 참고한다.

(2) 노무비의 계산

노무비란 제품 생산을 위해 소비된 노동력의 가치를 화폐로 측정하여 계산한 것을 말한다.

노무비의 구성은 지급형태, 성격, 제품과의 관련성에 따라 분류할 수 있으며 자세한 내용은 표 7-1과 같다. 노무비의 계산은 계산 목적에 따라 지급임금 또는 소비임금으로 분류할 수 있다.

표 7-1 노무비 구성

구분	항목	내용
지급형태에 따른 분류	임금	생산현장에서 작업하는 종사원에 대해서 지급하는 것으로 기본급과 제수당으로 이루어짐(제 수당 : 초과근로수당, 위험작업수당)
	급료	사무직 직원에게 지급되는 노동력의 대가
	잡급	임시 고용직 종사원과 잡역인부에 대해 지급하는 급여
	조리종사원 상여수당	계절별 또는 주요 명절별 상여와 같이 종사원의 작업과는 직접적인 관련 없이 경상적으로 지급되는 정기상여금, 가족수당, 주택수당, 통근수당 등
	퇴직급여충당금 전입액	퇴직급여 규정 등에 따라 종사원의 퇴직에 대비한 퇴직급여충당금을 설정하여 비용으로 계산
	법정복리비	건강보험, 국민연금 등 사회보험료 성격의 회사부담액
	기타	복리후생비(건강보험료·실업보험료 등으로 회사부담분의 법정복리비와 그 외의 복리비), 교육비를 의미
노무비의 성격에 따른 분류	노무주비	제품생산을 위하여 직간접으로 소비되는 노동력의 대가로서 임금, 급료, 잡급, 조리종사원 상여수당 등이 포함됨
	노무부비	노무주비 이외의 비용으로 복리후생비, 교육훈련비, 학자금보조비 등이 포함됨
제품과의 관련성에 따른 분류	직접노무비	제조활동에 직접 투입된 종사원의 임금
	간접노무비	간접 종사원, 감독자 등의 임금

(3) 경비의 계산

경비는 제품 제조를 위해 소비되는 원가 중 재료비와 노무비를 제외한 모든 원가요소를 말한다. 경비는 특정 제품에 얼마만큼 투입되었는지를 직접적으로 추적할 수 있으면 직접경비가 되고, 그렇지 않으면 간접경비가 된다. 그러나 제품 제조 시의 직접경비는 거의 존재하지 않으며 경비의 대부분을 차지하는 것은 간접경비이다. 이 간접경비는 제품에 직접 부과할 수 없기 때문에 일정한 배분기준에 따라 배분되는 제조간접원가가 된다.

경비는 발생액의 파악방법에 따라 지급경비(여비교통비, 보관료, 접대비, 운임비, 수선비, 통신비 등), 월할경비(월별로 분할하여 계산하는 것으로 감가상각비, 세금과 공과금, 지급임차료, 보험료 등), 측정경비(전력비, 가스료, 수도광열비 등), 발생경비(재고감모손[1]과 공손비[2]가 발생할 경우 그 발생액) 등으로 나누어 계산된다.

(4) 감가상각비의 계산

기계설비와 같은 유형자산은 일정 기간이 경과하면 사용이 불가능하게 된다. 그러나 그 자산은 사용 불능이 되었을 때 모두 없어지는 것이 아니라 내용연수[3] 기간에 일정하고 규칙적인 방법에 따라 비용으로 배분되는데 이를 감가상각이라고 한다. 고정자산을 감가상각하는 데 많이 쓰이는 방법에는 정액법과 정률법이 있다.

① 정액법

정액법은 내용연수 동안 균등하게 금액을 상각하는 방법으로서 다음과 같이 구한다.

$$\text{감가상각액} = \frac{\text{취득원가} - \text{잔존가액}}{\text{내용연수}}$$

② 정률법

정률법은 자산의 처음 취득연도에 감가상각을 많이 하고 나중에 상각을 줄이는 것으로서 감가상각 자산의 해당기 초의 미상각잔액[4]에 상각률을 곱해서 계산하게 된다.

[1] 재고감모손 : 재고자산의 파손, 부패, 도난, 증발 등의 원인으로 폐기처분한 것을 말한다.

[2] 공손(spoilage) : 불량품을 의미하는 것으로서 생산과정 중에 생산품의 일부가 파손되거나 표준규격이 아닌 제품이 생산될 때 발생한다.

[3] 내용연수 : 감가상각 자산의 사용가능 연수. 물리적·경제적·법정 내용연수 등이 있다.

[4] 미상각잔액 : 취득원가 – 지금까지의 감가상각비

감가상각액 = 미상각잔액 × 상각률[5)]

이와 같이 계산된 감가상각비는 기업의 경영분석에 유용하게 쓰일 수 있다. 먼저 감가상각률[6)]을 구하여 매출액에서 감가상각비가 차지하는 비율을 분석하는 것이다. 이때 감가상각비가 매출액에서 차지하는 비율이 높을수록 미래의 현금회수 능력이 좋다는 것을 의미하며, 감가상각률이 높을수록 유·무형 자산의 회수가 빠르다고 볼 수 있다. 보통 감가상각률이 15% 이상이면 양호하다고 간주되며, 5% 이하이면 불량하다고 본다.

(5) 원가분석

원가분석은 원가수치를 분석하여 경영활동의 실태를 파악하고 이를 해석하는 것을 말한다. 원가분석 방법은 다음과 같다.

① 기간 비교

한 기업의 전기원가와 후기원가의 비교·검토를 통하여 원가의 증감 변화 상태를 관찰하는 방법이다.

② 상호 비교

한 기업의 원가를 동일 기간의 타기업의 원가와 비교하여 원가차이를 분석·검토하는 방법이다.

③ 표준 실제 비교

동일기업의 실제원가와 표준원가를 비교하여 원가 차이를 분석·검토하는 방법으로 원가분석 목표를 달성하기 위한 내부 표준 비교가 된다.

5) 상각률 = $1-\sqrt[n]{\frac{s}{c}}$ (n : 내용연수, s : 잔존가격, c : 구입가격)

6) 감가상각률 : 비상각자산을 제외한 나머지 유·무형 자산에 대하여 당기에 어느 정도 감가상각비를 계상하였는가를 나타내는 비율. (감가상각비)/(유·무형자산 − 비상각자산 + 감가상각비) × 100

4. 재무제표의 작성

재무제표란 기업의 거래를 측정하고 기록하여 작성하는 회계 보고서이다. 기업 회계 기준에서는 재무상태표(구 대차대조표), 손익계산서, 이익잉여금 처분계산서, 현금흐름표를 재무제표로 규정하고 있다. 이들 중 기본적 회계제표로는 특정 시기의 기업의 재무상태를 나타내는 재무상태표balance sheet와 특정 기간의 영업이익·손실을 나타내 주는 손익계산서profit & loss statement, income statement가 있다. 이와 같은 재무제표는 경영자 측면에서 볼 때 업체의 효율을 판단하고 비용 및 기타 기본적인 의사결정을 하기 위한 분석에 이용된다.

1) 재무상태표

재무상태표는 특정 시점의 기업의 재무상태를 나타내는 것으로 보통 자산, 부채, 자본의 항목으로 표시된다.

(1) 자산

자산은 개인이나 기업이 소유하고 있는 물건과 권리로서 금전적 가치가 있는 것을 말하며, 유동자산(예: 현금, 외상매출, 재고)과 고정자산(예: 토지, 건물, 가구)이 있다.

(2) 부채

회계에서의 부채란 장래에 남에게 돈을 갚아야 할 의무, 즉 빚을 의미하며 부채로 기업이 필요로 하는 각종 물건이나 권리를 취득하기도 하기 때문에 부채도 일종의 재산이라고 할 수 있다. 이와 같은 부채는 지급기일이 짧은지, 그렇지 않은지에 따라 연내에 지불되어야 하는 의무적 부채인 유동부채(예: 미지급 급여, 외상 매입금, 미지급 이자)와, 그 이후에 지불이 가능한 고정부채(예: 사채, 장기차입금)로 나누게 된다.

재산은 자산과 부채 두 가지를 같이 포함한 개념으로 자산인 경우 본인이 소유하고 금전적 가치를 누릴 수 있는 긍정적 성격을 가지며, 부채는 추후에 돈을 지급해야 할 의무로서 부정적인 성격을 갖고 있다. 그러므로 회계에서는 자산을 적극재산, 부채를 소극재산이라고 한다.

(3) 자본

앞에서 설명한 것처럼 부채는 남에게 갚아야 하는 것이기 때문에 자산에서 부채를 차감한 나머지가 순수한 재산, 즉 순재산이라고 할 수 있으며 회계에서는 이를 자본이라고 한다.

자본등식

자산 – 부채 = 자본

예제) A기업의 재산상태는 다음과 같다. 이 기업의 자본은 얼마일까?

현　금 : 10,000,000　　　상　품 : 20,000,000

건　물 : 70,000,000　　　차입금 : 20,000,000

⇒ 100,000,000 – 20,000,000 = 80,000,000

•자산 : 현금, 상품, 건물,　　•부채 : 차입금

적극재산인 자산은 1억 원이 되고 부채는 2천만 원이므로 순재산인 자본은 8천만 원이 된다.

(4) 재무상태표 기입방식

재무상태표상에 나타내야 하는 자산, 부채, 자본은 자본 등식 [자산 – 부채 = 자본]을 변형하여 [자산 = 부채 + 자본]의 재무상태표 등식에 따라 다음과 같이 작성된다. 즉, 왼쪽에는 자산을 오른쪽에는 부채와 자본을 구성하는 항목과 금액을 나타낸다. 특히 회계에서는 왼쪽을 차변, 오른쪽을 대변이라고 한다.

2) 손익계산서

기업의 활동은 구매활동, 생산활동, 일반관리 활동 등 모든 분야의 활동을 통해 이익이 발생한다. 그러나 기업의 어떤 활동을 통해서 이익이 발생되었는지는 재무상태표의 변화만을 보아서는 파악하기 어렵다. 이와 같이 이익산출방식(재산법)의 단점을 극복하고 기업의 어떤 영업활동을 통해 이익이 발생되는지 그 과정과 결과를 동시에 알 수 있는 이익산출방식을 손익법이라고 한다. 손익법은 기업의 모든 활동 중에서 자본

자산 (왼쪽 : 차변) | 부채 자본 (오른쪽 : 대변)

자산	금액	부채와 자본	금액
현금	×××	차입금 ×××	
·	·	·	·
·	·	·	·
·	·	자본금	×××
계	×××	계	×××

302쪽 예제의 A기업을 예로 들어 재무상태표로 작성하면 다음과 같다.

현　금 : 10,000,000　　상　품 : 20,000,000
건　물 : 70,000,000　　차입금 : 20,000,000

자산	금액	부채와 자본	금액
현금	10,000,000	차입금	20,000,000
상품	20,000,000	자본금	80,000,000
건물	70,000,000		
계	100,000,000	계	100,000,000

을 증가시키는 활동을 수익활동으로, 자본을 감소시키는 활동을 비용활동으로 분류하여 양자의 차이로써 일정 기간의 이익을 산출한다. 이와 같이 비용, 수익, 이익의 관계에 근거하여 일정 기간 기업의 경영성과를 일정한 형식의 도표로 나타낸 회계보고서를 손익계산서라고 한다.

(1) 수익

수익이란 일정 기간 벌어들인 돈으로 기업이 가지고 있는 상품이나 서비스를 급식대상자에게 제공하고 그 대가로 받은 현금이나 기타 자산 등을 말하는 것이며, 회계기간 자산의 유입이나 증가, 부채의 감소 등으로 인해 경제적 이익이 증가한다. 수익에는 매출액, 영업외 수익, 특별이익이 있다.

- 매출액 : 상품 판매, 서비스 제공 등으로 획득된 금액
- 영업외 수익 : 이자수익, 임대료 수입, 유형자산 처분 이익 등
- 특별이익 : 영업활동과 무관하게 발생한 이익금

(2) 비용

비용이란 일정 기간에 영업을 하기 위해 소비한 돈을 의미한다. 따라서 비용은 자본을 감소시키는 원인이 되는 것으로서 수익을 얻기 위해 소비된 현금, 상품, 서비스 등과 같은 자산을 말하는 것이다.

- 매출원가 : 식재료비, 인건비, 제반경비 등
- 판매비와 관리비 : 급여, 복지후생비, 임차료 등
- 영업외 비용 : 지급이자 등
- 특별손실 : 자산처분 손실, 재해손실 등
- 세금 : 사업소득세, 법인세 비용 등

(3) 이익

수익에서 비용을 차감한 잔액을 의미하는 것으로서 순수하게 벌어들인 금액을 말한다. 손익계산서에서는 매출총이익, 영업이익, 경상이익, 법인세비용차감전순이익, 당기순이익 등으로 구분되어 표시된다.

(4) 손익계산서 기입방식

손익계산서는 이와 같이 수익, 비용, 이익의 구성요소로 이루어지며 '수익－비용＝이익'이라는 등식이 성립하며, 이를 변형하여 '비용＋이익＝수익'의 손익계산서 등식을 이용하여 기입한다. 손익계산서상에 비용과 이익은 왼쪽인 차변에, 수익은 오른쪽인 대변에 나타낸다.

총비용
순이익

총수익

비용	금액	수익	금액
매출원가	×××	매출액 ×××	
•	•	•	•
•	•	•	•
•	•	•	•
•	•	•	•
순이익	×××	•	•
계	×××	계	×××

3) 손익계산서와 재무상태표의 관계

지금까지 설명한 손익계산서와 재무상태표를 살펴보면, 손익계산서는 재무상태표의 순이익이 어떻게 발생되었는지를 알려주는 역할을 하며, 재무상태표는 손익계산서에 나타난 영업활동의 결과로 재산이 어떻게 변동되었는지를 나타내는 표가 된다.

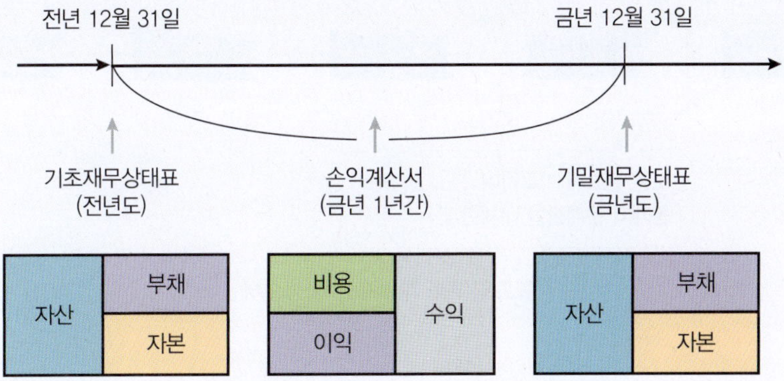

5. 회계의 절차

재무제표 작성은 회계 사건의 '인식 → 기록 → 정리'의 과정을 통해서 이루어진다. 특히 정리는 다양한 장부 기재를 통해서 이루어지는데 장부는 반드시 작성하고 비치해야 하는 장부인 주요장부와, 이에 대한 보충적 자료로 사용되는 보조장부로 나눌 수 있다. 급식이나 외식업체에서 사용하는 장부로는 표 7-2와 같은 것들이 있다.

표 7-2 급식·외식업에서 이용하는 장부

구분	장부의 종류
주요장부	전표, 계정별 원장, 총계정원장
보조장부	현금출납장 매출장·매입장 급료장, 경비장, 재고장 받을어음 기입장·지급어음 기입장 비품·소모품 및 가구대장

기업에서 위와 같은 회계장부의 작성이 필요한 이유는 거래가 발생했기 때문이다. 이렇게 거래가 발생하게 되면, 다음과 같은 순서에 의하여 재무제표를 작성하게 된다 그림 7-4.

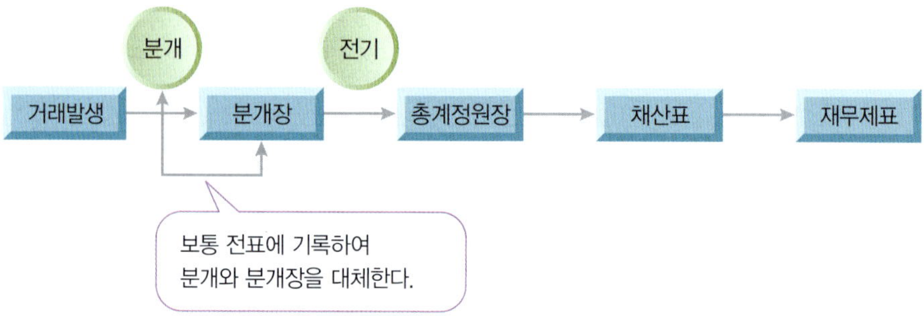

그림 7-4 재무제표 작성순서

1) 거래

회계상에서의 거래란 기업의 경영활동에 의해 자산, 부채, 자본 또는 손익의 변화가 일어나는 모든 경제적 사항을 말한다. 한 가지 기억해 둘 것은 회계상의 모든 거래는 자산, 부채, 자본의 변화를 초래하는 원인과 결과를 나타낸다는 것이다. 즉, 현금 자산이 증가했다면 다른 자산이 감소했거나 부채 또는 자본이 같이 변화한다는 것이다. 이렇게 회계상의 모든 거래는 원인과 결과를 항상 함께 가지고 있으므로 원인 금액과 결과의 금액이 일치하여 차변과 대변의 합계액이 일치하게 되는데 이것을 '대차 평균의 원리'라고 한다.

기업의 경영활동에서 일어나는 모든 거래는 자산의 증가와 감소, 부채의 증가와 감소, 자본의 증가와 감소, 비용 발생, 수익 발생의 8가지로 이루어져 있으며 이것을 '거래의 8요소'라고 하며 회계장부 기록의 길잡이 역할을 한다 **그림 7-5**.

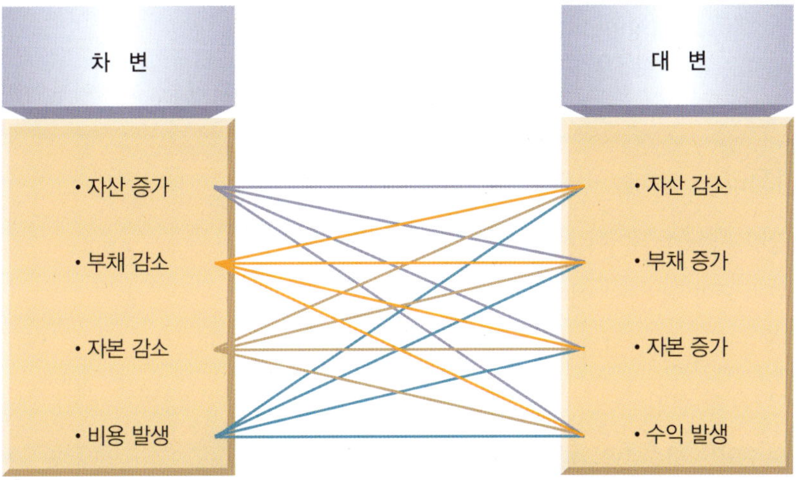

그림 7-5 거래의 8요소 및 결합관계

2) 분개

분개journaling는 회계상 거래가 이루어지면 이에 대한 화폐액을 적절한 과목을 적용해 차변과 대변에 기입하는 것을 말한다. 앞서 '거래의 8요소'에서 나타난 것처럼 차변에는 자산 증가, 부채 감소, 자본 감소, 비용 발생에 대한 내용을 기록하게 되고, 대변에는 자산 감소, 부채 증가, 자본 증가, 수익 발생에 대해 기록하는 것을 원칙으로 한다. 또한 분개한 내용을 기입하는 표를 전표slip라고 하며 일반적으로 입금전표, 출금전표, 대체전표가 사용된다.

3) 전기

분개를 통해 거래내역에 대한 기초작업을 마치면 분개내역을 정리하여 각 계정별 원장과 총계정원장의 각 계정에 기록하게 되는데 이를 전기posting라고 한다. 이때 사용되는 원장은 기업마다 사용하고 있는 계정과목[7]의 수에 따라 달라지게 된다.

최근에는 회계 전산시스템에 의해 분개와 전기 등의 작업절차는 자동으로 실시된다. 그러나 컴퓨터로 완성된 장부의 내용을 파악하기 위해서는 이와 같은 회계처리과정을 알아두어야 한다.

4) 결산

결산은 기말에 계정별원장과 총계정원장 등의 장부를 마감하는 것으로 '결산정리사항 파악 → 결산정리 분개 → 시산표 작성 → 재무제표 작성'의 순으로 이루어진다.

(1) 결산정리

결산정리 시 포함되어야 하는 내용은 다음과 같다.

- 재고자산의 평가 및 이에 따른 매출원가 계산
- 감가상각에 대한 처리(보통 연 단위로 계산)
- 충당금[8]의 설정
- 미수수익[9] · 선수수익, 미지급비용 · 선급비용의 처리

(2) 시산표 작성

시산표Trial Balance, T/B는 재무제표 작성 전에 원장 내용이 정확하게 기재되었는지 검산하는 계정집계표이다. 시산표는 나타나는 항목에 따라 합계시산표, 잔액시산표, 합계잔액시산표로 구분한다.

---

[7] 계정과목 : 자산, 부채, 자본, 수익, 비용 등의 변화를 같은 종류나 성질의 것으로 묶어 표시하는 것을 계정(account)이라고 하며 이를 표시하는 명칭을 말한다.

[8] 충당금 : 미래를 대비해 적립해 두는 금액(예: 퇴직급여충당금)

[9] 미수수익, 미지급비용 : 수익과 비용의 귀속이 이번 결산일이 속한 회계기간에 있지만 아직 현금을 받지 못했거나 주지 못한 것

• 합계시산표 : 원장의 각 계정의 차변과 대변의 합계액을 집계한 표로 원장 각 계정의 차변합계는 시산표 차변란에, 원장 각 계정의 대변합계는 시산표 대변란에 기입한다.

• 잔액시산표 : 원장의 차변총액과 대변총액을 비교한 뒤 합계액이 더 많은 쪽에 차액을 표기한다.

• 합계잔액시산표 : 일반적으로 기업에서 가장 많이 쓰이는 시산표로 합계시산표와 잔액시산표를 함께 작성한다. 즉, 원장 계정의 합계와 잔액을 동시에 기입한다.

(3) 재무제표의 작성

시산표가 완성되면 시산표의 항목들을 자산, 부채, 자본과 수익, 비용으로 분류하여 각각 재무상태표와 손익계산서에 옮긴다.

손익계산서는 회계기간의 표시가 있어야 하며 차변과 대변의 명칭 대신 수익, 비용, 당기순이익(당기순손실) 등으로 표시하여 작성한다. 보통 손익계산서 작성 시 수익항목을 윗부분에 기록하고 비용항목을 그 아래에 기록한다. '수익－비용'을 계산하여 양수이면 당기순이익이 되고, 음수이면 당기순손실이 된다 표 7-3, 표 7-4.

재무상태표의 경우 결산일자가 표시되어 있어야 하며 차변과 대변의 명칭 대신 자산, 부채, 자본으로 표시한다. 잔액시산표에서 자산에 해당하는 차변 잔액은 재무상태표상에서도 차변에 기록하고 부채와 자본에 해당하는 계정과목은 대변에 기록한다. 손익계산서에서 구한 당기순이익은 자본계정에 기록한다 표 7-5, 표 7-6.

학교급식소는 시·도 교육청에서 급식회계를 평가받는다. 표 7-7은 급식회계평가표를 나타낸 것이다.

표 7-3 손익계산서 계정과목의 예

계정	계정과목
수익	식료매출액, 이자수익
비용	식재료비, 잡비, 급료, 감가상각비, 대손상각비, 소모품비

표 7-4 **손익계산서의 예**

손익계산서			
(△△급식소)	×××. 5. 1~2×××. 5. 31		(단위 : 원)
구분	항목	금액	합계
Ⅰ. 수익			
	① 매출액	9,200,000	
	② 이자수익	50,000	9,250,000
Ⅱ. 비용			
	① 식재료비	4,900,000	
	② 급여	2,000,000	
	③ 감가상각비	120,000	
	④ 대손상각비	30,000	
	⑤ 소모품비	220,000	
	⑥ 잡비	250,000	7,520,000
Ⅲ. 이익			1,730,000

표 7-5 **재무상태표 계정과목의 예**

계정	계정과목
자산	현금, 외상매출금, 식료품, 건물, 비품
부채	외상매입금, 단기차입금, 미지급소모품비
자본금	자본금

표 7-6 **재무상태표의 예**

재무상태표					
(△△급식소)		2×××. 5. 31			(단위 : 원)
자산			부채		
	① 현금	13,000,000		① 외상매입금	300,000
	② 외상매출금	970,000		② 단기차입금	3,00,000
	③ 식료품	5,200,000		③ 미지급소모품비	220,000
	④ 건물	5,880,000	부채 총계		3,520,000
	⑤ 비품	200,000	자본		
				① 자본금	20,00,000
				② 당기순이익	1,730,000
			자본 총계		21,730,000
자산 총계		25,250,000	부채와 자본 총계		25,250,000

표 7-7 학교급식소 급식회계관리 평가표

항목	문항	배점	근거자료
회계관리	1. 급식비의 예산편성이 학교급식 목적 및 지침에 부합되게 편성되었는가?	3점 : 예 0점 : 아니오	(급식)예산서 운영비예산서
	2. 급식비 수납관리가 처리절차에 따라 잘 이루어지고 있는가?	2점 : 예 0점 : 아니오	징수결정서 또는 수입일계표 미납자 관리
	3. 급식예산집행이 매월 적정하게 이루어지고 있는가?	3점 : 예 0점 : 아니오	원별 급식비 사용 현황
	4.※ 급식비 예산을 보고 또는 공개하는가?	2점 : 예 0점 : 아니오	관련 자료 확인
	5.※ 급식비 결산을 보고 또는 공개하는가?	2점 : 예 0점 : 아니오	관련 자료 확인
총괄점수		12	

4.※: 학교 홈페이지, 가정통신문, 학교게시판, 학교운영위원회 제출 자료 중 1개 이상 제시
5.※: 도서벽지형 학교의 경우 교육청에 보고한 사항을 제시함

6. 손익분기 분석

급식관리 측면에서 현재 급식 운영이 얼마만큼 금전적으로 원활히 수행되고 있는지를 파악할 필요가 있다. 이때 단기적인 손익정보를 파악할 수 있는 자료가 바로 손익분기점이다. 손익분기점Break even point, BEP이란 총수익과 총비용이 같아서 영업에 따른 이익이나 손실이 발생되지 않는 정점을 의미한다 **그림 7-6**. 또한 손익분기점 분석은 발생한 원가cost와 조업도volume 및 발생된 이익profit의 관계 분석으로 계획단계에서 의사결정을 위한 관리기법으로 사용되고 있으며 CVP 분석이라고 하여 생산계획, 판매계획, 이익계획 등을 수립하는 데 도움을 준다. 예를 들어, 신규 영업을 시작하는 급식소에 고정비와 변동비를 모두 충당하기 위한 매출액이나 매출량이 어느 정도 되어야 하는지 알려주는 것이다.

손익분기점을 도출하기 위해서는 먼저 매출액, 총비용, 변동비, 고정비 등에 따라서 수익과 손실이 발생하게 되므로 이와 같은 비용에 대한 내용을 파악하고 있어야 한다. 변동비는 급식대상자가 많이 올수록 증가하는 비용으로 급식이나 외식에서는 음식을 만드는 데 필요한 재료비, 소모품비, 연료비 등을 들 수 있다. 고정비는 매출에 관계없

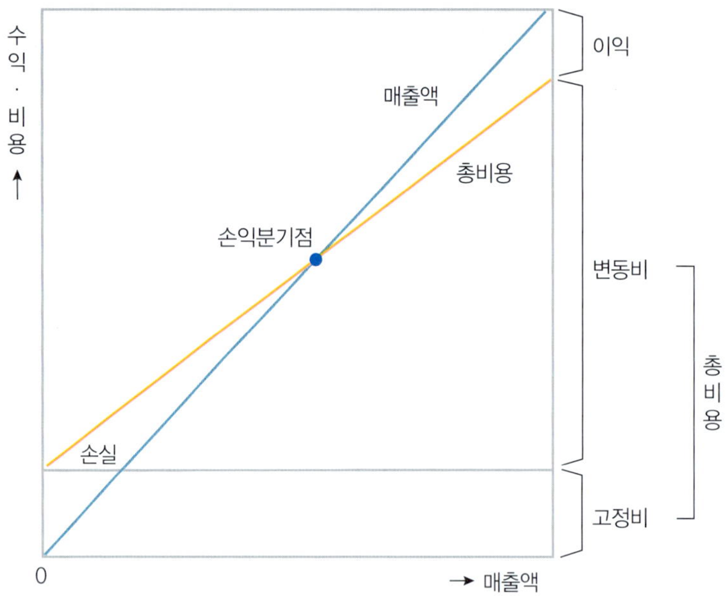

그림 7-6 손익분기점

이 언제나 일정하게 발생되는 비용으로 조리종사원에 대한 급료, 임차료, 조리장설비 기구의 감가상각비용 등이 포함된다. 또 한 가지 손익분기점 분석을 위해서 알아야 하는 것은 공헌이익contribution margin이다. 이는 매출액에서 변동비만을 제외한 것을 말하는 것으로 수익에서 변동비를 차감한 공헌이익이 나머지 비용인 고정비만큼 되면 이 때가 손익분기점이 되는 것이다. 손익분기점 분석시 필요한 용어와 공식은 Activity 도우미에 정리하였다.

7. 급식원가관련 정보관리

급식소에서는 회계기간(일별·월별 등)의 손익을 산정하고 예산과 예산기간 종료시점에서 발생한 성과 차이에 대해 원인분석 및 다음 예산편성 시 반영이 필요하다.

그림 7-7은 급식소에서 전산으로 결산서류를 구동하는 장면으로 매출액, 재료비, 제조경비를 입력하면 매출이익이 산출되는 것으로 예산(경영계획)대비 일별, 월별로 평가할 수 있도록 구성되어 있다.

엑셀파일저장 | ➡ 월초↔월중

개별항목	경영계획	월초계획	월중예상			일 별 실 적								
			누계실적	잔여예상	합 계	01	02	03	04	05	06	07	08	0
시설투자	0	0	0	0	0									
보증금	0	0	0	0	0									
매출액(계)	57,419	55,600	29,273	0	29,273	1800	1527	800	1936	1664	1527	1527	1800	14
..식당매출	57,419	55,600	29,273	0	29,273	1800	1527	800	1936	1664	1527	1527	1800	14
..스넥매출	0	0	0	0	0	0	0	0	0	0	0	0	0	
..매점매출	0	0	0	0	0	0	0	0	0	0	0	0	0	
재료비(계)	32,558	29,310	19,043	0	19,043	761	755	245	1324	833	1297	1129	1674	7
%	57	53	65	0	65	42	49	31	68	50	85	74	93	
..식당재료비	32,558	29,310	19,043	0	19,043	761	755	245	1324	833	1297	1129	1674	7
..%	57	53	65	0	65	42	49	31	68	50	85	74	93	
..스넥재료비	0	0	0	0	0	0	0	0	0	0	0	0	0	
..%	0	0	0	0	0	0	0	0	0	0	0	0	0	
..매점원가	0	0	0	0	0	0	0	0	0	0	0	0	0	
..%	0	0	0	0	0	0	0	0	0	0	0	0	0	
제조경비(계)	18,696	21,170	12,975	8,195	21,170	683	683	683	683	683	683	683	683	6
%	33	38	44	81,948	72	38	45	85	35	41	45	45	38	
..인건비	2,839	2,550	1,563	987	2,550	82	82	82	82	82	82	82	82	
..%	5	5	5	9,871	9	5	5	10	4	5	5	5	5	
..도급비	15,104	18,170	11,136	7,034	18,170	586	586	586	586	586	586	586	586	5
..%	26	33	38	70,335	62	33	38	73	30	35	38	38	33	
..감가상각비	199	0	0	0	0	0	0	0	0	0	0	0	0	
..%	0	0	0	0	0	0	0	0	0	0	0	0	0	
..기타경비	554	450	276	174	450	15	15	15	15	15	15	15	15	
%	57	53	65	0	65	42	49	31	68	50	85	74	93	
..식당재료비	32,558	29,310	19,043	0	19,043	761	755	245	1324	833	1297	1129	1674	7
..%	57	53	65	0	65	42	49	31	68	50	85	74	93	
..스넥재료비	0	0	0	0	0	0	0	0	0	0	0	0	0	
..%	0	0	0	0	0	0	0	0	0	0	0	0	0	
..매점원가	0	0	0	0	0	0	0	0	0	0	0	0	0	
..%	0	0	0	0	0	0	0	0	0	0	0	0	0	
제조경비(계)	18,696	21,170	12,975	8,195	21,170	683	683	683	683	683	683	683	683	6
%	33	38	44	81,948	72	38	45	85	35	41	45	45	38	
..인건비	2,839	2,550	1,563	987	2,550	82	82	82	82	82	82	82	82	
..%	5	5	5	9,871	9	5	5	10	4	5	5	5	5	
..도급비	15,104	18,170	11,136	7,034	18,170	586	586	586	586	586	586	586	586	5
..%	26	33	38	70,335	62	33	38	73	30	35	38	38	33	
..감가상각비	199	0	0	0	0	0	0	0	0	0	0	0	0	
..%	0	0	0	0	0	0	0	0	0	0	0	0	0	
..기타경비	554	450	276	174	450	15	15	15	15	15	15	15	15	
..%	1	1	1	1,742	2	1	1	2	1	1	1	1	1	
점포매출이익	6,165	5,120	2,746-	8,195-	10,940-	357	90	128-	70-	148	453-	285-	557-	
%	11	9	9-	81,948-	37-	20	6	16-	4-	9	30-	19-	31-	
영외수익	0	0	0	0	0	0	0	0	0	0	0	0	0	
%	0	0	0	0	0	0	0	0	0	0	0	0	0	
영외비용	0	0	0	0	0	0	0	0	0	0	0	0	0	
%	0	0	0	0	0	0	0	0	0	0	0	0	0	
..기타	0	0	0	0	0	0	0	0	0	0	0	0	0	
..%	0	0	0	0	0	0	0	0	0	0	0	0	0	
..지급이자	0	0	0	0	0	0	0	0	0	0	0	0	0	
..%	0	0	0	0	0	0	0	0	0	0	0	0	0	
점포손익	6,165	5,120	2,746-	8,195-	10,940-	357	90	128-	70-	148	453-	285-	557-	
%	11	9	9-	81,948-	37-	20	6	16-	4-	9	30-	19-	31-	
운영지원비	3,445	3,336	1,756	0	1,756	108	92	48	116	100	92	92	108	
%	6	6	6	0	6	6	6	6	6	6	6	6	6	
관리수수료	2,720	1,784	4,502-	8,195-	12,697-	249	2-	176-	186-	48	544-	376-	665-	
%	5	3	15-	81,948-	43-	14	0-	22-	10-	3	36-	25-	37-	

그림 7-7 급식소 결산서 사례

Activity

문제 1.

희망급식소의 8월 한달간 매출액은 20,000,000원이고, 식재료비 11,000,000원, 인건비 6,000,000원이 지급되었다. 희망급식소의 식재료비 비율과 인건비 비율을 계산하시오.

풀이)

- 식재료비 비율 = (11,000,000/20,000,000) × 100 = 55%
- 인건비 비율 = (6,000,000/20,000,000) × 100 = 30%

문제 2.

산업체 A급식소는 메뉴가격이 4,500원이다. 임차료와 인건비를 포함하여 매월 397만 원씩 고정비가 지출된다. 이 급식소의 식재료 비율을 포함한 변동비 비율은 50%이다. A급식소의 월평균 손익분기점 매출액을 계산하시오.

고정비	항목 금액(천 원)
인건비	3,000
임차료	500
수도광열비	300
이자비용	100
감가상각비	70
합계	3,970

풀이)

- 손익분기점 매출액 = 고정비/(1 − 변동비율)이므로 3,970,000원/(1 − 0.5) = 7,940,000원
- 매출액(S) = 고정비(F) + 변동비(V) + 이익(P)
- 손익분기점 매출액 = 고정비(F) + 변동비(V)
- 총공헌이익 = 매출액 − 변동비 = 고정비
- 총공헌이익 = 단위당 공헌이익 × 매출량(식수)
- 손익분기점 판매량 = 고정비 / 단위당 공헌이익
- 손익분기점 매출액 = 고정비 / 공헌 이익률 = 고정비 / (1 − 변동비율)
- 공헌이익 비율 = 1 − 변동비율

문제 3.

급식소에서 판매하는 메뉴의 1식당 가격은 6,000원이고 변동비는 4,000원이다. 급식소 운영에 필요한 월 임차료는 200만 원이고, 직원 인건비는 매월 1,000만 원씩 지출될 것으로 예상된다. 급식소의 월 손익분기점 판매량과 매출액을 계산하시오.

풀이)

- 손익분기점매출액 = 고정비/(1 − 변동비율)이다.
- 고정비 = 임차료+인건비이므로 2,000,000+10,000,000 = 12,000,000원
- 손익분기점 매출액 = 12,000,000원/(1 − 4,000/6,000) = 36,000,000원
- 손익분기점 판매량 = 매출액 36,000,000원÷1식당 가격 6,000원 = 6,000식

문제 4.

급식소의 한 달 동안의 총 식재료비가 1,500만 원, 총 인건비가 600만 원, 총 경비가 300만 원이고 한 달 총 제공 식수가 6,000식이다. 1식당 원가는?

풀이)

원가는 재료비, 인건비, 경비의 합계이다.

재료비, 인건비, 경비의 합계가 24,000,000원이고 제공식수가 6,000식이므로

1식당 원가 = 24,000,000원÷6,000식 = 4,000원

문제 5.

12월 초 식재료 재고액이 2,000,000원, 12월에 구매한 식재료액이 15,000,000원, 12월 말 재고액이 3,500,000원이었다. 12월의 매출액이 30,000,000원일 때 식재료비 비율을 계산하시오.

풀이)

12월 식재료비 = (2,000,000원 + 15,000,000원) − 3,500,000원 = 13,500,000원

식재료비 비율 = (13,500,000/30,000,000) × 100 = 45%

참고문헌

강무근, 전재균, 조한용, 우문호. 관광외식 원가관리. 효일, 2003

강영재. 외국기준을 통해 본 급식·외식 자주 위생관리 시스템. 급식외식산업 자주위생관리연구회 세미나 자료집, 2005

곽동경, 이영미, 이경은. 효율적인 유치원 급식운영 시스템 구축 방안 연구. 경기도교육청 정책연구보고서, 2006

광주교육청. 학교급식관계자 동계연수자료, 2006

교육부. 학교급식 위생관리 지침서, 제3판, 2010

교육부. 학교급식 위생관리 지침서, 제5판, 2021

법제처. 학교급식법 시행규칙, 2023

권순자, 김미리, 손정민, 김종희, 이연경, 최경숙, 정현아. 식생활관리. 파워북, 2011

권훈정, 김정원, 유화춘, 정현정. 식품위생학 개정판. 교문사, 2011

김동승, 전영옥, 임양이, 강명수, 김용식, 류경. 식품구매론. 광문각, 2004

김태희, 장혜자, 윤지현(역). 식음서비스 시설개론. 시그마프레스, 2004

김형미. 식재료규격서의 실제운용. 국민영양, 2000

나정기. 메뉴관리론. 백산출판사, 1995

농림수산식품부 도매시장 통합 홈페이지. 도매시장의 거래체계도. 2023

농수산물사이버거래소. 학교급식 전자조달 시스템, 2023

대한급식신문. 급식소 안전사고로 인한 사망 사례와 예방대책, 2011

대한영양사협회. 급식경영전문영양사 교육교재(메뉴계획 및 분석기법), 2002

류은순, 곽동경. 급식경영 리더양성. FKI미디어아카데미, 2001

배영희, 양동호. 단체급식관리와 조리실습 워크북. 교문사, 2009

배현주. 단체급식소의 위생관리 실태와 HACCP 제도 도입에 따른 개선효과. 숙명여자대학교 대학원 박사학위논문, 2002

배현주, 백재은, 주나미, 윤지영, 이혜연. 급식·외식관리자를 위한 HACCP 이론 및 실무, 3판. 교문사, 2023

배현주. 학교급식소 조리종사원 위생교육. 국민영양 7·8월호, 2012

보건복지부, 한국영양학회. 2020 한국인 영양소 섭취기준 활용, 2021

서영갑. 남은 음식물 자원선순환을 위한 중앙정부와 지방정부의 역할. 연세대학교 석사학위논문, 2014

서울특별시교육청 학교보건진흥원. 학교급식 환경개선 매뉴얼, 2022

식품의약품안전처 식중독 통계시스템. 원인균별 식중독 발생현황, 2023

식품의약품안전처. 노로바이러스의 예방법, 2007

식품의약품안전처. 식중독균의 분류, 2023

성근, 최웅, 김대경. 외식업실무회계. 형설출판사, 2001

위태석, 권승구. 거래제도개선을 통한 도매시장 활성화 방안. 식품유통연구, 2006

윤지현, 주나미, 윤지영, 류시현, 배현주. 급식경영, 3판. 파워북, 2022

이연경, 류경, 박기환, 배현주. 어린이 급식 품질개선 방안 연구. 식품의약품안전처 용역연구과제보고서, 2007

장세인. 단체급식 메뉴선택속성에 따른 메뉴신뢰유형이 급식만족도에 미치는 영향. 숙명여자대학교 전통문화예술대학원 석사학위논문, 2017

전은자, 서민자. 영양급식과 실무. 홍익재, 1997

전희정, 주나미, 정현아. 단체급식종사원의 작업매뉴얼. 교문사, 2002

정명환. 알기 쉬운 원가이야기. 한국경제신문, 2000

정복미, 정현아. 영양교사, 급식관리자 입문 및 실습. 도서출판 진솔, 2006

조혜영. 학교급식 위생관리 현황 및 대책. 학교급식 안전관리 방안 심포지엄, 2003

주나미. 노인복지시설 급식관리실태 및 급식생산성분석. 숙명여자대학교 대학원 박사학위논문, 1996

주순제. 세상에서 가장 재미있는 회계이야기. 원앤원북스, 2007

진양호, 강종헌. 호텔 & 외식산업 원가관리론. 지구문화사, 2000

최숙희. 학교급식에서 관리자 및 조리종사원의 효과적 위생교육 방안. 한국급식위생관리학회 추계 심포지엄 자료집, 2003

칠곡군어린이·사회복지급식관리지원센터. 3~5세 일반 식단, 2023

한국보건산업진흥원. 단체급식에서의 HACCP 도입 방안에 관한 연구, 1999

한국외식경영학회. 외식산업의 원가구조와 인전자원 수급방안. 한국외식경영학회 춘계학술 세미나 초록집, 2005

한화국토개발㈜F/C. 인턴 영양사 교육과정, 2004

홍기운, 진양호, 김장익. 최신식품구매론. 대왕사, 2001

황석하, 이형래. 혼자서 떠나는 회계여행. 한국미래경영연구소, 1999

Bryan FL. Teaching HACCP techniques to food processors and regulatory officials, Dairy Food and Environ Sanit 12(12): 740-746, 1991

Dennis R. On-Site Foodservice Management a Best Practice Approach. John Wiley & Sons Inc., 2003

Dorothy PM. School Foodservice Managemant for the 21st Century 5th ed. Inteam Assoc Inc., 1999

Kazarian EA. Foodservice Facilities Planning 3rd ed. Van Nostrand Reinhold, 1989

Knight JB. Kostchevar LH. Quantity Food Production Planning and Management, 3rd ed. John Wiley&Sons, Inc., 2000

Longree K, Armbruster G. Quantity Food Sanitation 5th ed. Wiley, 1996

National Restaurant Association. ServSafe Coursebook 6th ed., 2012

Puckette RP. Food Service Manual for Health Care Institutions 3rd ed. Jossey Bass, 2004

Smith K. An evaluation of Food safety training using videotaped introduction. Foodservice Research 12: 41-50, 2000

Sneed J & Gregoire M. Research in Foodservice Management in Research Successful Approaches 2nd ed. American Dietetic Association, 2003

Spears MC & Gregoire MB. Foodservice Organization 9th ed. Pearson Prentice Hall, 2016

Spears MC. Purchasing For Profit. Prentice Hall, 1999

Stefanelli JM. Purchasing 3rd ed. John Wiley&Sons Inc., 1999

Sullivan CF, Atlas C. Health Care Food Service Systems Management. Aspen Publication, 1998

US Food and Administration. Food Code 2009, 2012

Warner M. Noncommercial Institutional and Contract Foodservice Management. John Wiley & Sons Inc., 1994

West BB, Wool L. Foodservice in institutions 6th ed. McMillan Publishing, 1988

참고 웹사이트

CJ프레시웨이. 내부 HACCP 인증제 시행, 2008

CJ프레시웨이. 소방안전 점검표, 2008

CJ프레시웨이. 종사자 위생교육의 비주얼화, 2008

한국식품안전관리인증원. HACCP 7원칙 및 12절차, 2023

대한급식신문 홈페이지

대한당뇨학회 홈페이지

영양사도우미 홈페이지

참고 기사

뉴스웨이. 저탄소 'ESG 메뉴' 급식 도입. 2023. 4. 20.

대한급식신문. 경기영양교사회, 정책제안서에서 개선안 내놓아. 2017. 12. 27.

대한급식신문. 대기업 점유율 확대에 중소기업 설 자리 없어. 2017. 8. 29.

대한급식신문. 메뉴부터 저탄소 자동화 시스템 구축. 2023. 3. 22.

대한급식신문. 스마트HACCP, 활성화 위한 법적 기준 마련. 2020. 3. 17.

대한급식신문. 충남교육청, 3년 내 급식실 환기설비 전면 개선. 2023. 7. 27.

머니투데이. 성장하는 실버푸드 시장을 잡아라 급식업체, 맛있는 경쟁. 2017. 11. 6.

스포츠서울닷컴. 유통단계 줄여 신선하고 저렴한 치킨 판매. 2011. 10. 26.

식품외식경제. 병원급식 시장 성장… 점유율 경쟁 치열. 2017. 2. 3.

정책주간지 K-공감. AI기반 '푸드 스캐너'를 통한 잔반관리. 2023. 2. 7.

파이낸셜뉴스. 외식 프랜차이즈의 구내식당 진출. 2023. 7. 2.

한국경제. 반조리 식품 활용한 메뉴 차별화. 2023. 7. 10.

해럴드경제. 국탕로봇이 찌개 떠준다… 서울시교육청, 전국 최초 급식로봇 시범 도입. 2023. 7. 18.

MBC뉴스. 군대 급식 확 바뀐다‥ "식단 편성에 장병도 참여". 2021. 10. 14.

찾아보기

ㅇ

ㅈ

ㅊ

ㅌ

ㅍ

ㅎ

ABC

저자 소개

전희정
숙명여자대학교 가정학과 학사 및 석사
영국 런던대학교 퀸 엘리자베스대학 대학원 수학
미국 뉴욕대학교 대학원 수학
한양대학교 식품영양학전공 박사
전 숙명여자대학교 식품영양학과 교수

주나미
숙명여자대학교 식품영양학과 학사 및 석사
숙명여자대학교 식품영양학전공 박사
미국 노스텍사스대학 박사 후 연수
현재 숙명여자대학교 식품영양학과 교수

백재은
숙명여자대학교 식품영양학과 학사 및 석사
숙명여자대학교 식품영양학전공 박사
Ecole des Fleuristes de Paris, Table Decoration 과정 수료
현재 부천대학교 식품영양학과 교수

배현주
숙명여자대학교 식품영양학과 학사 및 석사
숙명여자대학교 식품영양학전공 박사
미국 뉴올리언스대학교 객원교수
현재 대구대학교 식품영양학과 교수

정현아
숙명여자대학교 식품영양학과 학사 및 석사
숙명여자대학교 식품영양학전공 박사
현재 대구한의대학교 반려동물보건학과 교수

제4판

단체급식관리

2008년 9월 5일 초 판 발행
2023년 9월 5일 제4판 발행

지은이 | 전희정·주나미·백재은·배현주·정현아
발행인 | 유제구
발행처 | 파워북
주 소 | 경기도 고양시 일산동구 호수로 358-25
동문타워 2차 529호
전 화 | (02) 730-1412
팩 스 | (031) 908-1410
등 록 | 1997. 1. 31. 제2014-000067호

정 가 24,000원
ISBN 978-89-8160-514-8 (93590)